"十三五"国家重点出版物出版规划项目
高等教育网络空间安全规划教材

防火墙技术与应用

第 2 版

陈 波 于 泠 编著

机械工业出版社

本书分为 4 篇，共 10 章内容，分别从技术原理和应用实践的角度，系统地介绍了防火墙的工作原理，开发与测试标准，防火墙开发基本技术，个人防火墙及商用防火墙的选购、部署及应用等内容，帮助读者构建系统化的知识和技术体系，培养正确应对网络安全问题的能力。本书紧跟防火墙技术动态，遵循国家标准，强化应用实践能力。全书提供了 16 个应用示例、22 个例子、10 张思维导图、100 多道思考与实践题、10 张学习目标自测表格以及大量的拓展阅读书目以供读者巩固知识与拓展应用。

本书可以作为高等院校网络空间安全专业、信息安全专业等计算机类专业相关课程的教材，也可作为信息安全工程师、国家注册信息安全专业人员以及相关领域专业人员的参考书。

本书配有授课电子课件等相关教学资源，需要的教师可登录 www.cmpedu.com 免费注册，审核通过后下载，或联系编辑索取（微信：15910938545；电话：010-88379739）。

图书在版编目（CIP）数据

防火墙技术与应用 / 陈波，于泠编著. —2 版. —北京：机械工业出版社，2021.1（2024.2 重印）
"十三五"国家重点出版物出版规划项目　高等教育网络空间安全规划教材
ISBN 978-7-111-67175-6

Ⅰ. ①防…　Ⅱ. ①陈…　②于…　Ⅲ. ①防火墙技术-高等学校-教材
Ⅳ. ①TP393.082

中国版本图书馆 CIP 数据核字（2020）第 255207 号

机械工业出版社（北京市百万庄大街 22 号　邮政编码 100037）
策划编辑：郝建伟　　责任编辑：郝建伟　侯　颖　张淑谦
责任校对：张艳霞　　责任印制：郜　敏
三河市宏达印刷有限公司印刷

2024 年 2 月第 2 版·第 7 次印刷
184mm×260mm·15.5 印张·382 千字
标准书号：ISBN 978-7-111-67175-6
定价：59.00 元

电话服务　　　　　　　　　　　网络服务
客服电话：010-88361066　　　　机　工　官　网：www.cmpbook.com
　　　　　010-88379833　　　　机　工　官　博：weibo.com/cmp1952
　　　　　010-68326294　　　　金　书　网：www.golden-book.com
封底无防伪标均为盗版　　　　机工教育服务网：www.cmpedu.com

高等教育网络空间安全规划教材
编委会成员名单

前　言

党的二十大报告中强调，要健全国家安全体系，强化网络在内旳一系列安全保障体系建设。没有网络安全，就没有国家安全。筑牢网络安全屏障，要树立正确的网络安全观，深入开展网络安全知识普及，培养网络安全人才。

防火墙技术是网络安全人才必修的专业课程之一。

本书第 1 版出版迄今已逾 7 年，期间多次重印，受到了广大读者的欢迎，被数十所高校选为教材。面对网络空间安全的持续对抗，新的安全防护理论和安全技术不断发展，本书内容也必须与时俱进。在大家的期待和鼓励下，我们用了近两年的时间完成了修订工作。

防火墙是在不同网络（如可信任的企业内部网络和不可信的公共网络）或不同网络安全域之间的一系列部件的组合。它是不同网络或网络安全域之间信息的唯一出入口，能根据网络安全策略控制出入网络的信息流，且自身具有较强的抗攻击能力。防火墙是防范网络攻击的一道重要防线，它可以识别并阻挡许多网络攻击行为，是提供信息安全服务，实现网络与信息安全的重要基础设施。

一、第 2 版内容介绍

面对网络空间安全的新问题和新发展，本书在修订中，跟踪新技术，融入新标准，实践新应用。全书包括防火墙基础、防火墙标准、防火墙实现和防火墙应用 4 篇，共 10 章，如图 1 所示。读者通过本书可以了解防火墙的基本原理、实现技术、开发与测评标准以及部署应用示例，构建系统化的知识和技术体系，能够正确应对面临的安全问题。

第 1 篇"防火墙基础"，包括第 1、2 章。第 1 章介绍防火墙在网络安全防护体系中的地位和作用；第 2 章从防火墙的定义出发，阐述防火墙的类别、各项核心技术的工作原理、防火墙的体系结构以及防火墙技术的新发展。防火墙与纵深防护、防火墙与零信任安全、防火墙新产品和新技术等系新增内容。本篇对防火墙在网络安全防护体系中的地位和作用以及核心技术的分析，为读者开发个人防火墙和应用防火墙打下理论基础。本篇给出了 3 个应用示例。

第 2 篇"防火墙标准"，包括第 3、4 章。主要依据《信息安全技术　防火墙安全技术要求和测试评价方法》（GB/T 20281—2020）等国家标准介绍防火墙的技术要求和测评方法，对防火墙产品或系统的设计、研发和应用给予指导。

第 3 篇"防火墙实现"，包括第 5~7 章，主要介绍个人防火墙开发技术。第 5 章介绍用户层下 Winsock SPI 数据包截获技术，第 6 章和第 7 章分别介绍内核层下网络驱动接口规范（Network Driver Interface Specification，NDIS）以及 Windows 过滤平台（Windows Filtering Platform，WFP）数据包截获技术。基于 Filter Driver 和 WFP 的数据包截获技术为新增内容。这三章每章均给出了 1 个应用示例（源代码包含在电子教案中，可下载）。

第 4 篇"防火墙应用"，包括第 8~10 章。第 8 章介绍 Windows 系统中的个人防火墙使用，包括 Windows 系统自带的"Windows Defender 防火墙"和"高级安全 Windows Defender 防火墙"，以及第三方防火墙软件 ZoneAlarm Pro Firewall。本次修订已全部按照软件的最新版本重新编写。第 9 章介绍开源操作系统 Linux 中的防火墙和开源 Web 应用防火墙。Linux 中的防火墙介绍防火墙功能框架，涉及 iptables、firewalld 等防火墙功能的应用，并给出了 2 个应用示例。开源 Web 应用防火墙介绍了开源 Web 应用防火墙功能框架，以及主流开源 Web 应用防火墙 ModSecurity、

HIHTTPS 和 NASXI，并给出了 3 个应用示例。firewalld 防火墙与开源 Web 应用防火墙系新增内容。第 10 章对国内外一些著名防火墙厂商的防火墙产品做了介绍，帮助读者对主流防火墙产品有基本的了解，还给出了网络安全等级保护新标准要求下的商业防火墙产品的选择原则和方法。为了使得本书的实践指导更具普遍性，本章还介绍了基于 Cisco 公司发布的网络模拟环境 Packet Tracer 最新版和 Cisco 系统（IOS）模拟器 GNS3 最新版的 5 个仿真应用示例。

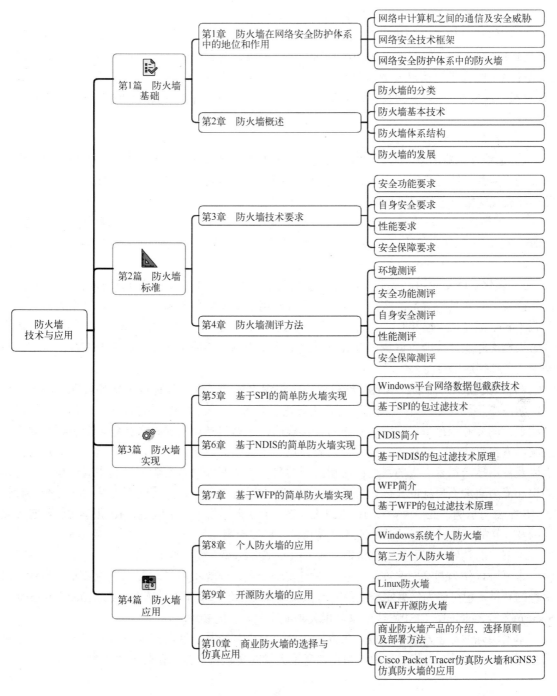

图 1　本书知识体系

V

二、第 2 版特色

本书被国家新闻出版署列入"'十三五'国家重点出版物出版规划项目",为"高等教育网络空间安全规划教材"丛书之一。该丛书编委会由我国网络空间安全领域的沈昌祥院士担任名誉主任,上海交通大学网络空间安全学院院长、国家教育部网络空间安全专业教学指导委员会副主任李建华教授担任主任,本书作者之一陈波教授担任委员。

本次修订是作者多年来教学改革成果的总结。本书是江苏省高等教育教学改革重点课题(2015JSJG034)和一般课题(2019JSJG280)、江苏省教育科学十二五规划重点资助课题(泛在知识环境下的大学生信息安全素养教育——培养体系及课程化实践)、南京师范大学精品课程"计算机系统安全",以及南京师范大学"信息安全素养与软件工程实践创新教学团队"建设项目的成果。

本书在修订过程中力求体现如下特点。

1)追踪技术新动态。本书内容紧跟当前防火墙的技术动态,并且与实际产品相结合,确保较高的实用性。能够为网络安全管理员、工程师和相关技术人员以及防火墙技术的初学者应用防火墙实现网络安全防护提供切实的指导。

2)遵循国家新标准。主要依据《信息安全技术 防火墙安全技术要求和测试评价方法》(GB/T 20281—2020)等国家标准介绍防火墙的技术要求和测评方法,而不是以各个厂商的产品功能来介绍,避免了内容凌乱、缺乏规范、让人无所适从的问题。

3)强化实践新应用。从个人防火墙的开发到应用,商业防火墙的选购到部署,层层推进,既让读者了解常见防火墙的产品特点,为实际应用的选购提供参考,又通过典型个人防火墙、开源 Linux 系统防火墙和开源 Web 应用防火墙,以及商业防火墙的仿真配置示例,引领读者掌握防火墙实际操作技能,避免了以具体防火墙产品为例介绍应用所致的缺乏普遍性的弊端,有利于读者掌握通用技能。

4)适配教学新需求。本书在每章的内容组织上进行了创新设计以适配翻转课堂教学新模式,如图 2 所示。每章首先提出问题,引导读者思考;正文内容阐述循序渐进,深入浅出,条理清晰,图文并茂;每章后面配有思考与实践题,题型包括填空题、选择题、简答题、知识拓展题、方案设计题、操作实验题等,内容覆盖了每章中的重要知识点,对于读者掌握这些知识点以及使用技巧都有很大的帮助;最后的学习目标检测帮助读者在学习过程中或结束后,对照知识和能力两大类目标的具体内容进行自测,以实现对读者学习过程的督促和引导。全书设计了 16 个应用示例、22 个例子、10 张思维导图、100 多道思考与实践题、10 张学习目标自测表格以及大量的拓展阅读书目以供读者巩固知识与拓展应用。

本书中的几处"拓展资料"可以从 www.cmpedu.com 下载后浏览。

本书可以作为网络空间安全专业、信息安全专业、计算机科学与技术专业或相关专业基础课程的教材,也可作为信息安全工程师考试、国家注册信息安全专业人员(Certified Information Security Professional,CISP)认证以及相关领域管理人员的参考书。

本书由陈波和于冷执笔完成。朱润青、陆天易、刘惠林、沈晓晨参与了本书实验内容初稿的整理工作。本书在写作过程中查阅和参考了大量的文献和资料,在此一并致谢。

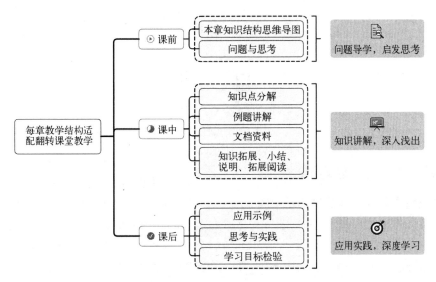

图 2　本书每章教学结构

　　由于编者水平有限，书中难免有疏漏之处，恳请广大读者批评指正。编者为了让读者能够直接访问相关资源进行学习，在书中加入了大量链接，虽然已对链接地址经过认真确认，但是可能会由于网站的变化而不能访问，请予谅解。读者在阅读本书的过程中若有疑问，欢迎与编者联系（电子邮箱：SecLab@163.com）。

编　者

目　录

第1篇　防火墙基础

在当前这个"无网不在"的信息社会，网络已成为整个社会运作的基础。网络安全从本质上来讲就是网络上的信息安全，一般是指网络信息的机密性、完整性、可用性、可控性、不可否认性和可认证性等。

不论是在传统针对 OSI 参考模型的网络安全体系中，还是在基于信息保障概念的网络空间纵深防护框架中，防火墙都占据着重要的地位，发挥着重要的作用。

本篇包括第 1、2 章。第 1 章介绍防火墙在网络安全防护中的地位和作用；第 2 章从防火墙的定义出发，阐述防火墙的类别、各项核心技术的工作原理、防火墙的体系结构以及防火墙技术的新发展。本篇对防火墙在网络安全防护体系中的地位和作用以及核心技术进行了分析，为读者开发个人防火墙和应用防火墙打下理论基础。

第1章　防火墙在网络安全防护体系中的地位和作用

本章知识结构

　　本章在介绍网络信息面临的安全威胁以及网络安全防护技术框架的基础上，分析防火墙在网络安全防护体系中的地位和作用。本章知识结构如图 1-1 所示。

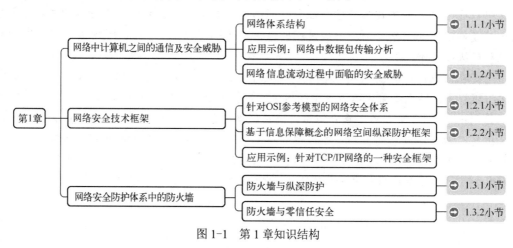

图 1-1　第 1 章知识结构

1.1　网络中计算机之间的通信及安全威胁

　　本节首先介绍网络中不同计算机之间进行通信涉及的两种重要的网络体系模型 OSI 和 TCP/IP 的基础知识，然后介绍网络信息流动过程中面临的安全威胁。

1.1.1　网络体系结构

　　计算机网络系统可以看成是一个扩大了的计算机系统，在网络操作系统和网络协议（如 TCP/IP）的支持下，位于不同主机内的操作系统进程可以像在一个单机系统中一样互相通信，只不过通信时延稍大一些而已。

　　在这种情况下，相互通信的两个计算机系统必须高度协调工作才行，而这种"协调"是相当复杂的，于是人们提出了"分层"的处理方法。

1. 开放系统互连参考模型 OSI

　　国际标准化组织（International Organization for Standardization，ISO）于 1977 年成立了专门的机构研究异构网络系统互连的问题。不久，它们提出了一个试图使各种计算机在世界范围内互连成网络的标准框架，即著名的开放系统互连参考模型（Open Systems Interconnection Reference Model，OSI/RM）。"开放"是指只要遵循 OSI 标准，一个系统就可以和位于世界上任何地方的、也遵循同一标准的其他任何系统进行通信。"系统"是指在现实的系统中与互连有关的各部分。

OSI 参考模型采用结构描述方法将整个网络的通信功能划分为 7 部分（层次），在每个协议层中完成一系列的特定功能。两台网络主机之间进行通信时，发送方将数据从应用层向下传递到物理层，每一层协议模块为下一层进行数据封装，数据流经网络到达接收方，再由下而上通过协议栈传递，并与接收方应用程序进行通信。

OSI 参考模型的最大优点是将服务、接口和协议这 3 个概念明确地区分开来。服务说明某层提供什么功能，接口说明上一层如何使用下层的服务，而协议涉及如何实现该层的服务。各层采用什么样的协议是没有限制的，只要向上层提供相同的服务并且不改变相邻层的接口即可。这种思想同现代的面向对象的编程思想是完全一致的，一层就是一个对象，服务实现的细节完全被封装在层内，因此各层之间具有很强的独立性。

2．TCP/IP 结构

事实上，得到广泛应用的不是 OSI 参考模型，而是 TCP/IP 参考模型。OSI 的 7 层协议体系结构虽然概念清楚，但是复杂又不适用。TCP/IP 得到了全世界的承认，成为因特网使用的参考模型。

TCP/IP 协议簇可以看作是一组不同层的集合，每一层负责一个具体任务，各层联合工作以实现整个网络的通信。每一层与其上层或下层都有一个明确定义的接口来具体说明希望处理的数据。一般将 TCP/IP 协议族分为 4 个功能层：应用层、传输层、网络层和网络接口层。这 4 层概括了相对于 OSI 参考模型中的 7 层。TCP/IP 与 OSI 这两种体系结构的对比如图 1-2 所示。TCP/IP 参考模型如图 1-3 所示。

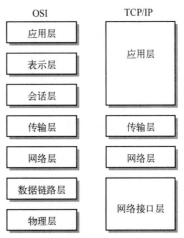

图 1-2 TCP/IP 与 OSI 体系结构对比

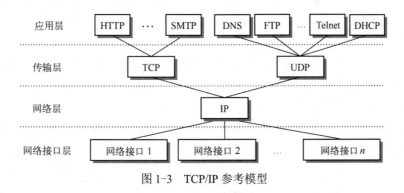

图 1-3 TCP/IP 参考模型

（1）应用层

应用层包含应用程序实现服务所使用的协议。用户通常与应用层进行交互。

● HTTP：超文本传输协议，提供浏览器和 WWW 服务间有关 HTML 文件传递服务。
● SMTP：简单消息传输协议，提供发送电子邮件服务。
● DNS：域名系统，提供域名解析服务。
● FTP：文件传输协议，提供主机间数据传递服务。
● Telnet：虚拟终端协议，提供远程登录服务。
● DHCP：动态主机配置协议，完成 IP 地址的配置。

此外，还有 POP3、TFTP、RIP、OSPF 等其他一些应用协议。

（2）传输层

传输层响应来自应用层的服务请求，并向网络层发出服务请求。传输层提供两台主机间透明的传输，通常用于端到端连接、流量控制或错误恢复。这一层的两个最重要协议是 TCP 和 UDP。TCP 提供可靠的数据流通信服务。TCP 的可靠性由定时器、计数器、确认和重传机制来实现。与 TCP 处理不同的是，UDP 不提供可靠的服务，主要用于在应用程序间发送数据。UDP 数据包有可能去失、复制和乱序。

（3）网络层

网络层负责处理网络上的主机间路由及存储转发网络数据包。IP 是网络层的主要协议，提供无连接、不可靠的服务。IP 还给出了因特网地址分配方案，要求网络接口必须分配独一无二的 IP 地址。同时，IP 为 ICMP、IGMP 以及 TCP 和 UDP 等协议提供服务。

（4）网络接口层

网络接口层有时又称数据链路层，一般负责处理通信介质的细节问题，如设备驱动程序、以太网（Ethernet）和令牌环网（Token Ring）。ARP 和 RARP 负责 IP 地址和网络接口物理地址的转换工作。

IP、TCP 和 UDP 是必须了解的协议，下面进行简要介绍。

（1）IP

IPv4 是一个面向数据的协议，设计用于分组交换网络（如以太网），是一个尽最大努力完成交付的协议。这意味着它并不保证一台主机发送的 IP 数据包能够被目的主机接收到。此外，它并不能保证 IP 数据包被正确接收（一个数据包可能会被乱序接收或根本接收不到）。这些问题由传输层协议解决，特别是 TCP 实现的几个机制保证了在 IP 之上的可靠数据传输。

IP 通过所谓的 IP 地址实现寻址，互联网中的每台主机都有一个 IP 地址，可以把它想象为一个地址，在这一地址下主机是可达的。通常，一个 IP 地址用点分十进制法表示——也就是 4个十进制表示的字节用圆点分隔，如 192.0.2.1。通过这个 IP 地址，网络中的其他主机可以联络这个主机。

此外，IP 实现了分片概念。由于不同类型的网络发送数据包有不同的最大数据量限制，可能需要将一个包分解成若干较小的包，这就是 IP 分片。而且由于接收端主机不得不将不同分片重新组装起来，因此需要 IP 重组。

在 TCP/IP 的标准中，各种数据格式常常以 32bit（4Byte）为单位来描述。图 1-4 所示是 IP 数据包头部结构的完整格式。

0 4 8 12 16 19 24 31				
版本号	头部长度	区分服务	总长度	
标识			标志	分片偏移量
生存时间		协议类型	头部校验和	
源 IP 地址				
目的 IP 地址				
选项				

图 1-4　IP 数据包头部结构

图 1-5 给出了一个数据包的简单表示法，即只画出 IP 头部最重要的两个字段：源 IP 地址和目的 IP 地址。数据包中的数据可以是传输层的 TCP 报文或 UDP 报文，也可以是 ICMP 报文等。

（2）TCP

TCP 是面向连接的，通过所谓的数据流，在两个网络主机之间提供一个可复用的、可靠的通信信道。TCP 保证数据从发送者到接收者可靠和有序地交付，而 UDP 不能保证这些属性。TCP 从应用层接收字节流，把它们分成适当大小的片段，然后这些片段被交给网络层（通常为 IP），对它们进行进一步的处理。TCP 给每个报文一个序列号，通过检查序列号以确保没有报文丢失。运行在接收主机上的 TCP，为所有已成功接收到的报文返回一个确认号。与序列号一起，这个确认号用于检查是否收到所有报文，如果需要，则可以对它们重新排序。如果在合理的时间范围内没有接收到确认号，发送主机上的定时器将产生一个超时信息，根据这一信息，如果有需要，则可以重传丢失报文。同时，TCP 使用校验和来控制是否正确接收一个给定的报文。此外，TCP 应用拥塞控制实现高性能和避免网络链路拥塞。

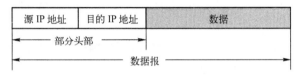

图 1-5　数据报的简单表示

如上所述，TCP 有些复杂，但与 UDP 相比它有很多优势。如果两台主机需要可靠的网络通信，通常使用 TCP。例如，对于万维网使用的 HTTP、电子邮件相关应用程序使用的 SMTP 和 POP3/IMAP，以及数据传输使用的 FTP，可靠传输是必要的。

下面介绍 TCP 报文的头部结构，并解释如何建立 TCP 连接。图 1-6 所示为 TCP 头部结构。

0　　　　7 8　　　　　　15 16　　　　　　　　　　　31	
源端口	目的端口
发送序号	
接收确认号	
数据偏移（4bit）　保留（6bit）　URG ACK PSH RST SYN FIN	窗口大小
TCP 校验和	紧急指针
选项（长度可变）	

图 1-6　TCP 头部结构

一开始，两个 16bit 字段指定源端口和目的端口，在传输层中端口用于多路复用，通过网络端口使不同的应用程序在一个 IP 地址上监听成为可能。例如，一个 Web 服务器监听 TCP 端口 80，而一个 SMTP 服务器使用 TCP 端口 25，通过复用，两个服务器"共享"主机 IP 地址。TCP 头接下来的两个字段包含 32bit 的序号和确认号。序号用于配置连接时设置初始序号。当连接建立后，序号字段的值就是有效载荷中的第一个数据字节的序号。如果 ACK 标志被设置，则确认号指定发送者期望的下一个序号。

6bit 的标志位用于提供有关当前 TCP 报文状态的信息。窗口大小字段用于指定发送者希望接收的从确认号开始的字节数。TCP 头部结构还包含一个校验和，用于在目的地检验到达的报文是否被篡改。对于紧急指针字段，只有设置了 URG 标志时才使用，它指定了从序号开始的偏移量，指明 TCP 有效载荷中从哪个点开始的数据应立即移交给应用层。TCP 头部结构还有其他可选字段，这里不再讨论。

发送方和接收方需要在通信刚开始时创建一个连接。这是通过 TCP 握手协议完成的，这个握手协议主要通过交换序号和确认号在两个主机之间同步状态，用于确认目的主机是否正确收到给定的报文，以及重传和拥塞控制。TCP 握手过程需要在发送为（S）和接收为（R）之间交换三个协议消息，如图1-7所示。

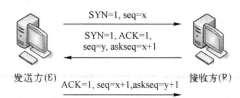

图 1-7　TCP 在发送者和接收者之间建立一个连接

1）S→R：发送方发送一个带有 SYN 标志位（置 1）和一个序号为 x 的报文。

2）S←R：接收方应答一个带有 SYN 和 ACK 标志位（都置 1）的 TCP 报文，确认号被设置为主机希望接收的下一个序号（本例是 x+1）。此外，接收方将它的序号设置为 y，因为它也希望与另一方同步这个序号。

3）S→R：发送方发送一个带有 ACK 标志位（置 1）的 TCP 报文，它响应的报文序号为 x+1，同时增加确认号为 y+1。

经过这一握手过程之后，双方都知道对方的序号和确认号的当前值，之后，此信息被用于 TCP 所有目标，例如，无差错数据传输和拥塞控制。

（3）UDP

用户数据报协议（UDP）在 IP 上面一层，如图 1-8 所示。UDP 有两个部分：头部和数据。

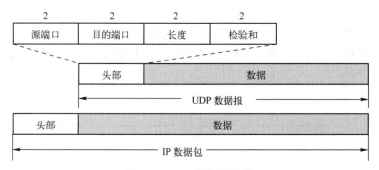

图 1-8　UDP 数据报结构

UDP 只在 IP 的数据包服务之上增加了很少的功能，也就是端口和差错校验的功能。有了端口，就能为应用程序提供多路复用，换言之，能够为运行在同一台计算机上的多个并发应用程序产生的多个连接区分数据。因此，虽然 UDP 数据报只能提供不可靠的交付，但在许多方面还必须使用 UDP 数据报。表 1-1 给出了使用 UDP 和 TCP 的多种应用和应用层协议。

表 1-1　使用 UDP 和 TCP 的多种应用和应用层协议

应　　用	应用层协议	传输层协议
域名转换	DNS（域名系统）	UDP
文件传送	TFTP（简单文件传输协议）	UDP
路由选择协议	RIP（路由信息协议）	UDP
IP 地址配置	DHCP（动态主机配置协议）	UDP
网络管理	SNMP（简单网络管理协议）	UDP
远程文件服务	NFS（网络文件系统）	UDP
IP 电话	专用协议	UDP
流式多媒体通信	专用协议	UDP

应　　用	应用层协议	传输层协议
多播	IGMP（网际组管理协议）	UDP
电子邮件	SMTP（简单邮件传输协议）	TCP
远程终端接入	Telnet（虚拟终端协议）	TCP
万维网	HTTP（超文本传输协议）	TCP
文件传送	FTP（文件传输协议）	TCP

UDP 最主要的缺点是，它不提供任何的可靠性和有序性，数据报到达时可能是无序的、重复出现的，甚至根本没有到达目的主机。它不直接处理报文丢失或报文重新排序，没有检查每一个数据报是否都到达的开销。对许多轻量级或时间敏感的应用来说，UDP 更快、更有效。因此，这一协议通常用于流媒体（如 IP 语音或视频聊天）和在线游戏。对于这些应用，丢失一些数据报不是至关重要的。UDP 另一个重要应用是域名系统（DNS），用它来把一个给定的 URL 解析为一个 IP 地址。

TCP/IP 协议簇的另一个重要方面是 IP 路由。理解 IP 路由的重要性有多种原因：它是主机之间可以相互通信的基本方法，并提供对互联网拓扑结构和小型网络（一个企业网络）拓扑结构的深入理解。为了成功地应用防火墙，了解互联网路由也是很重要的。

📖 拓展阅读

读者要想了解计算机网络基本原理，可以阅读以下书籍。

[1] 谢希仁. 计算机网络 [M]. 7 版. 北京：电子工业出版社，2017.

[2] 竹下隆史，村山公保，荒井透，等. 图解 TCP/IP [M]. 5 版，乌尼日其其格，译. 北京：人民邮电出版社，2013.

[3] 韩立刚，王艳华，潘刚柱，等. 奠基·计算机网络 [M]. 修订版. 北京：清华大学出版社，2013.

【应用示例 1】 网络中数据包传输分析

本例通过嗅探工具 Wireshark 捕获实际的数据包来分析网络中数据包传输的细节。

Wireshark 是一个开源免费的网络和协议分析工具，支持各种平台，可以从 http://www.wireshark.org 下载。Wireshark 首先通过网卡捕获数据，通常将网卡设置成 promiscuous 模式（混杂模式或称为监控模式）以捕获网段中的所有数据包，然后把捕获的内容按层级解析为帧、段和数据包等。Wireshark 根据地址、协议和数据等上下文信息解析和呈现数据。

✉ 说明：

报文（Message）、分组（Packet）、数据包（Data Packet）、数据报（Datagram）、帧（Frame）这些概念是网络中传输的数据在不同网络层次中的形态和叫法。本书没有进行严格区分。

拓展资料

容易混淆的几个概念：报文、分组、数据包、数据报、帧。
来源：本书整理。

数据在传输过程中，必须先被分解成一个个的数据包才能被传输，然后一层层地传送。这就如同我们在运送大批的货物时，因为每辆卡车所能运载的货物量是有限的，必须使用多辆卡车来执行这项任务一样。在网络世界里也是同样的道理，因为不同的网络实体层技术，其每次所能承载的数据量不同。

例如，当使用者在计算机上运行某一网络应用程序（如 IE 浏览器）时，该应用程序一定会先定义一种数据交换方法（应用层通信协议），接着确定数据传输方式，比如，数据在传输过程中是不可丢失或者错误的，那么就需要使用 TCP 作为数据传输的方法；接着，为了能将数据正确地传输到目的端，使用网络上每台计算机唯一的识别码——IP 地址，作为发送端和接收端的地址，但由于 IP 地址属于逻辑信息，无法以光电信号呈现，而实体层的寻址方式是用 MAC 地址来识别（假设实体层是以太网）的，因此，当数据发送到实体层时，会在该数据中附加发送端和接收端的 MAC 地址，这样便可以将数据传输到正确的目的地了。

使用嗅探工具 Wireshark 来截取网络上所传输的数据包，即可了解整个数据包传输的过程，如图 1-9 所示。以图中编号 322 的数据包为例，中间的窗体部分就是数据包的结构。

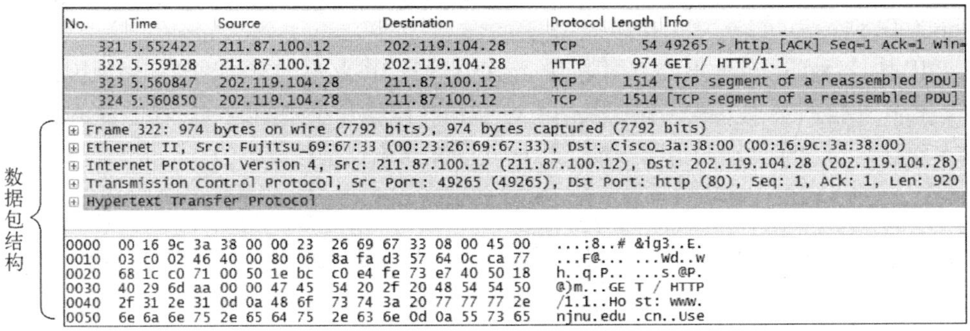

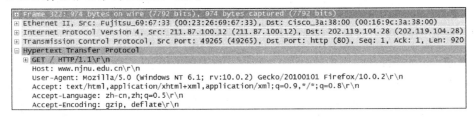

图 1-9　Wireshark 截取的数据包

- Frame 322/Ethernet II：网络接口层（实体层）。
- Internet Protocol：网络层。
- Transmission Control Protocol：传输层。
- Hypertext Transfer Protocol：应用层。

接下来继续分析每层的内容及用途。首先看应用层，把应用层的结构展开可看到整个应用层的数据内容，如图 1-10 所示。从数据内容中可以看到，客户端使用 HTTP1.1 中的 GET 方法来获取 Web 服务器根目录的 HTML 文档。

图 1-10　应用层数据包内容

传输层要选择一种数据传输方法，将这些数据正确地传输到目的地。因为 HTTP 的数据包是不允许有任何一个包丢失的，所以选用 TCP 来传输这个数据包，而这个数据包随即被加上一个 TCP 头部，以表明这个数据包是要使用 TCP 来传输的。图 1-11 所示是传输层的数据内容，称为 TCP 头部，从 TCP 头部中可以看到两个很重要的内容："Source port: 49265（49265）"及"Destination port: http（80）"，这两个字段表示发送端计算机使用 TCP 端口 49265 连接到目的计算机的 TCP 端口 80。

在选择好数据传输方法后，接下来需要对数据包进行定位操作，而这个定位操作在网络层中完成。图 1-12 所示是 IP 头部的数据内容，其中最重要的是 "Source: 211.87.100.12（211.87.100.12）" 及 "Destination: 202.119.104.28（202.119.104.28）" 这两个字段，它们表示这个数据包是由 211.87.100.12 这台计算机所发送出来的，而接收端的计算机 IP 地址是 202.119.104.28。

```
⊞ Frame 322: 974 bytes on wire (7792 bits), 974 bytes captured (7792 bits)
⊞ Ethernet II, Src: Fujitsu_69:67:33 (00:23:26:69:67:33), Dst: Cisco_3a:38:00 (00:16:9c:3a:38:00)
⊞ Internet Protocol Version 4, Src: 211.87.100.12 (211.87.100.12), Dst: 202.119.104.28 (202.119.104.28)
⊟ Transmission Control Protocol, Src Port: 49265 (49265), Dst Port: http (80), Seq: 1, Ack: 1, Len: 920
    Source port: 49265 (49265)
    Destination port: http (80)
    [Stream index: 63]
    Sequence number: 1    (relative sequence number)
    [Next sequence number: 921    (relative sequence number)]
    Acknowledgement number: 1    (relative ack number)
    Header length: 20 bytes
  ⊞ Flags: 0x18 (PSH, ACK)
    Window size value: 16425
    [Calculated window size: 65700]
    [Window size scaling factor: 4]
  ⊞ Checksum: 0x6daa [validation disabled]
  ⊞ [SEQ/ACK analysis]
⊞ Hypertext Transfer Protocol
```

图 1-11　TCP 头部内容

```
⊞ Frame 322: 974 bytes on wire (7792 bits), 974 bytes captured (7792 bits)
⊞ Ethernet II, Src: Fujitsu_69:67:33 (00:23:26:69:67:33), Dst: Cisco_3a:38:00 (00:16:9c:3a:38:00)
⊟ Internet Protocol Version 4, Src: 211.87.100.12 (211.87.100.12), Dst: 202.119.104.28 (202.119.104.28)
    version: 4
    Header length: 20 bytes
  ⊞ Differentiated Services Field: 0x00 (DSCP 0x00: Default; ECN: 0x00: Not-ECT (Not ECN-Capable Transport))
    Total Length: 960
    Identification: 0x0246 (582)
  ⊞ Flags: 0x02 (Don't Fragment)
    Fragment offset: 0
    Time to live: 128
    Protocol: TCP (6)
  ⊞ Header checksum: 0x8afa [correct]
    Source: 211.87.100.12 (211.87.100.12)
    Destination: 202.119.104.28 (202.119.104.28)
⊞ Transmission Control Protocol, Src Port: 49265 (49265), Dst Port: http (80), Seq: 1, Ack: 1, Len: 920
⊞ Hypertext Transfer Protocol
```

图 1-12　IP 头部内容

不过，由于 IP 是一个逻辑概念，而数据在网络上是以光电信号来传输的，因此，还需要在数据包上标明 "实体层" 的地址。以太网中实体层的地址是网卡地址，即 MAC 地址（Media Access Control Address），如图 1-13 所示。在实体层，数据包被加上 MAC 地址，图中 "Source: Fujitsu_69:67:33（00:23:26:69:67:33）" 以及 "Destination: Cisco_3a:38:00（00:16:9c:3a:38:00）" 括号中的即为 MAC 地址，它们分别代表该数据包是由笔者的笔记本式计算机的网卡发送出来的，并发送到 Cisco 交换机的网卡。有了这些完整的机制之后，就可以在网络上正常传输数据包了。

```
⊞ Frame 322: 974 bytes on wire (7792 bits), 974 bytes captured (7792 bits)
⊟ Ethernet II, Src: Fujitsu_69:67:33 (00:23:26:69:67:33), Dst: Cisco_3a:38:00 (00:16:9c:3a:38:00)
  ⊞ Destination: Cisco_3a:38:00 (00:16:9c:3a:38:00)
  ⊞ Source: Fujitsu_69:67:33 (00:23:26:69:67:33)
    Type: IP (0x0800)
⊞ Internet Protocol Version 4, Src: 211.87.100.12 (211.87.100.12), Dst: 202.119.104.28 (202.119.104.28)
⊞ Transmission Control Protocol, Src Port: 49265 (49265), Dst Port: http (80), Seq: 1, Ack: 1, Len: 920
⊞ Hypertext Transfer Protocol
```

图 1-13　以太网数据包头部内容

✍ 示例小结

从上面的例子可知，嗅探工具 Wireshark 可以捕获数据包并能够清晰地展示其中的内容，如果在这样一种工具的基础上再增加相应的判别规则对数据包进行允许通过、丢弃等处理，就可对网络通信进行基本的安全管理了，当然，这样的工具必须成为网络通信的唯一通道。这种工具就是本书要介绍的网络安全防护设备——防火墙。

📖 **拓展阅读**

读者要想了解网络抓包工具的基本原理及应用，可以阅读以下书籍。

[1] 肖佳. HTTP 抓包实战 [M]. 北京：人民邮电出版社，2018.

[2] 布洛克，帕克. Wireshark 与 Metasploit 实战指南 [M]. 朱筱丹，译. 北京：人民邮电出版社，2019.

[3] 李华峰，陈虹. Wireshark 网络分析从入门到实践 [M]. 北京：人民邮电出版社，2019.

1.1.2 网络信息流动过程中面临的安全威胁

网络通信中，不同计算机系统之间正常的信息流向应当是从合法发送源端流向合法接收目的端，如图 1-14 所示。然而，正常的信息流动面临着许多安全威胁，通常可以将网络通信中面临的安全威胁分为中断、截获、篡改和伪造 4 类。

（1）中断威胁

如图 1-15 所示，中断（Interruption）威胁使得在用的信息系统毁坏或不能使用，即破坏可用性。

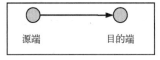

图 1-14　正常的信息流向

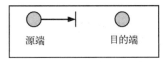

图 1-15　中断威胁

攻击者可以从下列几个方面破坏信息系统的可用性：

● 拒绝服务攻击或分布式拒绝服务攻击。使合法用户不能正常访问网络资源，或是使有严格时间要求的服务不能及时得到响应。

● 摧毁系统。物理破坏网络系统和设备组件使网络不可用，或者破坏网络结构使之瘫痪等。例如，硬盘等硬件的毁坏、通信线路的切断、文件管理系统的瘫痪等。

（2）截获威胁

如图 1-16 所示，截获（Interception）威胁是指一个非授权方介入系统，使得信息在传输中丢失或泄露的攻击。它破坏了保密性。非授权方可以是一个人、一个程序或一台计算机。

这种攻击主要包括：

● 在信息传递过程中利用电磁泄漏或搭线窃听等方式截获机密信息，或是通过对信息流向、流量、通信频度和长度等参数的分析，推测出有用信息，如用户口令、账号等。

● 在信息源端利用恶意代码等手段非法复制敏感文件。

（3）篡改威胁

如图 1-17 所示，篡改（Modification）威胁是指以非法手段窃得对信息的管理权，通过未授权的创建、修改、删除和重放等操作使信息的完整性受到破坏。

这种攻击主要包括：

● 改变数据文件，如修改数据库中的某些值等。

● 替换某一段程序使之执行另外的功能。

（4）伪造威胁

如图 1-18 所示，在伪造（Fabrication）威胁中，一个非授权方将伪造的客体插入系统中，破坏信息的可认证性。例如，在网络通信系统中插入伪造的事务处理或者向数据库中添加记录。

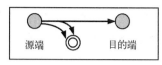

图 1-16　截获威胁

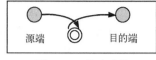

图 1-17　篡改威胁

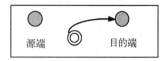

图 1-18　伪造威胁

1.2　网络安全技术框架

不论是在传统针对 OSI 参考模型的网络安全体系中，还是在基于信息保障概念的网络空间纵深防护框架中，防火墙都有着重要的地位，发挥着重要的作用。本节首先介绍针对 OSI 参考模型的网络安全体系，然后介绍基于信息保障概念的网络空间纵深防护框架，最后给出针对 TCP/IP 网络的一种安全框架，帮助读者更好地了解防火墙在网络安全防护中的地位和作用。

1.2.1　针对 OSI 参考模型的网络安全体系

1989 年，ISO 在对 OSI 开放系统互连环境的安全性进行了深入研究的基础上，发布了 ISO 7498-2—1989《信息处理系统　开放系统互连基本参考模型　第 2 部分：安全体系结构》。我国也参考该标准发布了国家标准 GB/T 9387.2—1995。

OSI 安全体系结构的核心内容是，以实现完备的网络安全功能为目标，描述了 5 类安全服务，以及提供这些服务的 8 类安全机制和相应的安全管理，并且尽可能地将上述安全服务配置于 OSI 参考模型 7 层结构的相应层，如图 1-19 所示。

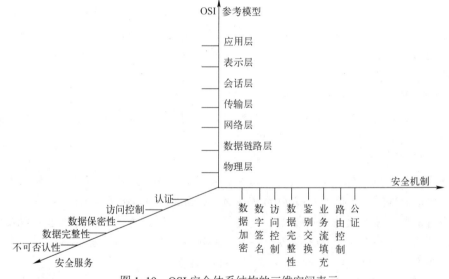

图 1-19　OSI 安全体系结构的三维空间表示

- 安全服务：一个系统各功能部件所提供的安全功能的总和。从协议分层的角度，底层协议实体为上层实体提供安全服务，而对外屏蔽安全服务的具体实现。OSI 安全体系结构模型中定义了 5 类安全服务，即认证（Authentication）、访问控制（Access Control）、数据保密性（Confidentiality）、数据完整性（Integrity）和不可否认性（Non-repudiation）。
- 安全机制：指安全服务的实现机制，一种安全服务可以由多种安全机制来实现，一种安全机制也可以为多种安全服务所用。8 种安全机制分别为数据加密、数字签名、访问控制、数据完整性、鉴别交换、业务流填充、路由控制和公证。
- 安全管理：包括两方面的内容，一是安全的管理（Management of Security），即网络和系统中各种安全服务和安全机制的管理，如认证或加密服务的激活，密钥等参数的分配、更新等；二是管理的安全（Security of Management），是指各种管理活动自身的安全，如管理系统本身和管理信息的安全。

虽然 ISO 7498-2—1989 和 GB/T 9387.2—1995 仍属现行标准，但是该标准中给出的安全体系模型针对的是基于 OSI 参考模型的网络通信系统，它所定义的安全服务只是解决网络通信安全性的技术措施，而且不够全面，例如，没有考虑可用性服务。

1.2.2　基于信息保障概念的网络空间纵深防护框架

1．信息保障概念的提出

信息系统安全已经发展进入网络空间安全阶段，这已成为共识。网络空间的安全问题得到世界各国的普遍重视。同时，人们也开始认识到安全的概念已经不局限于信息的保护，人们需要的是对整个信息和信息系统的保护和防御，包括了对信息的保护、检测、响应和恢复能力，除了要进行信息的安全保护，还应该重视提高安全预警能力、系统的入侵检测能力、系统的事件响应能力和系统遭到入侵引起破坏的快速恢复能力。

1996 年，美国国防部（DoD）在国防部令《DoD Directive S-3600.1：Information Operation》中首次提出了信息保障（Information Assurance，IA）的概念。其中对信息保障的定义为，通过确保信息和信息系统的可用性、完整性、保密性、可认证性和不可否认性等特性来保护信息系统的信息作战行动，包括综合利用保护、探测和响应能力以恢复系统的功能。

1998 年 1 月 30 日，美国国防部批准发布了《国防部信息保障纲要》（*Defense-wide Information Assurance Program*，DIAP），认为信息保障工作是持续不间断的，它贯穿于平时、危机、冲突及战争期间的全时域。信息保障不仅能支持战争时期的国防信息攻防，而且能够满足和平时期国家信息的安全需求。

2．网络空间纵深防护思路与框架

一系列的文档报告不断厘清网络空间的概念，预判网络空间的严峻形势，给出网络空间安全防护的思路与框架。

（1）《信息保障技术框架》

由美国国家安全局（NSA）提出的，为保护美国政府和工业界的信息与信息技术设施提供的技术指南《信息保障技术框架》（*Information Assurance Technical Framework*，IATF），提出了信息基础设施的整套安全技术保障框架，定义了对一个系统进行信息保障的过程以及软、硬件部件的安全要求。该框架原名为网络安全框架（*Network Security Framework*，NSF），于 1998 年公布，1999 年更名为 IATF，2002 年发布了 IATF 3.1 版。

IATF 从整体、过程的角度看待信息安全问题，其核心思想是"纵深防护战略"（Defense-in-Depth），它采用层次化的、多样性的安全措施来保障用户信息及信息系统的安全，人、技术和操作是 3 个核心因素。其中，技术是实现信息保障的具体措施和手段，信息保障体系所应具备的各项安全服务是通过技术来实现的。当然，这里所说的技术，已经不单是以防护为主的静态技术体系，而是保护（Protection）、检测（Detection）、响应（Reaction）、恢复（Restore）有机结合的动态技术体系。这就是著名的 PDRR（或称 PDR^2）模型，如图 1-20 所示。

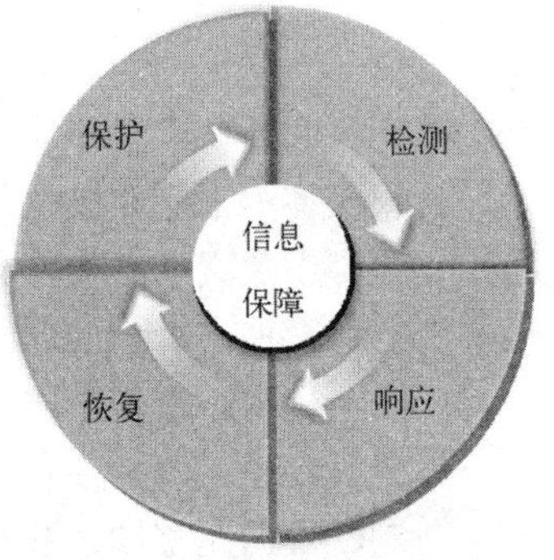

图 1-20　PDRR 模型

PDRR 模型提出后得到了发展，学者们在此基础上又提出了 WPDRRC 等改进模型。

纵深防护战略的 4 个技术焦点领域如下。

- 保护网络和基础设施：如主干网的可用性、无线网络安全框架、系统互连与虚拟专用网（VPN）。
- 保护边界：如网络登录保护、远程访问、多级安全。
- 保护计算环境：如终端用户环境、系统应用程序的安全。
- 保护安全基础设施：如密钥管理基础设施/公钥基础设施（KMI/PKI）、检测与响应。

信息保障这一概念，它的层次高、涉及面广、解决问题多、提供的安全保障全面，是一个战略级的信息防护概念。可以遵循信息保障的思想建立一种有效的、经济的信息安全防护体系和方法。

（2）《提升关键基础设施网络安全框架》

2014 年 2 月，美国国家标准和技术研究院（NIST）发布了《提升关键基础设施网络安全的框架》（*Framework for Improving Critical Infrastructure Cybersecurity*）第 1.0 版本，旨在加强电力、运输和电信等"关键基础设施"部门的网络空间安全。框架分为识别（Identify）、保护（Protect）、检测（Detect）、响应（Respond）和恢复（Recover）5 个层面。这可以看作是一种基于生命周期和流程的框架方法。2018 年 4 月，NIST 发布了该报告的 1.1 版本。NIST 网络安全框架被广泛视为各类组织机构与企业实现网络安全保障的最佳实践性指南。

【应用示例 2】 针对 TCP/IP 网络的一种安全框架

一个完整的网络安全体系框架对于网络安全概念的理解、网络系统的安全设计与实现都有重要意义。安全体系结构不仅应该定义一个系统安全所需的各种元素，还应该包括这些元素之间的关系，以构成一个有机的整体。正像 Architecture 这个词的本义，一堆砖瓦不能称之为建筑。

作为因特网技术的核心，尽管 TCP/IP 在连通性上非常成功，但在安全性方面却暴露了很多问题。由于 TCP/IP 没有一个整体的安全体系，各种安全技术（如防火墙、SSL 通信协议等）虽然能够在某一方面保护网络资源或保证网络通信的安全，但是各种技术相对独立、冗余性大，在可管理性和扩展性方面都存在很多局限。从安全体系结构的角度研究怎样有机地组合各种单元技术，设计出一个合理的安全体系，为各种层次不同的应用提供统一的安全服务，以满足不同强度的安全需求，这对于网络安全的设计、实现与管理都非常重要。

本例给出了一种针对 TCP/IP 网络由安全服务、协议层次和实体单元组成的三维框架结构，从三个不同的角度阐述了不同实体、不同层次的安全需求，以及它们之间的逻辑关系。

1. 网络安全体系的一种三维框架结构

计算机网络安全体系的三维框架结构如图 1-21 所示。

1）安全服务。安全服务平面取自于国际标准化组织制订的安全体系结构模型，在 5 类基本的安全服务以外增加了可用性（Availability）服务。不同的应用环境对安全服务的需求是不同的，各种安全服务之间也不是完全独立的。后面将介绍各种安全服务之间的依赖关系。

2）协议层次。协议层次平面参照 TCP/IP 的分层模型，旨在从网络协议层次角度考察安全体系结构。

3）实体单元。实体单元平面给出了计算机网络系统的基本组成单元，各种单元安全技术或安全系统也可以划分成这几个层次。

4）安全管理。安全管理涉及所有协议层次、所有实体单元的安全服务和安全机制的管理，安全管理操作不是正常的通信业务，但为正常通信所需的安全服务提供控制与管理机制，是各种安全机制有效性的重要保证。

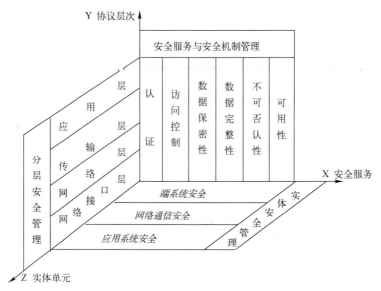

图 1-21 计算机网络安全体系的三维框架结构

从三个平面各取一点，比如取（认证、网络层和端系统安全），表示终端计算机系统在网络层采取的认证服务，如端到端的、基于主机地址的认证；取（认证、应用层和端系统安全）是指终端操作系统在应用层中对用户身份的认证，如系统登录时的用户名/口令保护等；取（访问控制、网络层和网络通信安全）表示网络系统在网络层采取的访问控制服务，如防火墙系统。

2. 安全服务之间的关系

由图 1-21 所示的安全服务平面可知，一个网络系统的安全需求包括几个方面：主体、客体的标识与鉴别；访问控制；数据存储与传输的完整性和保密性；可用性和抗否认服务。各种安全需求之间存在相互依赖关系，孤立地选取某种安全服务常常是无效的。这些安全服务之间的关系如图 1-22 所示。

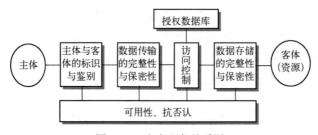

图 1-22 安全服务关系图

（1）主体与客体的标识与鉴别

在计算机系统或网络通信中，参与交互或通信的实体分别被称为主体（Subject）和客体（Object），对主体与客体的标识与鉴别是计算机网络安全的前提。认证服务用来验证实体标识的合法性，不经认证的实体和通信数据都是不可信的。不过目前因特网从底层协议到高层的应用许多都没有认证机制，如 IPv4 中无法验证对方 IP 地址的真实性，SMTP 也没有对收到的 Email 中源地址和数据的验证能力。没有实体之间的认证，所有的访问控制措施、数据加密手段等都是不完备的。比如，目前绝大多数基于包过滤的防火墙由于没有地址认证功能，无法防范假冒地址类型的攻击。

（2）访问控制

访问控制是许多系统安全保护机制的核心。任何访问控制措施都应该以一定的访问控制策略（Policy）为基础，并依据该政策对应的访问控制模型（Access Control Model）。网络资源的访问控制和操作系统类似，比如，需要一个参考监控器（Reference Monitor）控制所有主体对客体的访问。防火墙系统可以看成外部用户（主体）访问内部资源（客体）的参考监控器。然而，集中式的网络资源参考监控器很难实现，特别是在分布式应用环境中。与操作系统访问控制有一点不同的是，信道、数据包、网络连接等都是一种实体，有些实体（如代理进程）既是主体又是客体，这都导致传统操作系统的访问控制模型很难用于网络环境。

（3）数据存储与传输的完整性与保密性

数据存储与传输的完整性是认证和访问控制有效性的重要保证，比如，认证协议的设计一定要考虑认证信息在传输过程中不被篡改；同时，访问控制又常常是实现数据存储完整性的手段之一。与数据保密性相比，数据完整性的需求更为普遍。数据保密性一般也要和数据完整性结合才能保证保密机制的有效性。

（4）可用性和抗否认（抗抵赖）

保证系统高度的可用性是网络安全的重要内容之一。许多针对网络和系统的攻击都是破坏系统的可用性，而不一定损害数据的完整性与保密性。目前，保证系统可用性的研究还不够充分，许多拒绝服务类型的攻击还很难防范。抗否认服务在许多应用（如电子商务）中非常关键，它和数据源认证、数据完整性紧密相关。

3. 实体安全管理

在实体安全管理中，各种安全技术或系统通常通过以下3种形式来组织。

（1）端系统安全

主要的安全技术是对用户的认证、访问控制、审计和基于主机的入侵检测技术，并以此来保证系统数据的保密性和完整性。

（2）网络通信安全

一方面，要保障网络自身的安全可靠运行，保证网络基础设施的可用性，包括保护通信子网内部的网络设备、传输链路以及通信软件、逻辑信道和基本网络服务（如 DNS）等。保证网络的可用性要从合理的拓扑结构设计开始，以网络资源的访问控制和安全监测为主要手段，防止网络资源滥用、拒绝服务攻击、防止破坏网络基础设施等；另一方面，是为网络内部的系统或上层应用提供公共的安全服务，例如，在网关处采用 IPSec 技术，为网络内部的所有系统提供粗粒度的认证、数据保密和完整性以及访问控制服务。在网络设计阶段应该充分考虑不同应用环境的安全需求，对网络分类、分级，选择完备的、合理的安全机制。

（3）应用系统安全

应用系统安全主要是指在网络环境下构造安全的分布式应用系统。对于许多没有实现必须的安全服务或者存在安全漏洞的应用系统，可以运用应用层代理或安全网关以增加安全服务。对于独立实现了一套安全服务的那些应用系统，为避免使用和管理上的混乱，需要为多种应用系统提供统一的用户认证、数据保密性和完整性，以及授权与访问控制等服务。此外，还需要提供连续的、有效的服务，以确保系统的可用性。

1.3 网络安全防护体系中的防火墙

本节首先介绍防火墙的标准定义，然后介绍防火墙在传统网络安全纵深防护中的地位和作用，最后介绍防火墙在新型零信任安全模型中的局限性和发展。

1.3.1 防火墙与纵深防护

1. 标准定义

国家标准《信息安全技术 防火墙安全技术要求和测试评价方法》（GB/T 20281—2020）给出的防火墙定义是，防火墙是对经过的数据流进行解析，并实现访问控制及安全防护功能的网络安全产品。

根据这个定义，防火墙具有以下 4 个基本特征。

- 部署位置上，防火墙是一个边界网关，设置在不同网络（如可信的企业内部网络和不可信的公共网络）或不同安全域之间，而且应当是不同网络或不同安全域之间信息的唯一出入口。
- 工作原理上，防火墙根据网络安全策略对流经的数据进行解析、过滤、限制等控制。
- 功能上，防火墙主要在网络层、传输层和应用层控制（允许、拒绝、监测）出入网络的信息流，新型防火墙还能实现对更多应用层程序的访问控制、Web 攻击防护、信息泄漏防护、恶意代码防护及入侵防御等功能，保证受保护部分的安全。
- 性能上，防火墙应具有较高的处理效率和较强的自身抗攻击能力。

2. 防火墙与网络层次的关系

防火墙理论上可以工作在 TCP/IP 参考模型中的各层。防火墙的主要工作在于实现访问控制策略，且所有防火墙均依赖于对 TCP/IP 各层协议所产生的信息流进行检查。一般说来，防火墙越是工作在协议的上层，其能够检查的信息就越多，也就能够获得更多的信息用于安全决策，因而检查的网络行为就可以越细致深入，提供的安全防护等级就越高。

3. 防火墙是纵深防护的重要组成

传统的网络安全架构是将不同的网络（或者单个网络的一部分）划分为不同的区域，每个区域都被授予某种程度的信任（安全级别），不同区域之间使用防火墙进行隔离，并部署入侵检测系统（Intrusion Detection System，IDS）和入侵防御系统（Intrusion Prevention System，IPS，也称作 Intrusion Detection Prevention，IDP）等一系列网络安全策略。这种安全模型提供了非常强大的纵深防御能力。

（1）攻击发生前的防范

使用防火墙作为网络安全的第一道防线，可以识别并阻挡许多黑客的攻击行为。防火墙主要用来隔离内部网和外部网的直接信息传输，对于出入防火墙的数据流施加基于安全策略的访问控制，但对于内部入侵却无能为力，防火墙能否正确工作依赖于安全管理员的手工配置。这样的安全防御系统在复杂网络中要做到合理配置是十分困难的，而且在大规模部署时的可缩放性和实时响应功能较差。

除了应用防火墙，还可以使用漏洞扫描工具来探测网络上每台主机乃至路由器的各种漏洞，并将系统漏洞一一列表，给出最佳解决方法：使用动态口令，用户每次登录系统的口令都不同，可防止口令被非法窃取；使用邮件过滤器，阻挡基于邮件的进攻；使用网络防病毒系统，以有效防止病毒的危害；使用 VPN 技术，使信息在通过网络的传输过程中更加安全可靠。另外，事前防御体系还包括系统的安全配置，对用户的培训与教育等。

（2）攻击发生过程中的防御

随着攻击者知识的日趋成熟，攻击工具与手法的日趋复杂多样，单纯的防火墙策略已经无法满足对安全高度敏感的用户的需要，网络的防卫必须采用一种纵深的、多样的手段。与此同时，当今的网络环境也变得越来越复杂，各式各样复杂的设备，需要不断升级、补漏的系统使得网络管理员的工作不断加重，不经意的疏忽便会造成巨大损失。在这种环境下，入侵检测系统和入侵防御系统愈来愈多地受到人们的关注，而且已经开始在各种不同的环境中发挥着关键作用。

IPS 相对于传统意义的防火墙是一种主动防御系统，入侵检测作为安全的一道屏障，可以在一定程度上预防和检测来自系统内、外部的入侵。防火墙正在与 IPS、主机防护等安全设备融合，共同进行攻击发生过程中的防御，本书将在 2.4.3 节中介绍相关内容。

（3）攻击发生后的应对

防火墙、IPS 等都提供了详细的数据记录功能，可以对所有误操作的危险动作和蓄意攻击行为保留详尽的记录，而且记录在一台专用的安全主机上，这样可以在黑客攻击后通过这些记录来分析黑客的攻击方式，弥补系统漏洞，防止再次遭受攻击，并可进行黑客追踪和查找责任人。此外，应急响应、灾难备份与恢复和安全管理等，都是网络攻击发生后的常用应对方法。

1.3.2 防火墙与零信任安全

1. 基于边界的安全防御体系和传统防火墙的不足

随着业务上云、数据上云、移动办公的普及，跨数据中心和多云环境移动的动态工作负载的复杂性日益增加，传统的安全边界不再存在。通过基于边界的安全防御体系和传统防火墙来防范漏洞和攻击越来越困难。大量新漏洞和黑客攻击风险以及勒索软件和恶意软件爆发等针对性威胁说明了以下事实，暴露了传统安全模型的不足。

● 网络无时无刻不处于危险的环境中。
● 网络中自始至终存在外部或内部威胁。
● 网络的位置不足以决定网络的可信程度。

2. 零信任模型的概念

2010 年，Forrester 公司的分析师约翰·金德维格（John Kindervag）提出了"零信任"的概念。其核心思想就是，在默认情况下对网络内部和外部的任何人/设备/系统"零信任"，其需要基于认证和授权重构访问控制的信任基础。

零信任网络模型关键技术涉及以下 3 点。

（1）以身份为中心

网络无特权，所有的设备、用户和网络流量都应当经过认证和授权。例如，可以通过手机即令牌的方式提供指纹识别、人脸识别等生物识别技术对用户进行身份确认，同时对用户智能手机终端进行病毒查杀、Root/越狱检测，通过注册建立用户与设备的唯一绑定关系。确保只有同时满足合法的用户与可信的终端两个条件才能接入到业务系统。为了提高用户的使用便捷性，用户认证支持动态口令、二维码扫描、推送验证等多种身份认证方式。

（2）业务安全访问

通过可信接入网关接管企业所有应用、资源、服务器的访问流量，将访问控制规则设定为只允许通过可信接入网关对应用进行访问，防止内网访问逃逸问题。所有的业务隐藏在可信接入网关之后，只有通过身份安全认证与终端可信检测的用户才可以访问业务系统。

（3）权限动态化

每次用户发起访问请求后，智能身份平台会基于多种源数据分析，包括安全策略、用户属性、环境属性、其他风险因子等，对此次访问进行授权判定，得到一个信任等级，最终根据评估得出的信任等级分配用户一个最小访问权限。

3．防火墙在零信任模型中仍具有重要作用

当然，零信任并不代表不需要传统的边界防护，而是在传统边界防护的基础上进行互补。零信任也不是去除边界，而是将边界收缩到端。

隔离（Segmentation）实际上是零信任等安全框架的基础。零信任方案通过微隔离（Micro-segmentation）和深度可视化来定位和隔离威胁，给安全人员提供了一个识别威胁、减缓威胁的系统性方法。基于主机的安全隔离是成本效益和可靠性更好的隔离方法，并且在保护数据中心和云生态系统免受横向攻击造成数据泄露的影响方面更加有效。

谷歌公司花了 6 年时间（2011 年—2017 年）构建了名为 BeyondCorp 的零信任环境，在企业网实现了零信任模型落地。

1.4 思考与实践

一、单项选择题

1．下列被认为是面向连接的协议是（　　）。

    A．IP   B．ICMP   C．UDP   D．TCP

2．对应 OSI 参考模型的第 2、5、7、4 和 3 层的是（　　）。

    A．数据链路层，会话层，应用层，传输层和网络层

    B．数据链路层，传输层，应用层，会话层和网络层

    C．网络层，会话层，应用层，表示层和传输层

    D．网络层，传输层，应用层，会话层和表示层

3．分别工作在 TCP/IP 参考模型的应用层、传输层、网络层和网络接口层的协议是（　　）。

    A．FTP、ARP、TCP 和 UDP   B．FTP、ICMP、IP 和 UDP

    C．TFTP、UDP、IP 和 ARP   D．TFTP、RARP、IP 和 ICMP

4．OSI 参考模型中数据链路层处理的数据单位是（　　）。

    A．比特   B．帧   C．分组   D．报文

5．OSI 参考模型中描述了 5 种安全服务，以下不属于这 5 种安全服务的是（　　）。

    A．认证服务   B．数据包过滤   C．访问控制   D．数据完整性

6．能够准确地描述 IP 的是（　　）。

    A．它是无连接协议，负责处理会话的建立和管理

    B．它是无连接协议，负责数据报的编址和路由

    C．它是面向连接的协议，负责数据报的编址和路由

    D．它是面向连接的协议，负责错误检测和数据流控制

7．使用加密技术不仅可以保证信息的（　　），防止信息被非授权访问或泄露给未授权实

体,而且可以保证信息的完整性,防止信息被篡改。

    A.可用性   B.保密性   C.正确性   D.真实性

8.(　　)是指信息资源只能由授权方或以授权的方式修改,在存储或传输过程中不被偶然或蓄意地修改、伪造等破坏。

    A.可用性   B.保密性   C.完整性   D.真实性

9.中断威胁是指破坏信息系统的资源,使之变成无效的或无用的,这种威胁是针对信息系统的(　　)。

    A.可用性   B.保密性   C.完整性   D.真实性

10.以下关于一个安全的信息系统具有的特点叙述错误的是(　　)。

    A.保证各种数据的机密

    B.保证所有信息、数据及系统中各种程序的完整性和准确性

    C.保证合法访问者的访问和接受正常的服务

    D.保证网络在任何时刻都有很高的传输速度

11.防火墙主要用于(　　)。

    A.内部网安全   B.因特网安全   C.边界安全   D.有效的安全

12.能有效控制内部网络和外部网络之间的访问及数据传输,从而达到保护内部网络的信息不受外部非授权用户的访问和对不良信息过滤的安全技术是(　　)。

    A.入侵检测   B.反病毒软件   C.防火墙   D.计算机取证

二、简答题

1.在 TCP/IP 结构中,数据封装和协议栈是如何工作的?

2.对于开放系统互连参考模型(OSI)中的"开放"如何理解?

3.TCP/IP 存在哪些安全缺陷?简述当前流行的网络服务存在的安全问题。

4.阅读 GB/T 9387.2-1995《信息处理系统 开放系统互连基本参考模型第 2 部分:安全体系结构》,简述 OSI 安全体系结构提出的安全服务及其内容,以及可以采用哪些安全机制来实现安全服务。

5.简述防火墙在网络安全防护中的地位和作用。

6.把不同安全级别的网络相连接,就产生了网络边界,为了防止来自网络外界的入侵,就需要在网络边界上建立可靠的安全防御措施。请谈谈安全防护的措施。

三、拓展阅读

1.查阅资料,进一步了解 PDR、P²DR、PDR²、P²DR² 以及 WPDRRC 各模型中每个部分的含义。这些模型的发展说明了什么?完成一篇读书报告。

2.阅读以下资料,进一步了解零信任模型及相关技术。

[1] 吉尔曼,巴斯.零信任网络:在不可信网络中构建安全系统[M].奇安信身份安全实验室,译.北京:人民邮电出版社,2019.

[2] Gartner.零信任架构及解决方案[R/OL].奇安信,译.[2020-11-12]. https://www.qianxin.com/threat/reportdetail? report_id=98.

[3] NIST. Zero Trust Architecture[R/OL]. (2019-09-30)[2020-11-12]. https://csrc.nist.gov/publications/detail/sp/800-207/draft,2020.

[4] 奇安信身份安全实验室. Google BeyondCorp 系列论文(一):一种新的企业安全方法[R/OL]. (2018-10-30)[2020-11-12]. https://www.secrss.com/articles/6019.

四、操作实验题

1．网络安全虚拟实验环境搭建。实验内容：

1）安装虚拟机软件 VMware Workstation 及扩展软件包。

2）创建一个 Kali Linux 虚拟机。

3）安装 Kali Linux。

完成实验报告。

2．网络中数据包的传输细节分析。实验内容：

1）了解常用的抓包工具 Fiddler、Burp Suite、Firebug、HttpWatch、Charles、Microsoft Message Analyzer，以及经典的 Wireshark。了解各工具软件的工作原理，分析各自的优缺点。

2）对应用层、传输层、网络层和网络接口层的各层协议进行抓包分析。

完成实验报告。

1.5 学习目标检验

请对照表 1-2 学习目标列表，自行检验达到情况。

表 1-2　第 1 章学习目标列表

	学 习 目 标	达 到 情 况
知识	了解网络中不同计算机系统进行通信涉及的两种重要的网络体系模型 OSI 和 TCP/IP	
	了解网络信息流动过程中面临的主要安全威胁	
	了解针对网络通信中的安全威胁已有的网络安全技术框架	
	了解针对 TCP/IP 网络的安全框架	
	了解防火墙在 TCP/IP 网络中工作的层次关系	
	了解防火墙作为边界防护的一种重要工具和技术，与其他安全产品的关系	
能力	能够搭建网络安全虚拟实验环境	
	能够运用数据包分析工具对 TCP/IP 各层协议进行抓包分析	
	能够理解防火墙在网络安全防护框架中的地位和作用	

第 2 章　防火墙概述

本章知识结构

本章从防火墙的种类、涉及的主要技术、体系结构以及技术的发展情况 4 个方面展开。本章知识结构如图 2-1 所示。

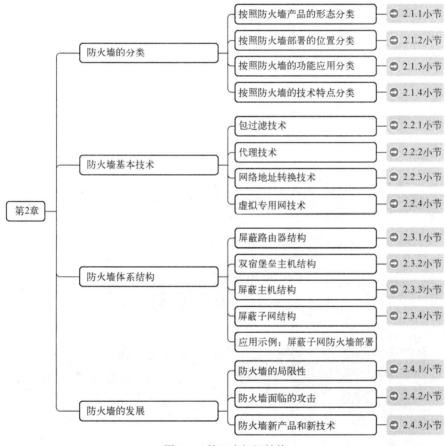

图 2-1　第 2 章知识结构

2.1　防火墙的分类

本节接着按照防火墙产品的形态、部署的位置、功能应用以及技术特点分别介绍防火墙的多种分类及功能。

2.1.1　按照防火墙产品的形态分类

按照防火墙产品的形态，可以分为软件防火墙和硬件防火墙。

1. 软件防火墙

软件防火墙就像其他的软件产品一样需要在计算机上安装并做好配置才可以发挥作用，一般来说，这台计算机就是整个网络的网关。如今，许多网络设备中都含有防火墙功能，如路由器、无线基站、IP 交换机等，流行的 Windows、Linux 操作系统中也含有软件防火墙。

软件防火墙具有安装灵活、便于升级扩展等优点，缺点是安全性受制于其支撑操作系统平台，性能不高。

图 2-2 和图 2-3 所示分别为 Windows 系统自带的软件防火墙和著名安全公司 Check Point 的 ZoneAlarm 软件防火墙（https://www.zonealarm.com/software/firewall/download）。

图 2-2　Windows 系统自带的软件防火墙

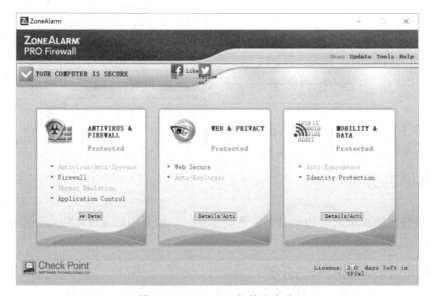

图 2-3　ZoneAlarm 软件防火墙

2. 硬件防火墙

目前市场上大多数防火墙产品是硬件防火墙。这类防火墙一般基于 PC 架构，还有的基于特定用途集成电路（Application Specific Integrated Circuit，ASIC）芯片、基于网络处理器（Network Processor，NP），以及基于现场可编程门阵列（Field-programmable Gate Array，FPGA）芯片。基于专用芯片的防火墙采用专用操作系统，因此防火墙本身的漏洞比较少，而且由于基于专门的硬件平台，因而这类防火墙的处理能力强、性能高。图 2-4 所示为我国安全公司天融信的下一代防火墙产品。

图 2-4　天融信下一代防火墙产品

2.1.2　按照防火墙部署的位置分类

按照防火墙的应用部署位置，可以分为因特网边界防火墙、内部子网边界防火墙和单机防火墙。考虑一个典型的网络体系结构，如图 2-5 所示。

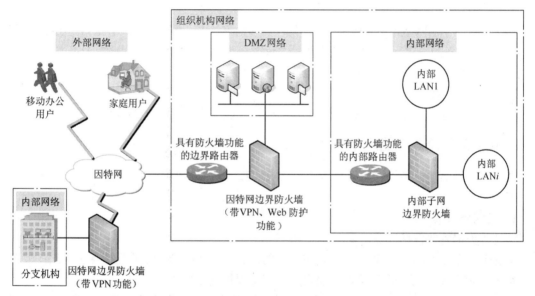

图 2-5　一个典型的网络体系结构及防火墙的应用

在图 2-5 中，涉及 3 个不同的安全区域。

1）外部网络。外部网络包括外部因特网用户主机和设备，这个区域为防火墙的非可信网络区域。

2）DMZ 网络。DMZ（Demilitarized Zone，隔离区，也称非军事区）网络是设立在外部网络和内部网络之间的小网络区域，是一个非安全系统与安全系统之间的缓冲区。DMZ 中放置一些为因特网公众用户提供某种信息服务而必须公开的服务器，如 Web 服务器、Email 服务器、FTP 服务器、外部 DNS 服务器等。将需要对外部开放特定服务和应用的服务器放置在 DMZ 网络中，既对其提供了一定的防护，又确保了对其的访问畅通，同时更加有效地保护了内部网络。

3）内部网络。内部网络包括全部的内部网络设备、内网核心服务器及用户主机。需要注意的是，内部网络还可能包括不同的安全区域，具有不同等级的安全访问权限。

对于以上典型的网络体系结构，可以部署 3 种类型的防火墙。

1．因特网边界防火墙

因特网边界防火墙处于外部不可信网络（包括广域网和分支机构/其他自主网络）与内部可信网络之间，控制来自外部不可信网络对内部可信网络的访问，防范来自外部网络的攻击，同时，保证 DMZ 服务器的相对安全性和使用便利性。这是目前防火墙的最主要应用。

防火墙的内、外网卡分别连接于内、外部网络，但内部网络和外部网络是从逻辑上完全隔开的。所有来自外部网络的服务请求只能到达防火墙的外部网卡，防火墙对收到的数据包进行分析后将合法的请求通过内部网卡传送给相应的服务主机，对于非法访问予以拒绝。

⊠ 说明：

路由器通常也具有防火墙功能，可以与实际防火墙产品共同构筑安全防线。第 2.3 节将详细介绍相关内容。

2．内部子网边界防火墙

内部子网边界防火墙处于内部不同可信等级安全域之间，起到隔离内网关键部门、子网或用户的目的。

如图 2-5 所示的网络体系结构是一个多层次、多结点、多业务的网络，各结点间的信任程度不同，可能由于业务的需要，各主机和服务器群之间要频繁地交换数据，这时就需要在主机和服务器群之间或者服务器与服务器之间加设防火墙，制订完善的安全策略，以确保内部网络的安全。

3．单机防火墙

单机防火墙通常为软件防火墙，安装于单台主机/服务器中，防护的也只是单台设备。

2.1.3 按照防火墙的功能应用分类

按照防火墙的功能应用，可以分为传统防火墙和下一代防火墙（Next-Generation Firewall，NGFW）。

1．传统防火墙

传统防火墙主要包括以下功能。

- 通过制订访问控制策略，对出入防火墙的信息流进行控制，以确保受保护网络的安全。
- 可以精确制订每个用户的访问权限，控制受保护网络用户的访问。
- 通过集中的安全策略管理，使每个网段上的主机不必再单独设立安全策略，降低了人为因素导致产生网络安全问题的可能性。
- 认证功能，以防止非法入侵。
- 网络地址转换（Network Address Translation，NAT）功能，隐藏内部网络拓扑。
- 虚拟专用网（Virtual Private Network，VPN）功能，跨越不安全公网来建立安全数据通道。
- 日志和审计功能，对内、外网访问进行详细记录并进行审计。

2．下一代防火墙

随着网络环境的日益严峻以及用户安全需求的不断增加，人们提出了下一代防火墙的概念，以应对攻击行为和业务流程的新变化。著名市场分析咨询机构 Gartner 于 2009 年发布的 *Defining the Next-Generation Firewall* 中给出了下一代防火墙的定义。NGFW 至少应当具备以下几个功能。

- 拥有传统防火墙的所有功能。
- 支持与防火墙联动的入侵防御系统。

- 应用层安全控制。
- 与其他安全设备的智能化联动。

我国公安部第三研究所与深信服、网御星云等国内安全厂商制定了适用于国内网络环境的、并与国际接轨的第二代防火墙标准《信息安全技术 第二代防火墙安全技术要求》（GA/T 1177—2014）。新标准将国际通用说法"下一代防火墙"更名为"第二代防火墙"。该标准从安全功能、安全保证、环境适应性和性能 4 个方面，对第二代防火墙提出了新的要求。

- 应用层控制功能。新标准保留了传统防火墙在网络层的控制要求，如包过滤、状态检测、NAT 等功能，增加了基于应用层控制的功能要求，尤其是在应用层面对于细分应用类型和协议的识别控制能力，以及数据包深度内容检测（Deep Packet Inspection，DPI）能力。
- 入侵防御和恶意代码防护功能。要求能够检测并抵御操作系统类、文件类、服务器类等漏洞攻击，支持蠕虫病毒、后门木马等恶意代码的检测。
- Web 攻击防护、信息泄露防护功能，符合用户业务安全需求。要求具备防护 Web 攻击的能力，支持 SQL 注入攻击检测与防护，支持 XSS 攻击检测与防护；应具备对输出的信息流进行检测的功能，防止敏感信息泄露。

3. 特殊的下一代（第二代）防火墙产品

在下一代（第二代）防火墙中，根据其功能应用，又有两类特殊的防火墙产品：Web 应用防火墙和数据库防火墙。

（1）Web 应用防火墙

Web 应用防火墙（Web Application Firewall，WAF）是指部署于 Web 服务器前端，根据预先定义的安全防护规则，对流经的 HTTP/HTTPS 访问和响应数据进行解析，具备 Web 应用的访问控制及安全防护功能的网络安全产品。

可以把 WAF 看作防火墙的一个功能模块，是对深度检测数据包功能的增强；也可以把 WAF 看作运行在 HTTP 上的入侵检测系统（Intrusion Detection System，IDS）。

（2）数据库防火墙

数据库防火墙（Database Firewall，DBFW）部署于数据库服务器前端，对流经的数据库访问和响应数据进行解析，是具备数据库的访问控制及安全防护功能的网络安全产品。具体包括如下一些功能。

- 可以对基于端口、IP、SQL 语句等信息的数据库访问进行访问控制。
- 能够实时检测出对数据库进行的 SQL 注入攻击，对攻击进行阻断并告警。
- 可对数据库 SQL 语句操作精确到表、字段、关键字等细粒度的访问控制。
- 根据用户的各种使用活动比对安全基线（模型）信息，自动学习数据库访问行为。
- 减轻管理人员定义策略的负担，增加防御攻击的准确性。
- 数据库内部的敏感信息可通过相关的脱敏规则对 SQL 查询返回结果进行模糊化处理和数据遮蔽，防止外部攻击和内部高权限用户的敏感信息泄露。

与 Web 应用防火墙不同的是，数据库防火墙作用在应用服务器和数据库服务器之间，看到的是经过了复杂的业务逻辑处理之后最后生成的完整 SQL 语句，也就是说，看到的是攻击的最终表现形态，因此数据库防火墙可以采用比 Web 应用防火墙更加积极的防御策略。此外，通过 HTTP 服务应用访问数据库只是数据库访问中的一种通道和业务，还有大量的业务访问和 HTTP 无关，这些与 HTTP 无关的业务自然就无法依赖 Web 应用防火墙，而需要数据库防火墙来完成。因此，数据库防火墙能够比 Web 应用防火墙取得更好的防御效果。

2.1.4　按照防火墙的技术特点分类

根据防火墙的技术特点，通常把防火墙分为包过滤防火墙和应用代理防火墙两大类。相关内容在接下来的第 2.2 节防火墙基本技术中做详细介绍。

> 📂 **拓展知识：防火墙与网络隔离的区别**
>
> 在应用要求上，我国 2000 年 1 月 1 日起实施的《计算机信息系统国际联网保密管理规定》第二章第六条规定，涉及国家秘密的计算机信息系统，不得直接或间接地与国际互联网或其他公共信息网络相连接，必须实行物理隔离。需要信息交换的网络安全隔离，目标是确保把有害的攻击隔离在可信网络之外，以及在保证可信网络内部信息不外泄的前提下完成网络之间的数据安全交换。
>
> 在工作原理上，防火墙主要在数据包转发过程中进行解析，并实现访问控制及其他安全防护。其内部所有的 TCP/IP 会话都在网络之间进行，存在被劫持和复用的风险。网络隔离技术的核心，是通过专用硬件和安全协议来确保两个链路层断开的网络能够实现数据交互。网闸就是这样一种常用的网络隔离产品。
>
> 在硬件架构上，防火墙是单主机系统，而网闸为 2+1 的结构，即前后主机+隔离硬件，网闸就像船闸一样有两个物理开关，信息流进入网闸时，前闸合上而后闸断开，网闸连通发送方而断开接收方；待信息存入中间的缓存以后，前闸断开而后闸合上，网闸连通所隔离的两个安全域中的接收方而断开发送方。这样，从网络电子信道这个角度，发送方与接收方不会同时和网闸连通，从而达到在信道上物理隔离的目的。
>
> 在部署位置上，防火墙主要部署在网络边界，功能包括访问控制、网络地址转换、虚拟专用网、入侵防御等。网闸一般部署在办公网和业务网之间，高安全与低安全区域之间，其功能主要为文件同步、数据库同步、组播协议等。

2.2　防火墙基本技术

防火墙技术的发展经历了一个从简单到复杂，并不断借鉴和融合其他网络技术的过程。本节介绍防火墙涉及的基本技术，主要包括包过滤技术、代理技术、网络地址转换技术和虚拟专用网技术等。有关防火墙技术的新发展将在 2.4 节介绍。

2.2.1　包过滤技术

包过滤（Packet Filtering）是最早应用到防火墙的技术之一。包过滤防火墙工作在网络层和传输层，它根据通过防火墙的每个数据包的头部信息来决定是将该数据包发往目的地址还是丢弃，从而达到对进出防火墙的数据进行控制的目的。

包过滤技术的发展有两个主要阶段：第一阶段称为静态包过滤，第二阶段称为状态包过滤。

1. 静态包过滤技术

（1）静态包过滤技术原理

包过滤防火墙的关键问题是如何检查数据包，以及检查到何种程度才能既保障安全又不会对通信速度产生明显的负面影响。从理论上讲，包过滤防火墙可以被配置为根据协议包头的任何数据域进行分析和过滤，但是大多数包过滤型防火墙只是针对性地分析数据包信息头的部分域，例如：

- 源 IP 地址。
- 目的 IP 地址。

- 协议类型（TCP 包、UDP 包或 ICMP 包）。
- TCP 或 UDP 包的源端口号。
- TCP 或 UDP 包的目的端口号。
- TCP 包头的标志位（如 ACK）。

（2）包过滤规则表的概念

包过滤防火墙按照预先设置的过滤规则对流经的数据包进行解析。过滤规则表中配置有一系列的过滤规则，定义了什么包可以通过防火墙，什么包必须丢弃。过滤规则表也常被称为访问控制列表（Access Control Lists，ACL）。各个厂商的防火墙产品都有自己的语法用于创建规则。

【例 2-1】 防火墙过滤规则表。

下面使用与厂商无关但可理解的定义语言给出了一个包过滤规则表样例，见表 2-1。

表 2-1 一个包过滤规则样表

序号	源 IP 地址	目的 IP 地址	协议	源端口号	目的端口号	标志位	操作	方向
1	内部网络地址	外部网络地址	TCP	任意	80	任意	允许	出
2	外部网络地址	内部网络地址	TCP	80	>1023	ACK	允许	入
3	所有	所有	所有	所有	所有	所有	拒绝	所有

表 2-1 包含了规则执行顺序、源 IP 地址等包头信息，以及对数据包的操作和数据流向。在实际应用中，过滤规则表中还可以包含 TCP 包的序列号、IP 校验和等，如果设备有多个网卡，表中还应该包含网卡名称。

该表中的第 1 条规则允许内部用户向外部 Web 服务器发送数据包，并定向到 80 端口；第 2 条规则允许外部网络向内部的高端口发送 TCP 包，只要 ACK 位置位，且流入包的源端口为 80，即允许外部 Web 服务器的应答返回内部网络；最后一条规则拒绝所有数据包，以确保除了先前规则所允许的数据包外，其他所有数据包都被丢弃。

当数据流进入包过滤防火墙后，防火墙检查数据包的相关信息，开始从上至下扫描过滤规则，如果匹配成功则按照规则设定的操作执行，不再匹配后续规则。所以，在访问控制列表中规则的出现顺序至关重要。

防火墙对数据包的处理方式通常是以下 3 种。

- 允许通过（常用 Accept 或 Permit 等）。
- 拒绝通过（常用 Deny、Reject 或 Block 等）。当数据包被拒绝时，防火墙会向发送方回复一条消息，告知发送方该数据包已被拒绝。
- 丢弃（Drop）。当数据包被丢弃时，防火墙不会对该数据包进行任何处理，也不会向发送方回复任何提示消息。

（3）包过滤规则表的配置原则

包过滤规则表的配置有两种方式。

- 严策略。接受受信任的 IP 包，拒绝其他所有 IP 包。
- 宽策略。拒绝不受信任的 IP 包，接受其他所有 IP 包。

显然，前者相对保守，但是相对安全。后者仅可以拒绝有限的可能造成安全隐患的 IP 包，网络攻击方可以通过改变 IP 地址等规避过滤规则，导致包过滤技术失效。所以，在实际应用中一般都应采用严策略来设置防火墙规则。表 2-1 即应用了严策略。

（4）包过滤规则表配置注意点

一般地，包过滤规则还应该阻止如下几种 IP 包进入内部网。

● 源地址是内部地址的外来数据包。这类数据包很可能是为实行 IP 地址诈骗攻击而设计的，其目的是装扮成内部主机混过防火墙的检查进入内部网。

● 指定中转路由器的数据包。这类数据包很可能是为绕过防火墙而设计的数据包。

● 有效载荷很小的数据包。这类数据包很可能是为抵御过滤规则而设计的数据包，其目的是将 TCP 包头封装成两个或多个 IP 包送出，比如，将源端口和目的端口分别放在两个不同的 TCP 包中，使防火墙的过滤规则对这类数据包失效，这种方法称为 TCP 碎片攻击。

除了阻止从外部网送来的恶意数据包外，过滤规则还应阻止某些类型的内部网数据包进入外部网，特别是那些用于建立局域网和提供内部网通信服务的各种协议数据包，如动态主机配置协议（DHCP）、简单文件传输协议（TFTP）、网络基本输入/输出系统（NetBIOS）、公共互联网文件系统（CIFS）、远程行式打印机（LPR）和网络文件系统（NFS）等。

（5）静态包过滤技术的局限性

下面通过例 2-2 和例 2-3 说明静态包过滤防火墙的局限性。

【例 2-2】 假设通过部署包过滤防火墙将内部网络和外网分隔开，配置过滤规则，仅开通内部主机对外部 Web 服务器的访问，分析该规则表存在的问题。

过滤规则见表 2-1。Web 通信涉及客户端和服务器端两个端点，由于服务器将 Web 服务绑定在固定的 80 端口上，但是客户端的端口号是动态分配的（即预先不能确定客户使用哪个端口进行通信，这种情况称为动态端口连接），所以包过滤处理这种情况时只能将客户端动态分配端口的区域全部打开（1024～65535），才能满足正常通信的需要，而不能根据每次连接的情况开放实际使用的端口。

包过滤防火墙不论是对待有连接的 TCP，还是无连接的 UDP，都以单个数据包为单位进行处理，对网络会话连接的上下文关系不进行分析，因而静态包过滤又称为无状态包过滤，而且它对基于应用层的网络入侵无能为力。

【例 2-3】 包过滤防火墙对于 TCP 的 ACK 隐蔽扫描的分析与处理。

如图 2-6 所示，外部的攻击者可以在没有 TCP 三次握手中前两步的情况下，发送一个具有 ACK 位的初始包，这样的包违反了 TCP，因为初始包必须有 SYN 位。但是因为包过滤防火墙没有状态的概念，防火墙将认为这个包是已建立连接的一部分，并让它通过（当然，如果根据表 2-1 的过滤规则，ACK 置位，但目的端口≤1023 的数据包将被丢弃）。当这个伪装的包到达内网的某个主机时，主机将意识到有问题（因为这个包不是任何已建立连接的一部分），若目的端口开放，目的主机将返回 RST 信息，并期望该 RST 包能通知发送方（即攻击者）中止本次连接。这个过程看起来是无害的，它却使攻击者能通过防火墙对内网主机开放的端口进行扫描。这个技术称为 TCP 的 ACK 扫描。

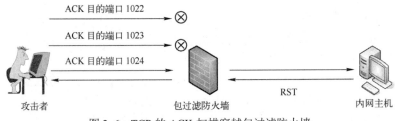

图 2-6 TCP 的 ACK 扫描穿越包过滤防火墙

通过图 2-6 示意的 TCP 的 ACK 扫描，攻击者穿越了防火墙进行探测，并且获知端口 1024 是开放的。为了阻止这样的攻击，防火墙需要记住已经存在的 TCP 连接，这样它将知道 ACK 扫描是非法连接的一部分。

下面将讨论状态包过滤技术，它能够跟踪连接状态并以此来阻止 TCP 的 ACK 扫描等攻击。

2. 状态包过滤技术

（1）状态包过滤技术原理

状态包过滤（Stateful Packet Filtering）也称为动态包过滤（Dynamic Packet Filtering），是一种基于连接的状态检测机制，也就是将属于同一连接的所有包作为一个整体的数据流进行分析，判断其是否属于当前合法连接，从而进行更加严格的访问控制。

跟静态包过滤只有一张过滤规则表不同，状态包过滤同时维护过滤规则表和状态表。过滤规则表是静态的，而状态表中保留着当前活动的合法连接，它的内容是动态变化的，随着数据包来回经过设备而实时更新。新的连接通过验证后，在状态表中添加该连接条目，而当一条连接完成它的通信任务后，状态表中的该条目将自动删除。

（2）状态包过滤处理流程

状态包过滤的一般处理流程如图 2-7 所示。

步骤 1：当接收到数据包时，首先查看状态表，判断该包是否属于当前合法连接，若是，则接受该包让其通过，否则进入步骤 2。

步骤 2：在过滤规则表中遍历，若触发拒绝（Deny）操作，直接丢弃该包，跳回步骤 1 处理后续数据包；若触发允许（Accept）操作，则进入步骤 3。

步骤 3：在状态表中加入该新连接条目，并允许数据包通过。跳回步骤 1 处理后续数据包。

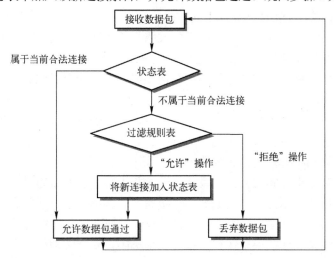

图 2-7　状态包过滤处理流程

【例 2-4】 使用状态包过滤技术重新分析例 2-2 和例 2-3。

设定过滤规则在主机 A 和服务器间开放 Web 通道，主机 A 是初始连接发起者：

| 主机 A 地址：*| 服务器地址：80 | TCP | 接受并加入状态表 | OUT|

和例 2-1 配置不同，状态包过滤只需设定发起初始连接方向上的过滤规则即可，该规则不仅决定是否接收数据包，而且也包含是否往状态表中添加新连接的判断标准。原先的动态端口范围包（1024～65535）由 "*" 取代，表示过滤规则并不关心主机 A 是以什么端口进行连接

的，即主机 A 分配到哪一个端口都允许外出，但是返回通信就要基于已存连接的情况进行验证。因而状态包过滤借助状态表，可以按需开放端口，分配到哪个动态端口，就只开放这个端口，一旦连接结束，该端口重新被关闭，这样很好地弥补了前面提到的静态包过滤缺陷，大大提高了安全性。

对于例 2-3，在状态包过滤防火墙中，防火墙记住了原来 Web 请求的外出 SYN 包，如果攻击者试图从早先没有 SYN 的地址和端口发送 ACK 数据包，则防火墙会丢弃这些包。

除了记住 TCP 标志位，状态包过滤防火墙还能记住 UDP 数据包，只有存在前一个外出数据包，才允许进入的 UDP 数据包通过。此外，状态包过滤能够帮助保护更复杂的服务，如 FTP。FTP 传输一个文件需要两个连接：一个 FTP 控制连接（通过这个连接发送获取目录列表和传输文件的命令），以及一个 FTP 数据连接（通过这个连接发送文件列表和文件本身）。可以配置状态包过滤防火墙，使之只有在建立了 FTP 控制连接之后才允许 FTP 数据连接，从而比静态包过滤防火墙更好地维护协议。

3．包过滤技术的优缺点分析

（1）优点

包过滤方式是一种通用、廉价且有效的安全手段。

- 通用。因为它工作在网络层和传输层，与应用层无关，不是针对各个具体的网络服务，而是适用于所有网络服务，也不用改动客户机上的应用程序。
- 廉价。因为大多数路由器都能提供数据包过滤功能。
- 有效。因为它能满足大多数企业的基本安全要求。

（2）局限性

包过滤技术的局限性主要体现在以下几方面。

- 难以实现对应用层服务的过滤。由于防火墙不是数据包的最终接收方，仅仅能够对数据包网络层和传输层信息头等信息进行分析控制，所以难以了解数据包是由哪个应用程序发起。目前的网络攻击和恶意程序往往伪装成常用的应用层服务的数据包规避包过滤防火墙的检查。
- 访问控制列表的配置和维护困难。包过滤技术的正确实现依赖于完备的访问控制列表，以及访问控制列表中配置规则的先后顺序。在实际应用中，对于一个大型网络的访问控制列表的配置和维护将变得非常繁杂。
- 难以详细了解主机之间的会话关系。包过滤防火墙处于网络边界，并根据流经防火墙的数据包进行网络会话分析，生成会话连接状态表。由于包过滤防火墙并非会话连接的发起者，所以对网络会话连接的上下文关系难以详细了解，容易遭受欺骗攻击。
- 一般的包过滤防火墙缺少审计和报警等安全机制。安全防护是一个系统化工程，需要多种安全防护机制协同工作。

2.2.2 代理技术

采用应用代理（Application Proxy）技术的防火墙工作在应用层，通过对每种应用服务编制专门的代理程序来实现比包过滤更加严格的安全控制策略。

应用代理技术的发展也经历了两个阶段：第一阶段的应用层代理技术；第二阶段的传输层代理技术。

1. 应用层代理技术

（1）应用层代理技术的原理

应用层代理技术也称为应用层网关（Application Gateway）技术，由于它工作在应用层，可以代理 HTTP、FTP、SMTP 等协议，确保内网用户在 Web 访问、收发邮件等时的安全。Web 应用防火墙实际上就是 HTTP 的代理服务。

如图 2-8 所示，客户机与代理交互，而代理代表客户机与服务器交互。客户机或服务器之间非代理应用的连接都被丢弃。

图 2-8　基于代理的防火墙实现应用级控制

代理服务程序实际上担当着客户机和服务器的双重角色，通常由两个部分组成：代理服务器端程序和代理客户端程序（安装在内网客户机上）。一旦会话建立起来，应用层代理程序便作为中转站在内网用户和外网服务器之间转发数据，因此它完全控制着会话过程，并可按照安全策略进行控制。

【**例 2-5**】　**应用层代理防火墙对于 TCP 的 ACK 隐蔽扫描的处理分析。**

基于代理的防火墙没有静态包过滤防火墙遇到的 ACK 攻击扫描问题，因为 ACK 不是有意义的应用请求的一部分，它将被代理丢弃。而且，由于主要针对应用级，基于代理的防火墙可以梳理应用级协议，以确保所有交换都严格遵守协议消息集。例如，一个 Web 代理可以确保所有消息都是正确格式的 HTTP，而不是仅仅检查确保它们是前往目标 TCP 端口 80。而且，代理可以允许或拒绝应用级功能。例如，对于 FTP，代理可以允许 FTP GET，从而使用户可以将文件带入网络，同时拒绝 FTP PUT，禁止用户使用 FTP 将文件传送出去。

此外，代理可以帮助优化性能。例如，对经常访问的信息进行缓存，从而对于同一数据，无须向服务器发出新的请求。

（2）应用层代理技术的优点及局限性

采用应用层代理技术的防火墙具有以下优点。

- 能支持可靠的用户认证，并提供详细的注册信息。
- 相对于包过滤防火墙来说，应用层的过滤规则更容易配置和测试。
- 代理工作完全控制会话，可以提供详细的日志和安全审计功能。
- 提供代理服务的防火墙可以被配置成唯一的可被外部看见的主机，这样既可以隐藏内部网络结构，更好地保护内部主机免受外部攻击，又可以解决合法 IP 地址不够用的问题。

应用层代理技术也有明显的缺点。

- 代理防火墙容易成为内、外网络之间的瓶颈。因为基于代理的防火墙注重应用层，基于协议内容对数据流的控制更多、更细，而这些控制需要计算和存储开销。

- 所能提供的代理服务和可伸缩性有限。不同的应用需要不同的代理服务，而且每一种应用升级时，代理服务程序也要相应升级。不过，从安全角度来看，这也是一个优点，因为除非明确地提供了应用层代理服务，否则就不可能通过防火墙，这也符合"未被明确允许的就将被禁止"的原则。

2. 传输层代理技术

传输层代理（SOCKS）解决了应用层代理一种代理只能针对一种应用的缺点。

SOCKS 代理通常也包含两个组件：SOCKS 服务端和 SOCKS 客户端。SOCKS 代理技术对内、外网的通信连接进行转换。与普通代理不同的是，服务端实现在应用层，客户端实现在应用层和传输层之间。它能够实现 SOCKS 服务端两侧的主机间互访，而无须直接的 IP 连通性作前提。SOCKS 代理对高层应用来说是透明的，即无论何种具体应用都可以通过 SOCKS 来提供代理。

SOCKS 有两个版本。SOCKS 4 是旧版本，只支持 TCP，也没有强大的认证功能。为了解决这些问题，SOCKS 5 应运而生了。除了 TCP，它还支持 UDP，有多种身份认证方式，也支持服务器端域名解析和新的 IPv6 地址集。

SOCKS 服务器一般在 1080 端口进行监听。使用 SOCKS 代理的客户端首先要建立一个到 SOCKS 服务器 1080 端口的 TCP 连接，然后进行认证方式协商，并使用选定的方式进行身份认证，一旦认证成功，客户端就可以向 SOCKS 服务器发送应用请求了。它通过特定的"命令"字段来标识请求的方式，可以是对 TCP 的 "connect"，也可以是对 UDP 的 "UDP Associate"。这里很清楚的是，无论客户端是与远程主机建立 TCP 连接还是使用无连接的 UDP，它与 SOCKS 服务器之间总是通过 TCP 连接来通信的。更多详细内容可以参见 RFC 1928。

2.2.3 网络地址转换技术

1. 网络地址转换的概念

网络地址转换（Network Address Translation，NAT），也称为 IP 地址伪装（IP Masquerading）。NAT 技术并非为防火墙而设计，最初目的是允许将私有 IP 地址映射到公网（合法的因特网 IP 地址），以缓解 IP 地址短缺的问题。然而在实际应用中，NAT 技术已经成为防火墙采用的核心技术之一，因为其具有以下一些功能。

- 内部主机地址隐藏。可以防止内部网络结构被探知，从而从一定程度上降低了内部网络被攻击的可能性，提高了内部网络的安全性。
- 网络负载均衡。
- 网络地址交叠处理。

NAT 技术根据实现方法的不同，通常可以分为两种：静态 NAT 和动态 NAT，包括端口地址转换（Port Address Translation，PAT）技术。

2. 静态 NAT 技术

静态 NAT 技术是为了在内网地址和公网地址间建立一对一映射而设计的。静态 NAT 需要内网中的每台主机都拥有一个真实的公网 IP 地址。NAT 网关依赖于指定的内网地址到公网地址之间的映射关系来运行。

【例 2-6】 静态 NAT 过程。

如图 2-9 所示，在防火墙建立静态 NAT 映射表，在内网地址和公网地址间建立一对一映射。

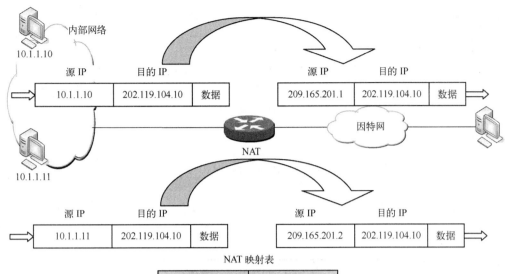

图 2-9　静态 NAT 原理图

静态 NAT 过程描述如下。

1）内部网络主机 10.1.1.10 准备建立一条到外部主机 202.119.104.10 的会话连接。防火墙从内部网络接收到一个数据包时检查 NAT 映射表：如果已为该地址配置了静态地址转换，防火墙使用公网 IP 地址 209.165.201.1 来替换内网 IP 地址 10.1.1.10，并转发该数据包；否则，防火墙不对内部地址进行任何转换，直接将数据包丢弃或转发。

2）外部主机 202.119.104.10 收到来自 209.165.201.1 的数据包后进行应答。当防火墙接收到来自外部网络的数据包时，防火墙检查 NAT 映射表：如果 NAT 映射表中存在匹配项，则使用内部地址 10.1.1.10 替换数据包目的 IP 地址 209.165.201.1，并将数据包转发到内部网络主机；如果 NAT 映射表中不存在匹配项，则拒绝数据包。

3. 动态 NAT 技术

（1）动态 NAT 技术原理

动态 NAT 技术可以实现将一个内网 IP 地址动态映射为公网 IP 地址池中的一个，映射表对网络管理员和用户来说是透明的，而不必像静态 NAT 那样进行一对一的映射。

【例 2-7】 动态 NAT 过程。

如图 2-10 所示，在防火墙建立动态 NAT 映射表。内网有 5 台主机，拥有 3 个外网地址。

动态 NAT 过程描述如下。

内部网络主机 10.1.1.10 准备建立一条到外部主机 202.119.104.10 的会话连接时，防火墙从公网 IP 地址池中选取一个外网地址分配给其使用。其他控制操作类似静态 NAT 过程。

如果公网地址池中的 IP 地址做映射用完了，内网剩余的计算机将不能再访问外网了。也就是说，内网的计算机同时只能有 3 台访问因特网。

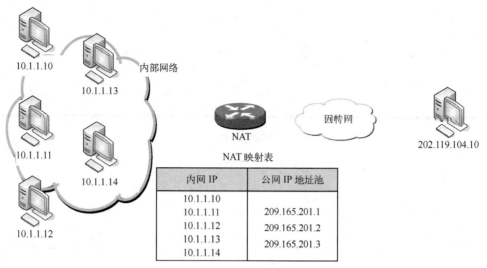

图 2-10　动态 NAT 原理图

（2）端口地址转换（PAT）技术原理

PAT 作为动态 NAT 的一种形式，它将多个内部 IP 地址映射成为一个公网 IP 地址。从本质上讲，网络地址映射并不是简单的 IP 地址之间的映射，而是网络套接字映射，网络套接字由 IP 地址和端口号共同组成。当多个不同的内部地址映射到同一个公网地址时，可以使用不同端口号来区分它们，这种技术称为复用。

【例 2-8】　PAT 过程。

如图 2-11 所示，在防火墙建立 NAT 映射表。

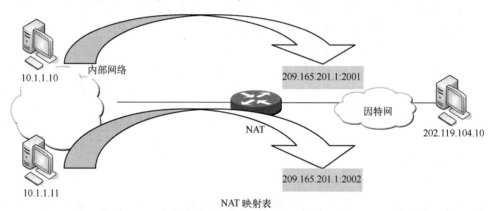

协议	内网 IP:端口	公网 IP:端口	外部主机 IP:端口
TCP	10.1.1.10:3001	209.165.201.1:2001	202.119.104.10:80
TCP	10.1.1.11:4003	209.165.201.1:2002	202.119.104.10:25
⋮	⋮	⋮	⋮

图 2-11　PAT 原理图

PAT 过程描述如下。

1）内部网络主机 10.1.1.10 准备建立到外部主机 202.119.104.10 的会话连接。防火墙接收到来自内部主机的数据包时检查 NAT 映射表：如果还没有为该内部主机建立地址转换映射项，防火墙会对该地址进行转换，记录会话状态信息，并转发数据包。例如，防火墙收到来自 10.1.1.10 的第一个数据包时，建立 10.1.1.10:3001——209.165.201.1:2001，并记录会话状态。如果已经有其他地址转换映射存在，那么防火墙将使用该记录进行地址转换。

2）外部主机收到访问信息，并进行应答。当防火墙接收到来自外部网络的数据包时，检查 NAT 映射表查询匹配项：如果 NAT 映射表中存在地址映射和会话状态匹配的选项时，转发数据包；否则，拒绝接收数据包。

4. NAT 技术实现负载均衡

所谓负载均衡就是对于外部网络访问内部网络服务器的数据流，可以为其配置一种目的地址转换的动态形式。这种地址转换只有当建立一个由外部发到内部的新连接时才执行，通常按轮询方式（Round-Robin）进行分配。

【**例 2-9**】 **NAT 实现网络负载均衡**。

如图 2-12 所示，在防火墙建立 NAT 映射表。

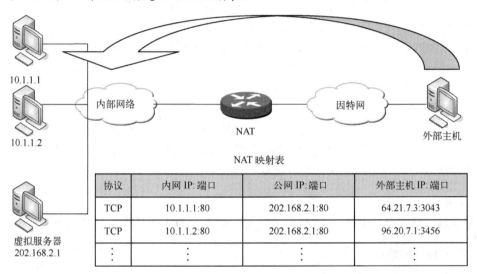

协议	内网 IP:端口	公网 IP:端口	外部主机 IP:端口
TCP	10.1.1.1:80	202.168.2.1:80	64.21.7.3:3043
TCP	10.1.1.2:80	202.168.2.1:80	96.20.7.1:3456
⋮	⋮	⋮	⋮

图 2-12　NAT 实现 TCP 负载均衡原理图

NAT 实现网络负载均衡过程描述如下。

1）外部主机准备建立到内部网络虚拟 Web 服务器 202.168.2.1:80 的一个会话连接。防火墙接收到这个连接请求，为其建立一个新的地址转换映射，为该 IP 地址 202.168.2.1 分配一个真实内部主机地址替换原目的地址，如 10.1.1.1，并转发该数据包。

2）内部主机 10.1.1.1 接收到该数据包，并做出应答。防火墙接收到应答数据包，用内网地址及端口号和外部主机地址及端口号从 NAT 映射表中查找出对应的公网地址（虚拟服务器地址）和端口号。然后将源地址转换成虚拟主机地址，并转发该数据包。

3）对于下一个连接请求，防火墙将为其分配另一个内部主机地址，如 10.1.1.2。

5. NAT 技术处理网络地址交叠

除了上述功能外，NAT 技术也常被用来解决内部网络地址与外部网络地址交叠的情况。例如，当两个公司要进行合并，但双方各自使用的内部网络地址有重叠时；再如，用户在内部网络设计中私自使用了合法地址，但后来又想要与公司网络（如因特网）进行连接时。

【例 2-10】 NAT 处理网络地址交叠。

NAT 处理网络地址交叠的原理如图 2-13 所示。

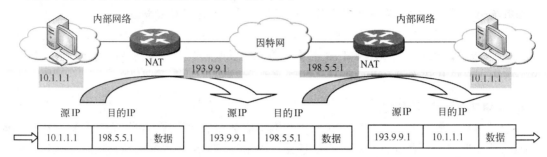

图 2-13 NAT 处理网络地址交迭的原理图

6. SNAT 和 DNAT

SNAT（Source NAT）是指源地址转换，DNAT（Destination NAT）是指目的地址转换。

SNAT 和 DNAT 都是指地址转换，即将私有地址转换为公网地址。

SNAT 和 DNAT 两者的区别在于连接的发起者是谁。

- SNAT：内部地址要访问公网上的服务时（如 Web 访问），内部地址会主动发起连接，由路由器或者防火墙上的网关对内部地址进行地址转换，将内部地址的私有 IP 转换为公网的公有 IP 这个地址转换称为 SNAT，主要用于内部共享 IP 访问外部。
- DNAT：当内部需要提供对外服务时（如对外发布 Web 网站），外部地址发起主动连接，由路由器或者防火墙上的网关接收这个连接，然后将连接转换到内部。此过程是由带有公网 IP 的网关替代内部服务来接收外部的连接，然后在内部做地址转换。此转换称为 DNAT，主要用于内部服务对外发布。

⊠ **说明：**

在配置防火墙或者路由 ACL 策略时要注意 SNAT 和 DNAT 两个一定不能混淆。

7. NAT 技术的缺点

NAT 技术本身依然存在一些问题。

1）一些应用层协议的工作特点导致了它们无法使用 NAT 技术。当端口改变时，有些协议不能正确执行它们的功能。

2）静态 NAT 技术仅仅在一对一的基础上替换 IP 包头中的 IP 地址，应用层协议数据包所包含的相关地址并不能同时得到替换。如果希望提高安全性，应该考虑使用应用层代理服务来实现。

3）对于动态 NAT 技术，在内部主机建立穿越防火墙的网络连接之前，相应的 NAT 映射并不存在。外部网络主机根本没有到达内部主机的路径，因此内部网络主机完全被屏蔽，不会受到攻击，但是无法阻止内部用户主动连接黑客主机。如果内部主机被引诱连接到一个恶意外部主机上，或者连接到一个已被黑客安装了木马的外部主机上，它将完全暴露，就像没有防火墙一样容易被攻击。

4）状态表超时问题。当内部主机向外部主机发送连接请求时，动态 NAT 映射表的内容动态生成。NAT 映射表条目有一个生存周期，当连接中断时，映射条目清除，或者经过一个超时值（这个超时值由各个防火墙厂商定义）后自动清除。从理论上讲，在超时发生之前，攻击者得到并利用动态网络地址翻译地址映射的内容是有可能的，尽管十分困难。

2.2.4 虚拟专用网技术

如图 2-5 所示，在实际应用中，远程用户（移动办公用户、家庭用户）有着安全访问内网的需求。虚拟专用网（Virtual Private Network，VPN）是实现这一安全通信需求的重要技术。

1．VPN 的概念

（1）VPN 的定义

国家标准《信息技术 安全技术：IT 网络安全 第 5 部分：使用虚拟专用网的跨网通信安全保护》（GB/T 25068.5—2010/ISO/IEC 18028—5:2006）中给出了 VPN 的定义，VPN 提供一种在现有网络或点对点连接上建立一至多条安全数据信道的机制。它只分配给受限的用户组独占使用，并能在需要时动态地建立和撤销。主机网络可为专用的或公共的。

（2）VPN 的两种连接方式

VPN 是利用因特网扩展内部网络的一项非常有用的技术，它利用现有的因特网接入，只需稍加配置就能实现远程用户对内网的安全访问，或是两个私有网络的相互安全访问。

1）端到点的 VPN 接入。图 2-14 中的远程用户（移动办公用户、家庭用户）可以通过因特网建立到组织内部网络的 VPN 连接，远程用户建立到远程访问服务器的 VPN 拨号后，会得到一个内网的 IP 地址，这样该用户可以像在内网中一样访问组织内部的主机。

2）点到点的 VPN 接入。图 2-14 中的分支机构如果不能通过专线连接组织内网，也可以利用 VPN 技术，通过一条跨越不安全的公网来连接两个端点的安全数据通道。

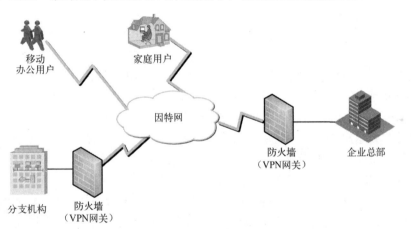

图 2-14　VPN 的两种接入方式

（3）VPN 的功能

虚拟专用网络可以帮助远程用户（尤其是移动用户）、组织分支机构、商业伙伴等和组织内部网络建立可信的安全连接，并保证数据传输的安全性。实现的安全功能如下。

- 数据加密：保证通过公共网络传输的数据即使被他人截获也不至于泄露信息。
- 身份认证和信息认证：保证信息的真实性（来源可靠性）以及信息的完整性和不可抵赖性。
- 访问控制：不同的用户具有不同的访问权限。

虚拟专用网络利用了现有的因特网环境，有利于降低建立远程安全网络连接的成本，同时也简化了网络的设计和管理的复杂度和难度，利于网络的扩展。

2．VPN 的隧道技术和相关协议

VPN 的实质是在共享网络环境下建立的安全"隧道"（Tunnel）连接，数据可以在"隧道"中传输。隧道是利用一种协议来封装传输另外一种协议的技术，即原始数据报文在 A 地进行封装，到达 B 地后把封装去掉还原成原始数据报文，这样就形成了一条由 A 到 B 的通信"隧道"。隧道技术的标准化表现形式就是隧道协议。

不同隧道协议的区别主要在于用户数据在网络协议栈的第几层被封装，因此从低层到高层就有了工作在 OSI 模型第二层（数据链路层）的 PPTP（Point-to-Point Tunneling Protocol，点到点隧道协议）和 L2TP（Layer 2 Tunneling Protocol，二层隧道协议），介于第二层与第三层（网络层）之间的 MPLS（Multi-Protocol Label Switching，多协议标签交换），工作在第三层的 IPSec（Internet Protocol Security，IP 安全协议）和工作在传输层与应用层之间的 SSL（Security Socket Layer，安全套接层）协议等不同的 VPN 实现形式。

- PPTP 是 PPP（Point to Point Protocol）的一种拓展，它使用通用路由封装（Generic Routing Encapsulation，GRE）将 PPP 帧封装进 IP 包中，通过 IP 网络传输。PPTP 是微软较早提出的协议，只能在两端点间建立单一隧道。通过该协议，远程用户能够通过 Windows 操作系统以及其他装有点对点协议的系统拨号连入本地 ISP（Internet Service Provider，因特网服务供应商），安全访问企业网络。PPTP 易于设置，安全性弱，穿透能力差，适合在没有防火墙限制的网络中使用。

- L2TP 支持在两端点间使用多隧道。L2TP 是 PPTP 的延伸，并包括一个专有的协议，允许跨多个中间网络加密数据。使用 L2TP 可以针对不同的服务质量创建不同的隧道。L2TP 可以提供包头压缩、隧道验证等，而 PPTP 不支持。L2TP 自身不提供加密与可靠性验证的功能，更多的是和 IPSec 协议配合使用，实现数据的加密传输。

- MPLS 是一种特殊的转发机制，它为进入网络中的 IP 数据包分配标记，并通过对标记的交换来实现 IP 数据包的转发。标记作为 IP 包头在网络中的替代品而存在。在网络内部，MPLS 在数据包所经过的路径沿途不是通过 IP 包头而是通过交换标记来实现转发，当数据包要退出 MPLS 网络时，数据包被解开封装，继续按照 IP 包的路由方式到达目的地址。MPLS 配置完成后，内网用户如同在同一网络中，无须安装客户端软件，可以说对用户的要求为零。MPLS 可以实现所有基于 IP 的应用，同时由于它具有很好的 QoS（Quality of Service，服务质量），因此可以运行语音、视频等远程通信等服务。

- IPSec 和 SSL 与上述几种 VPN 实现方式相比具有很好的安全性，下面详细介绍。

3．IPSec

（1）IPSec 协议的概念

IPSec 是 IPv6 的一个组成部分，也是 IPv4 的一个可选扩展协议。IPSec 弥补了 IPv4 在协议设计时缺乏安全性考虑的不足。

IPSec 工作在网络层，可提供数据保密性、完整性和可认证性（真实性）等安全服务。

（2）IPSec 协议的内容

IPSec 协议不是一个单独的协议，它给出了应用于 IP 层上网络数据安全的一整套体系结构，主要包括以下 3 项内容。

1）认证头（Authentication Head，AH）协议：用于支持数据完整性和 IP 数据报的认证。

2）载荷安全封装（Encapsulating Security Payload，ESP）协议：提供 IP 数据报的机密性、完整性和认证功能。

3）因特网密钥交换（Internet Key Exchange，IKE）协议：在 IPSec 通信双方之间建立共享安全参数及验证的密钥。

虽然 AH 协议和 ESP 协议都可以提供身份认证，但它们有如下区别。

● ESP 协议要求使用高强度加密算法，会受到许多限制。

● 多数情况下，使用 AH 协议的认证服务已能满足要求，相对来说，ESP 协议的开销较大。

设置 AH 和 ESP 两套安全协议意味着可以对 IPSec 网络进行更细粒度的控制，选择安全方案可以有更大的灵活度。

拓展资料

IPSec 协议内容。
来源：本书整理。

（3）IPSec 的两种工作模式

IPSec 有两种工作模式：传输模式和隧道模式，如图 2-15 所示。

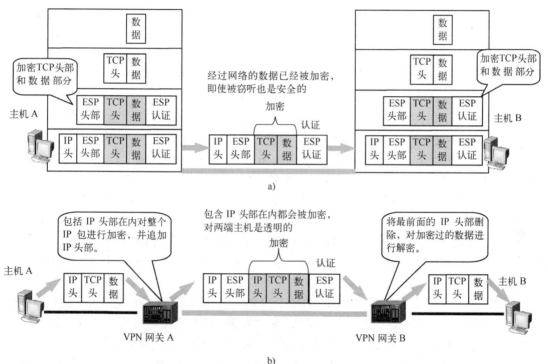

图 2-15　IPSec 的两种工作模式

a) 传输模式　b) 隧道模式

1）传输模式是用于在两台主机之间进行的端到端通信。发送端 IPSec 将 IP 包载荷用 ESP 或 AH 进行加密或认证，但不包括 IP 头，数据包传输到目的 IP 后，由接收端 IPSec 认证和解密。

2）隧道模式用于点到点通信，对整个 IP 包提供保护。为了达到这个目的，当 IP 包加 AH 或 ESP 域之后，整个数据包加安全域被当作一个新 IP 包的载荷，并拥有一个新的 IP 包头（外部 IP 头）。整个包利用隧道在网络之间传输，沿途路由器不能检查原来的 IP 包头（内部 IP 头）。由于原来的包被封装，新的、更大的包可以拥有完全不同的源地址与目的地址，以增强安全性。

【例 2-11】 IPSec 如何运用隧道模式实现点到点安全通信。

IPSec 非常适合组织用户在公共 IP 网络上构建自己的虚拟专用网络，只需要部署在网络边缘上的设备具备 IPSec 协议的支持即可。

下面结合图 2-15b 解释 IPSec 协议是如何运用隧道模式实现点到点安全通信的。网络中的主机 A 生成以另一个网络中主机 B 作为目的地址的 IP 包，该包选择的路由是从源主机到 A 网络边界的 VPN 网关 A 或安全路由器；根据对 IPSec 处理的请求，如果从 A 到 B 的包需要 IPSec 处理，则 VPN 网关 A 执行 IPSec 处理并在新 IP 头中封装包，其中的源 IP 地址为 VPN 网关 A 的 IP 地址，目的地址为主机 B 所在网络边界的 VPN 网关 B 的地址。这样，包被传送到 VPN 网关 B，而其间经过的中间路由器仅检查新 IP 头；在 VPN 网关 B 处，除去新 IP 头，包被送往内部主机 B。

4. SSL

在实际应用中，IPSec 协议主要应用在点到点的 VPN 接入中，在端到点的远程访问 VPN 接入中，存在较多安全隐患。现在普遍认为，SSL 是 IPSec 的互补性技术，在实现移动办公和远程接入时，SSL 更可以作为 IPSec 的取代性方案。同时，它对现有 SSL 应用是一个补充，它增强了网络执行访问控制和安全的级别和能力。

（1）SSL 协议的基本概念

因为 IP 包本身不具备任何安全特性，很容易被修改、伪造、查看和重播。在传输层上实现数据的安全传输是另一种安全解决方案。

传输层安全协议通常指的是安全套接层协议（Security Socket Layer，SSL）和传输层安全协议（Transport Layer Security，TLS）两个协议。SSL 是美国网景（Netscape）公司于 1994 年设计开发的传输层安全协议，用于保护 Web 通信和电子交易的安全。IETF（Internet Engineering Task Force，互联网工程任务组）对 SSL 3.0 进行了标准化，并添加了少数机制，命名为 TLS 1.0，2018 年 8 月发布了 TLS 1.3（RFC 8446）。

SSL/TLS 已经得到了业界广泛认可，当前流行的客户端软件、绝大多数的服务器应用以及证书授权机构等都支持 SSL。

SSL 协议是介于应用层和可靠的传输层协议之间的安全通信协议，其优势在于与应用层协议无关，因而高层的应用层协议（如 HTTP）能透明地建立于 SSL 协议之上。SSL 提供如下 3 种基本的安全服务。

1）保密性。SSL 提供一个安全的"握手"来初始化 TCP/IP 连接，完成客户端和服务器之间关于安全等级、密码算法、通信密钥的协商，以及执行对连接端身份的认证工作。在此之后，SSL 连接上所传送的应用层协议数据都会被加密，从而保证通信的机密性。

2）可认证性。实体的身份能够用公钥密码（如 RSA、DSS 等）进行认证。SSL 服务器和 SSL 客户端用户可以互相确认身份。

3）完整性。消息传输包括利用安全哈希函数产生的带密钥的消息认证码 （Message Authentication Code，MAC）。

（2）SSL 协议的内容

下面基于 SSL 3.0 介绍 SSL 协议的主要结构。SSL 协议主要包括以下 4 种。

- SSL 记录协议（SSL Record Protocol）。在客户端和服务器之间传输应用数据和 SSL 控制信息，可能情况下在使用底层可靠的传输协议传输之前，还进行数据的分段或重组、数据压缩、附以数字签名和加密处理。

- SSL 握手协议（SSL Handshake Protocol）。这是 SSL 各子协议中最复杂的协议，它提供客户端和服务器认证并允许双方商定使用哪一组密码算法。SSL 握手过程完成后，建立起了一个安全的连接，客户端和服务器可以安全地交换应用层数据。

- SSL 修改密码规格协议。允许通信双方在通信过程中更换密码算法或参数。
- SSL 报警协议。这是管理协议，通知对方可能出现的问题。

【例 2-12】 **SSL VPN 应用举例。**

SSL 协议设计的初始目的是保护 HTTP，但它实际上可以保护任何一种基于 TCP 的应用。因此，如果组织分布的网络环境下只有基于 C/S 或 B/S 架构的应用，不要求各分支机构之间的计算机能够相互访问，则基于 SSL 就可以构建 VPN，它可以针对具体的应用实施安全保护。目前应用最多的就是利用 SSL 实现对 Web 应用的保护。

SSL VPN 一般的实现方式只需要一台服务器和若干客户端软件就可以了。一台 SSL 服务器部署在应用服务器前面，它负责接入各个分布的 SSL 客户端。

常使用的 SSL VPN 应用模式有：证券公司为股民提供的网上炒股、金融系统的网上银行、中小企业的 ERP、远程办公或资源访问等。

2.3 防火墙体系结构

有人认为防火墙的部署很简单，只需要将防火墙的 LAN 端口与企业局域网线路连接，把防火墙的 WAN 端口与外部网络线路连接即可。其实这是非常错误的认识，防火墙的具体部署方法要根据实际的应用需求而定，不是一成不变的。

本节将介绍防火墙的 4 种典型应用体系结构，实际上也可以看作防火墙的部署方式。

- 屏蔽路由器（Screening Router）结构。
- 双宿堡垒主机（Dual-Homed Bastion Hosts）结构。
- 屏蔽主机（Screened Host）结构。
- 屏蔽子网（Screened Subnet）结构。

2.3.1 屏蔽路由器结构

如图 2-16 所示，这是最基本的防火墙设计结构，它不是采用专用的防火墙设备进行部署的，而是在原有的包过滤路由器上进行访问控制。具备这种包过滤技术的路由器通常称为屏蔽路由器防火墙，又称为包过滤路由器防火墙。

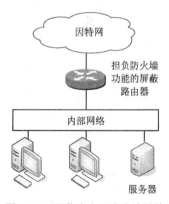

图 2-16 屏蔽路由器防火墙结构

这种结构只需在原有的路由器设备上进行包过滤的配置，即可实现防火墙的安全策略，这不失为一种经济的又能满足一定安全性的选择。

由于包过滤路由器工作在网络层，其工作效率高，但是也因此对应用层无法提供很好的保护，包过滤规则的设置复杂，因而防护能力弱。

2.3.2 双宿堡垒主机结构

如图 2-17 所示，以一台堡垒主机作为防火墙系统的主体，其中包含两块网卡，分别连接到被保护的内网和外网上。在主机上运行防火墙软件,被保护的内网与外网间的通信必须通过堡垒主机,因而可以对内网提供保护。

双宿堡垒主机结构要求的硬件较少,但堡垒主机本身缺乏保护,容易受到攻击。

2.3.3 屏蔽主机结构

图 2-18 所示是由一台堡垒主机以及屏蔽路由器共同构成防火墙系统,屏蔽路由器提供对堡垒主机的安全防护。

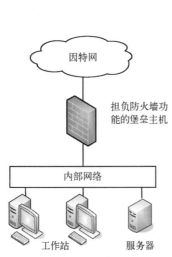 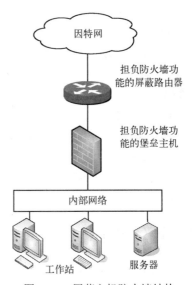

图 2-17 双宿堡垒主机防火墙结构　　　　图 2-18 屏蔽主机防火墙结构

屏蔽主机结构中的路由器又处于易受攻击的地位。此外,网络管理员需要协同管理路由器和堡垒主机中的访问控制表,使两者协调执行控制功能。

2.3.4 屏蔽子网结构

如图 2-19 所示,屏蔽子网结构将防火墙的概念扩充至一个由外部和内部屏蔽路由器包围起来的周边网络,并且将易受攻击的堡垒主机,以及组织对外提供服务的 Web 服务器、邮件服务器以及其他公用服务器放在该网络中。这种在内、外网之间建立的被隔离的子网常被称为隔离网络或非军事区(Demilitarized Zone,DMZ)。

在图 2-19 所示的体系结构中存在 3 道防线。除了堡垒主机的防护以外,外部屏蔽路由器防火墙用于管理所有外部网络对 DMZ 的访问,它只允许外部系统访问堡垒主机或是 DMZ 中对外开放的服务器,并防范来自外部网络的攻击。内部屏蔽路由器防火墙位于 DMZ 网络和内部网之间,提供第三层防御。它只接受源于堡垒主机的数据包,管理 DMZ 到内部网络的访问。它只允许内部系统访问 DMZ 网络中的堡垒主机或是服务器。

这种防火墙系统的安全性很好,因为来自外部网络将要访问内部网络的流量,必须经过这个由屏蔽路由器和堡垒主机组成的 DMZ 子网络;可信网络内部流向外界的所有流量,也必须首先接受这个子网络的审查。

堡垒主机上运行代理服务,它是一个连接外部非信任网络和可信网络的桥梁。虽然堡垒主机容易受到侵袭,但即使堡垒主机被控制,如果采用了屏蔽子网结构,入侵者仍然不能直接侵袭内部网络，内部网络仍受到内部屏蔽路由器的保护。

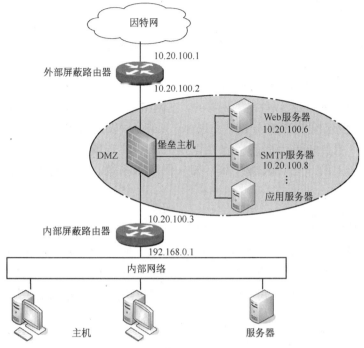

图 2-19   屏蔽子网防火墙结构

【应用示例3】 屏蔽子网防火墙部署

设图 2-19 中外部屏蔽路由器的外部 IP 地址为 10.20.100.1，内部 IP 地址为 10.20.100.2；内部屏蔽路由器的外部 IP 地址为 10.20.100.3，内部 IP 地址为 192.168.0.1；DMZ 中 Web 服务器的 IP 地址为 10.20.100.6，SMTP 服务器的 IP 地址为 10.20.100.8。

要求屏蔽路由器实现以下功能。

● 不允许内部网络用户访问外网和 DMZ。

● 外部网络用户只允许访问 DMZ 中的 Web 服务器和 SMTP 服务器。

内部屏蔽路由器过滤规则见表 2-2，外部屏蔽路由器过滤规则见表 2-3。

表 2-2   内部包过滤器规则表

序号	源IP	目的IP	协议	源端口号	目的端口号	动作	方向
1	*	*	*	*	*	拒绝	*

表 2-3   外部包过滤器规则表

序号	源IP	目的IP	协议	源端口号	目的端口号	动作	方向
1	*	10.20.100.6	TCP	>1024	80	允许	入
2	10.20.100.6	10.20.100.8	TCP	80	>1024	允许	出
3	*	10.20.100.8	TCP	>1024	25	允许	入
4	10.20.100.8	*	TCP	25	>1024	允许	出
5	10.20.100.*	*	UDP	>1024	53	允许	入
6	*	10.20.100.*	UDP	53	>1024	允许	出
7	*	*	*	*	*	拒绝	*

2.4 防火墙的发展

在经历了多次技术变革后，防火墙的概念正在变得模糊，在不同语境中有着不同的含义。

- 传统防火墙：采用状态检测机制，支持桥/路由/NAT 工作模式，集成 IPSec VPN 等功能，作用在第 2~4 层的访问控制设备。
- 宏观意义上的防火墙：以性能为主导的、在网络边缘执行多层次的访问控制策略、使用状态检测或深度包检测（DPI）机制、包含一种或多种安全功能的网关设备（Gateway）。

本小节首先介绍传统防火墙的局限性以及面临的攻击威胁，然后介绍一些网络防护新设备，即宏观意义上的一些防火墙产品，如入侵防御系统、统一威胁管理等，以及一些相关技术。

2.4.1 防火墙的局限性

一种错误的认识是，安装了防火墙就万事大吉了。确实，防火墙作为一种访问控制设备，在保护内网安全中起着非常重要的作用。然而传统防火墙由于自身功能设定及采用的技术，具有天然的一些局限性，黑客常能利用这些局限性来绕过防火墙或是攻击防火墙，对内网安全造成威胁。

防火墙具有以下一些典型的局限性。

1）防火墙防外不防内。目前防火墙的安全控制主要作用于外对内或内对外：对外可屏蔽内部网的拓扑结构，封锁外部网上的用户连接内部网上的重要站点或某些端口；对内可屏蔽外部危险站点。但它很难解决内部网以及内部人员的安全问题，即防外不防内。而据 IDC（互联网数据中心）统计表明，网络上的安全攻击事件有 70%以上来自内部。

2）防火墙的管理及配置比较复杂，易造成安全漏洞。要想成功维护防火墙，就要求防火墙管理员对网络安全攻击的手段及其与系统配置的关系有相当深刻的了解。一般来说，由多个系统（路由器、过滤器、代理服务器、网关、堡垒主机）组成的防火墙，管理上的复杂程序往往使得疏漏不可避免。

3）很难为用户在防火墙内、外提供一致的安全策略。如果防火墙对用户的安全控制主要是基于用户所用机器的 IP 地址而不是用户身份，这就很难为同一用户在防火墙内、外提供一致的安全控制策略，限制了网络的物理范围。

4）防火墙粗粒度的访问控制带来的维护复杂性。如果防火墙只实现了粗粒度的访问控制，且不能与网络内部使用的其他安全（如访问控制）集中使用，这样就必须为网络内部的身份验证和访问控制管理维护单独的数据库。

5）使用防火墙可能会成为网络的瓶颈。一些研究结果表明，在大量使用分布式应用的环境下设置防火墙是不切实际的，因为防火墙所实施的严格的安全策略使得这样的环境无法正常运转。

6）使用应用代理防火墙时必须不断地设法获得新出现服务的应用代理。为了使用户更方便地使用因特网，就不得不编写或设法获得新访问的应用代理，而且还得重新配置防火墙。

7）防火墙防范病毒的能力有限。防火墙不可能限制所有被计算机病毒感染的软件和文件通过，也不可能杀掉通过它的病毒。虽然现在内容安全的技术可以对经过防火墙的数据内容进行过滤，但是对病毒防范是不现实的，因为病毒的类型太多，隐藏的方式也很多。

8）大量潜在的后门使得防火墙失效。防火墙不能保护那些不经过防火墙的攻击。实际上，在内部网络中存在很多这样的后门。

9）防火墙本身存在漏洞。攻击者首先利用一些专用扫描器对防火墙进行扫描分析，利用它可能存在的漏洞或配置错误来攻击防火墙和受其保护的主机。

2.4.2 防火墙面临的攻击

一直以来，黑客都在研究攻击防火墙的技术，攻击的手法越来越多样化和智能化。就黑客攻击防火墙的过程来看，一般可以分为针对防火墙的探测攻击和穿透攻击两类。

1．针对防火墙的探测攻击

针对防火墙的探测攻击通过构造各种特殊的数据包对防火墙进行探测。一般可以分为防火墙存在性探测、防火墙类型探测、防火墙规则探测、防火墙后的主机探测。

（1）防火墙存在性探测

例如，使用 traceroute 命令对目标主机进行跟踪会有两种情况。

- 能够得到到达目的主机完整的各跳路由。
- 部分路由被过滤掉了。

对于第一种情况，到达目的主机之前的最后一跳是防火墙的可能性很大。

对于第二种情况，因为最后一跳之后的数据都被拦截了，所以可以肯定最后一跳或者是防火墙，或者是路径上阻塞路径跟踪数据包的路由器。

以上的探测不能完全肯定，但是可以通过以下的步骤来进一步判断是否真的是防火墙。

（2）防火墙类型探测

连接防火墙的某些端口会返回一些特殊信息，如序号、旗标等，攻击者可以利用这些特殊信息来猜测防火墙的类型。防火墙的特征标识一般表现在以下 3 个方面。

- 默认监听端口。有的防火墙为了管理控制，会打开默认的端口监听。攻击者对端口的扫描会有针对性和隐蔽性。例如，对 ping 探测数据包、目的端口、目的地址和源端口进行随机编排，使用欺骗性源主机执行分布式源扫描（使用因特网上的多台计算机，每台只扫描目标的一小部分）等。
- 特征序号。某些防火墙有独有的特征序号。
- 旗标。旗标是连接防火墙某一端口后得到的特殊的返回信息。当前许多流行的防火墙只要简单地连接它们就会声明自己的存在，这为利用旗标来判断防火墙提供了条件。

（3）防火墙规则探测

探测防火墙的规则就是要知道防火墙允许什么样的数据包通过。一般而言，包过滤防火墙检查的是网络层和传输层头部的相关信息。所以，在进行防火墙规则探测时，要构造各种特殊的数据包，诱使防火墙返回各种可以推测出其规则的信息，从而得知防火墙允许或禁止通过的数据包的 IP 地址、协议类型、端口号等信息。

（4）防火墙后的主机探测

得到了防火墙的规则后，即已经知道防火墙允许哪些端口的数据通过，因此可以通过这些已知的允许端口去探测被防火墙保护的主机，这样就可以排除不确定的因素，得到确切的结果。目前，主机探测技术可以分为两大类：正常数据包探测和异常数据包探测。

2．针对防火墙的穿透攻击

防火墙穿透攻击不是直接攻击防火墙，而是将攻击数据包"伪装"成符合安全策略的数据包，躲过防火墙的检测，在攻击主机和目标主机之间建立直接的联系。相对直接攻击防火墙，穿透攻击的代价小、隐蔽性高。

穿透技术包括 IP 欺骗、协议隧道和报文分片等。

（1）IP 欺骗

IP 欺骗技术就是利用虚假的 IP 地址来填充 IP 数据包包头中的源地址。一般这个虚假的 IP 要么是防火墙信任的主机 IP，要么是不存在的 IP，从而可以躲过防火墙的认证，或者避免攻击者真实 IP 地址被防火墙记录。

IP 欺骗技术即使能使攻击数据包穿透防火墙到达目标主机，但因为目标主机将回应信息发送给了虚假 IP 地址，攻击主机无法得到目标主机的回应信息，不能和目标系统进行通信，尤其是对于 TCP，更是无法完成三次握手过程，建立起连接。因此对于 TCP，目前常见的是 TCP 序列号猜测攻击。

（2）协议隧道

攻击者可以利用协议隧道技术来逃避防火墙的鉴别，穿透防火墙。利用前面已经探测到的防火墙规则，对攻击数据进行伪装，从而构建攻击者和目标主机之间的秘密隧道，穿透防火墙。

（3）报文分片

攻击者通过先发送第一个合法的报文分片，骗过防火墙的检测，接着发送封装了恶意数据的后续分片报文，到达内部网络主机，从而威胁网络和主机的安全。

2.4.3　防火墙新产品和新技术

传统防火墙、入侵检测系统（Intrusion Detection System，IDS）、防病毒（Anti Virus，AV）系统等传统安全防御技术在某种程度上对防止系统非法入侵起到了一定的作用，但这些安全措施自身存在许多局限性，尤其是对网络环境下日新月异的攻击手段缺乏主动防御能力和系统防护能力。

当前，一方面网络攻击技术向隐蔽化、多样化、集成化、纵深化不断发展；另一方面，组织 IT 业务从向外扩展架构与容器技术到面向集成化混合服务交付环境积极转型。因此，网络安全防护产品，包括防火墙，也应具备集中化管理、分布式执行能力，合适的规模伸缩能力，以及威胁/风险/合规（Threat Risk Compliance，TRC）网络之整合能力。近些年出现了能够与防火墙联动的入侵防御系统、统一威胁管理系统等下一代防火墙产品，以及虚拟防火墙、分布式防火墙等技术。

1．入侵防御系统

所谓主动防御能力是指系统不仅要具有入侵检测系统的入侵发现能力和防火墙的静态防御能力，还要有针对当前入侵行为动态调整系统安全策略，阻止入侵和对入侵攻击源进行主动追踪和发现的能力。单独的防火墙技术不能对网络入侵行为实现快速、积极的主动防御。于是能够与防火墙联动的入侵防御系统（Intrusion Prevention System，IPS，也称作 Intrusion Detection Prevention，IDP）作为 IDS 的替代技术诞生了。

IPS 是一种主动的、智能的入侵检测、防范、阻止系统，其设计旨在预先对入侵活动和攻击性网络流量进行拦截，避免其造成任何损失，而不是简单地在恶意流量传送时或传送后才发出警报。它部署在网络的进出口处，当它检测到攻击企图后，会自动地将攻击包丢掉或采取措施将攻击源阻断。

2．统一威胁管理

统一威胁管理（Unified Threat Management，UTM）是一类集成了常用安全功能的设备，包括传统防火墙、网络入侵检测与防护和网关防病毒等功能，以及其他一些网络安全特性，如VPN、URL过滤和内容过滤。

应当说，UTM和NGFW只是针对不同级别用户的需求，对宏观意义上的防火墙的功能进行了更有针对性的归纳与总结。无论从产品与技术发展角度还是市场角度看，NGFW与IDC定义的UTM一样，都是不同时间情况下对边缘网关集成多种安全业务的阶段性描述，其出发点就是用户需求变化产生的牵引力。

3．虚拟防火墙

随着虚拟化和云计算的出现，在虚拟化和云计算环境中很多入侵流量并不会路由到外面的物理设备上，而是在物理机内部的虚拟机之间完成。虚拟防火墙的目的是解决网络安全的虚拟化漏洞问题。虚拟防火墙本身为虚拟设备，它复制了物理防火墙的功能，运行在虚拟环境中，可以对通过物理网络的流量应用安全策略，既实现了安全性又不影响虚拟化的灵活性。

虚拟防火墙是在一台物理防火墙上虚拟出多台逻辑上的防火墙，具有各自的管理员，并配置完全不同的安全策略，各台虚拟防火墙的安全策略互不影响。虚拟防火墙与传统防火墙的实现原理不大相同，目前主要是基于虚拟路由实现和基于虚拟机实现。

目前，虚拟防火墙的应用形态主要分为以下两种。

（1）一虚多

在大规模云计算场景下，通常将一台物理设备进行 1∶N 虚拟化之后提供给不同用户使用。虚拟防火墙同样采用虚拟化的形式将一台物理防火墙进行虚拟分割，为不同业务数据提供相互隔离，能够独立管理、独立审计并独立执行安全策略，同时能够给每个虚拟防火墙分配独立的处理能力。

（2）多虚一

传统网络环境下，防火墙一般采用双机热备技术来提高系统可靠性和负载均衡能力，用以支撑更大的业务规模，而通过这种多台物理设备虚拟成一台更加强大设备的方式，称为 N∶1 虚拟化（或多虚一）。这种虚拟化方式实现了管理和控制上的统一，让组网部署更加简单，有效利用链路带宽，提高系统的稳定性，大幅减少故障点带来的业务切换冲击。多虚一之后，还可以把集群再次进行一虚多，也就是 N∶1∶M 的方式，从而提供更多的灵活性和可管理性。

4．分布式防火墙

集中式管理与分布式执行可以说是新一代防火墙在如今这个面向微服务架构及向外扩展系统时代下的必然要求。通过以虚拟设备、容器或者嵌入式代理等形式在环境当中添加多个执行点，此类系统能够分发流量过滤任务并实现安全向外扩展。计算与网络资源能够被分配至每个执行点，并根据流量需要贯彻至其保护下的整体环境当中。另外，更多实例的出现也会进一步提高实际要求，例如，需要启动更多应用程序容器或者虚拟机以满足用户对于服务保护的需求。

此类防火墙技术允许用户根据虚拟化或者容器化工作负载执行既定策略，并在虚拟机或者容器往来移动时仍能正常起效。这一点对于新兴私有云环境（或者高强度虚拟化环境）极为重要，同时，亦在负责承载关键性任务工作负载的公有云中得到快速普及。

分发的端点为微细化环境，其凭借着紧密的控制能力被集中起来，从而保证用户及服务能够通过应用程序或者服务组件（随时随地）实现通信。任何不直接存在于该功能内的面向用户层中的对象原则上都会遭到屏蔽，但通信伙伴可设置一组预定义将其作为例外处理。这种细粒度白名单大大提高了对内部横向攻击的抵御能力，从而解决这类立足于受感染系统并干扰其他接入系统之恶意因素带来的困扰。

✍ 小结

靠单一的产品往往不能满足不同用户的不同安全需求。信息安全产品的发展趋势是不断地走向融合、走向集中管理。

通过采用协同技术，让网络攻击防御体系更加有效地应对重大网络安全事件，实现多种安全产品的统一管理和协同操作、分析，从而实现对网络攻击行为进行全面、深层次的有效管理，降低安全风险和管理成本，成为网络攻击防护产品发展的一个主要方向。

📖 拓展阅读

读者要想了解更多防火墙相关的原理与技术，可以阅读以下书籍。

[1] 徐慧洋，白杰，卢宏旺. 华为防火墙技术漫谈 [M]. 北京：人民邮电出版社，2015.

[2] 苏哈林. Linux 防火墙 [M]. 4 版. 王文烨，译. 北京：人民邮电出版社，2016.

[3] 张艳，俞优，沈亮，等. 防火墙产品原理与应用 [M]. 北京：电子工业出版社，2016.

[4] 张艳，沈亮，陆臻，等. 下一代安全隔离与信息交换产品原理与应用 [M]. 北京：电子工业出版社，2016.

[5] 武春岭. 信息安全产品配置与应用 [M]. 北京：电子工业出版社，2010.

[6] 谢正兰，张杰. 新一代防火墙技术及应用 [M]. 西安：西安电子科技大学出版社，2018.

[7] 杨东晓，张锋，熊瑛，等. 防火墙技术及应用 [M]. 北京：清华大学出版社，2019.

2.5　思考与实践

一、单项选择题

1. 仅依据 IP 地址和源/目的端口号处理网络流量的设备通常称为（　　）。

　　A．代理服务器　　　　B．包过滤路由器　　　C．堡垒主机　　　D．阻塞点

2. 包过滤技术防火墙在过滤数据包时，一般不关心（　　）。

　　A．数据包的源地址　　　　　　　　　B．数据包的协议类型

　　C．数据包的目的地址　　　　　　　　D．数据包的内容

3. 当防火墙在网络层实现信息过滤与控制时，主要针对 IP 包头制定规则匹配条件并实施过滤，该规则的匹配条件不包括（　　）。

　　A．IP 源地址　　　　B．源端口　　　　C．IP 目的地址　　　D．协议

4. 在网络边界上，下列通常需要较少的规则的是（　　）。

　　A．代理防火墙　　　　B．包过滤防火墙　　　C．路由器　　　D．交换机

5. 一个防火墙默认设置是除了来自端口 110 的数据包均丢弃，那么当一个 SMTP 数据包达到该防火墙时（　　）。

　　A．数据包被丢弃　　　　　　　　　　B．该数据包被接收

　　C．防火墙转发数据包　　　　　　　　D．防火墙记录数据包

6. 为使内部网络的主机不能访问因特网上的 Web 服务器，需要阻塞的连接是（　　）。

　　A．连接外部主机，目的端口低于 1024　　　B．连接外部主机，源端口为 80

　　C．连接内部主机，目的端口高于 1023　　　D．连接外部主机，目的端口为 80

7. 应用代理防火墙的主要优点是（　　）。

　　A．加密强度高　　　　　　　　　　　B．安全控制更细化、更灵活

　　C．安全服务的透明性更好　　　　　　D．服务对象更广泛

8. 需要防火墙来验证用户的身份，可以选用（　　　）。

    A．包过滤防火墙   B．状态包过滤防火墙

    C．iptables 防火墙   D．代理防火墙

9. 网络地址转换（NAT）提供的安全功能是指（　　　）。

    A．作为两个网络之间的代理服务器   B．能阻止所有的黑客攻击

    C．它对外部网络隐藏内部网络拓扑结构   D．它对于网络流量创建一个检查点

10. 一个带有 3 块网卡的堡垒主机：第 1 块网卡（eth0）连接内部网络；第 2 块网卡（eth1）连接到网络的 DMZ；第 3 块网卡（eth2）连接互联网。应当在（　　　）接口上启用 NAT。

    A．第 1 块网卡   B．第 2 块网卡   C．第 3 块网卡   D．所有网卡

11. IPSec 属于（　　　）的安全解决方案。

    A．网络层   B．传输层   C．应用层   D．物理层

12. IPSec 协议可以为数据传输提供数据源验证、无连接数据完整性、数据机密性、抗重播等安全服务。其实现用户认证采用的协议是（　　　）。

    A．IKE 协议   B．ESP 协议   C．AH 协议   D．SKIP 协议

13. IPSec 组成协议中的（　　　）负责建立信任关系。

    A．安全关联（SA）

    B．互联网安全关联和密钥管理协议（ISAKMP）

    C．OAKLEY 协议

    D．因特网密钥交换（IKE）

14. 虚拟专用网（VPN）是一种新型的网络安全传输技术，为数据传输和网络服务提供安全通道。VPN 架构采用的多种安全机制中，不包括（　　　）。

    A．隧道技术   B．信息隐藏技术

    C．密钥管理技术   D．身份认证技术

15. 以下关于虚拟专用网（VPN）描述错误的是（　　　）。

    A．VPN 不能在防火墙上实现   B．链路加密可以用来实现 VPN

    C．IP 层加密可以用来实现 VPN   D．VPN 提供机密性保护

16. （　　　）是一个 PPTP 的延伸，并包括一个专有的协议，允许跨多个中间网络加密数据？

    A．LPT1   B．LPT 2   C．MS-CHAP   D．L2TP

17. 属于第二层的 VPN 隧道协议是（　　　）。

    A．IPSec   B．PPTP   C．GRE   D．IPv4

18. IPSec 协议工作在网络协议栈的（　　　）。

    A．数据链路层   B．网络层   C．传输层   D．应用层

19. 如果要创建一个 VPN，使用以太网适配器作内部的 VPN，拨号客户端将连接它，应该使用的协议是（　　　）。

    A．ISAKMP   B．PPTP   C．L2TP   D．CHAP

20. 以下哪个关于 VPN 的描述是错误的（　　　）。

    A．VPN 的实施需要租用专线，以保证信息难以被窃听或破坏

    B．VPN 提供数据加密、信息认证和访问控制

    C．VPN 的主要协议包括 IPSec、PPTP/L2TP、SSL 等

D．VPN 的实质是在共享网络环境下建立的安全"隧道"连接，数据可以在"隧道"中传输

21．以下描述中不是关于 PPTP 的是（　　）。

A．是微软公司提出来的

B．通过 IP 实现对 PPP 数据进行封装，用简单的包过滤或微软域网络控制来实现访问控制

C．它是数据链路层上的协议

D．它是微软公司提出的 L2TP 和 Cisco 公司提出的 L2F 协议融合的产物

22．IPSec 是一套协议集，它不包括（　　）协议。

A．AH　　　　　　　B．ESP　　　　　　　C．IKE　　　　　　D．SSL

23．关于 Windows 环境下 IPSec 的设置，下列叙述正确的是（　　）。

A．在 Windows 操作系统中首先集成了 IPSec

B．在 Windows 下可以通过 MMC 打开"本地安全策略"来实现 IPSec 的设置

C．在 Windows 环境下无法实现隧道模式的 IPSec

D．在 Windows 环境下身份认证的方法只有两种：Kerberos V5 和预共享密钥

24．屏蔽路由器是指（　　）。

A．只有一个网络接口的防火墙设备，有两面暴露在公众网络

B．实现过滤功能，有一个接口暴露在公众网络的路由器

C．实现 NAT 的单宿主堡垒主机

D．实现 NAT 的双宿堡垒主机

25．单宿主堡垒主机是指（　　）。

A．只有一个网络接口的防火墙设备

B．至少有两个网络接口的防火墙设备

C．部署在内部网络的一个标准的堡垒主机

D．作为一个代理服务器的防火墙设备

26．内部堡垒主机是指（　　）。

A．只有一个网络接口的防火墙设备

B．部署在外部网络的单或多宿主堡垒主机

C．部署在内部网络的单或多宿主堡垒主机

D．作为一个代理服务器的防火墙设备

27．用户创建了一个小的子网，一端是一台路由器，另一端是一台代理防火墙。此子网内有几台主机，其中包括该公司的 Web、Email、DNS 服务器。在路由器的外侧是一个公用网络，在代理防火墙内部是专用网络。该用户创建的这个子网通常被称为（　　）。

A．一个堡垒　　　　B．一个 DMZ　　　　C．防火墙　　　　D．一个电路级代理

28．对于以下 4 种防火墙实现，（　　）是最安全的。

A．屏蔽路由器　　B．单宿主堡垒主机　　C．双宿堡垒主机　D．屏蔽子网

29．最简单的一种防火墙结构是（　　）。

A．一个屏蔽子网　　　　　　　　　　B．一个屏蔽路由器

C．双宿堡垒主机　　　　　　　　　　D．一个单宿主堡垒主机

30．黑客对于（　　）防火墙结构需要击败至少 3 个不同的系统。

A．屏蔽路由器结构　　　　　　　　　　B．双宿堡垒主机结构

C．屏蔽主机结构　　　　　　　　　　　D．屏蔽子网结构

二、名词解释

请解释下列名词术语：NAT、VPN、IPSec、SSL、NGFW、WAF、DPI、IPS、UTM。

三、简答题

1．从防火墙产品的形态、部署的位置、功能应用和技术特点等几个方面解释什么是"防火墙"。

2．简述防火墙中包过滤、状态包过滤以及代理技术的工作原理以及适用的网络环境。

3．NAT 技术和代理服务技术有什么联系和区别？

4．VPN 的实质是在共享网络环境下建立的安全"隧道"连接，数据可以在"隧道"中传输。试简述主要的隧道创建技术。

5．IPSec 的传输模式和隧道模式有什么区别？

6．试比较 IPSec VPN 与 SSL VPN 两种技术。

7．防火墙有哪些主要体系结构？请解释各结构适用的网络环境及安全特性。

8．2017 年 5 月，勒索软件 WanaCry 席卷全球，国内大量高校及企事业单位的计算机被攻击，文件及数据被加密后无法使用，系统或服务无法正常运行，损失巨大。由于此次勒索软件需要利用系统的 SMB 服务漏洞（端口号 445）进行传播，可以配置防火墙过滤规则来阻止勒索软件的攻击，请填写表 2-4 中的空（1）～（5），使该过滤规则完整。

表 2-4　防火墙过滤规则表

序号	源IP	目的IP	源端口号	目的端口号	协议	ACK	动作
1	（1）	1.2.3.4	（2）	（3）	（4）	（5）	Deny
…	…	…	…	…	…	…	…
…	*	*	*	*	*	*	Deny

注：假设本机 IP 地址为 1.2.3.4。"*"表示通配符。

9．假设某企业内部网（202.114.63.0/24）需要通过防火墙与外部网络互连，其防火墙的过滤规则见表 2-5。

表 2-5　防火墙过滤规则表

序号	源IP	源端口号	目的IP	目的端口号	协议	ACK	动作
A	202.114.63.0/24	>1024	*	80	TCP	*	Accept
B	*	80	202.114.63.0/24	>1024	TCP	Yes	Accept
C	*	>1024	202.114.64.125	80	TCP	*	Accept
D	202.114.64.125	80	*	>1024	TCP	Yes	Accept
E	202.114.63.0/24	>1024	*	①	UDP	*	Accept
F	*	53	202.114.63.0/24	>1024	UDP	*	Accept
G	*	*	*	*	*	*	②

注：表中"*"表示通配符，任意服务端口都有两条规则。

1）请补充表 2-5 的内容①和②，并根据上述规则表给出该企业对应的安全需求。

2）一般来说，安全规则无法覆盖所有的网络流量。因此防火墙都有一条默认规则，该规则

能覆盖事先无法预料的网络流量。请问默认规则的两种选择是什么？

3）请给出防火墙规则中的 3 种数据包处理方式。

4）防火墙的目的是实施访问控制和加强站点安全策略，其访问控制包含 4 个方面的内容：服务控制、方向控制、用户控制和行为控制。规则 A 涉及哪几个方面的访问控制？

10．图 2-20 给出了一种防火墙的体系结构。回答以下问题。

1）图中描述的是哪一种防火墙体系结构？

2）其中内部屏蔽路由器和外部屏蔽路由器的作用分别是什么？

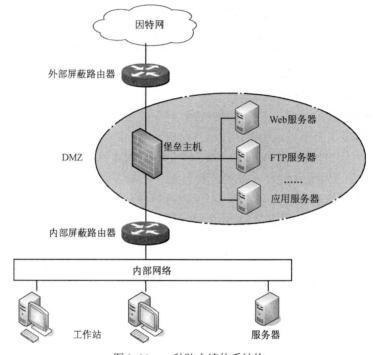

图 2-20　一种防火墙体系结构

四、知识拓展题

1．查阅相关文献，撰写一篇关于如何实现远程主机安全接入可信内网的读书报告。

2．请访问以下著名的防火墙厂商官网，了解各个防火墙厂商提出的下一代防火墙产品的共性和特性。撰写一篇读书报告，谈谈随着安全需求的发展，防火墙应当具有的新功能和新特性。

[1]　天融信：http://www.topsec.com.cn。

[2]　山石网科：https://www.hillstonenet.com.cn。

[3]　启明星辰：https://www.venustech.com.cn。

[4]　网御星云：http://www.leadsec.com.cn。

[5]　绿盟科技：https://www.nsfocus.com.cn。

[6]　安恒信息：https://www.dbappsecurity.com.cn。

[7]　蓝盾：http://www.bluedon.com。

[8]　华为：https://e.huawei.com/cn/products/enterprise-networking/security。

五、应用设计题

1．某个小型公司拥有多个内部网络主机，但是只有一个或者有限的几个外部 IP 地址。试设计一个方案解决外部 IP 地址有限的问题。

2．考虑这样一个实例，一个 A 类子网络（116.111.4.0）为了收/发电子邮件，允许 SMTP 出站/入站服务，邮件服务器的 IP 地址为 116.111.4.1；对于 Web 服务，允许内部网用户访问因特网上的任何网络和站点，但只允许一个合作伙伴公司（98.120.7.0）的网络访问内部 Web 服务器（116.111.4.5）。请设定合理的过滤规则表。

3．SSL VPN 应用方案设计。高校校园网远程访问的一个关键应用是图书馆资源访问。高校图书馆所购买的电子资源大部分都有限制访问的 IP 地址范围。即采购的这些数据库不是存放在图书馆服务器上，而是存储在提供商的服务器上，图书馆支付费用以后，数据库服务商根据访问者的 IP 地址来判断是否是经过授权的用户；而只要是从校园网出去的 IP 地址都是被认可的，因为校园网出口 IP 地址和部分公网 IP 地址是属于这个有限范围的，所以校园网上的所有计算机都可以使用。

如果教师、学生在家里上网或者一个老师到外地出差需要访问这些电子资源，无论采用 ADSL 还是小区宽带，使用的都是社会网络运营商提供的 IP 地址，不是校园网的 IP 地址，因此数据库服务商认为是非授权用户，拒绝访问。

也可以要求数据库服务商进一步开放更多的 IP 地址为合法用户，但是这要求访问者的 IP 地址是固定的、静态的，而实际上，绝大多数校外用户使用的都是动态 IP 地址，是不确定的，所以数据库服务商无法确定访问者的合法身份，因而会自动屏蔽。

因此，就需要一套可管理、可认证、安全的远程访问电子图书馆的解决方案，将校园网当作校外用户的中转站，使校外用户通过转换后拥有校内地址，再访问资源数据库。这样，学校从网上购置的大量电子数据就能更有效地提供给广大师生开展教学与研究了。

请采用 SSL VPN 设计实现上述应用的方案。

六、操作实验题

PAT 通常应用在规模较小的企业中。请在安装有 Windows Server 系统的服务器上实现网络地址转换和端口映射。

2.6 学习目标检验

请对照表 2-6 学习目标列表，自行检验达到情况。

表 2-6 第 2 章学习目标列表

	学习目标	达到情况
知识	了解防火墙的定义	
	按照防火墙产品的形态、部署的位置、功能应用和技术特点了解各类防火墙的功能与特点	
	了解防火墙采用的包过滤、状态包过滤、代理等技术	
	了解防火墙涉及的 NAT、VPN 等技术	
	了解防火墙的主要体系结构	
	了解防火墙面临的攻击与威胁	
	了解防火墙的新产品和新技术	
能力	能够按照安全策略要求设置防火墙过滤规则	
	能够按照网络环境及安全特性要求选用合适的防火墙体系结构	
	能够进行 NAT、VPN 配置	
	能够根据组织安全需求设计防火墙应用方案	

第2篇　防火墙标准

　　信息安全标准是确保信息安全产品和系统在设计、研发、生产、建设、使用、测评中保持一致性、可靠性、可控性、先进性和符合性的技术规范、技术依据。然而在我国现阶段，各种信息安全标准的认知度在行业内不高，在信息安全的教学中也未得到应有的重视。

　　信息安全标准是我国信息安全保障体系的重要组成部分，是政府进行宏观管理的重要依据。虽然国际上有很多标准化组织在信息安全方面制定了许多的标准，但是信息安全标准事关国家安全利益，任何国家都不会轻易相信和过分依赖别人，总要通过自己国家的组织和专家制定出自己可以信任的标准来保护民族的利益。因此，我国在充分借鉴国际标准的前提下，扩展了国家对信息安全的管理领域，建立了自己的信息安全标准化组织并制定了本国的信息安全标准。

　　本篇包括第3、4章。以国家标准为蓝本，向读者介绍防火墙的技术标准和测评标准，对防火墙产品或系统的设计、研发和应用给予指导。

第3章 防火墙技术要求

本章知识结构

本章按照国家标准文件《信息安全技术 防火墙安全技术要求和测试评价方法》（GB/T 20281—2020）介绍防火墙的安全技术要求，包括安全功能要求、自身安全要求、性能要求和安全保障要求4大类。本章知识结构如图3-1所示。

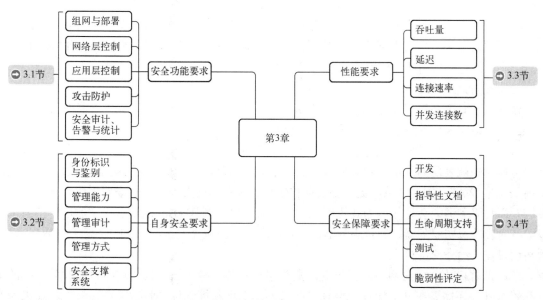

图3-1 第3章知识结构

3.1 安全功能要求

安全功能要求对防火墙应具备的安全功能提出具体要求，包括组网与部署、网络层控制、应用层控制、攻击防护和安全审计、告警与统计。

3.1.1 组网与部署

1. 部署模式

防火墙产品应支持3种部署模式：透明传输模式、路由转发模式和反向代理模式。

（1）透明传输模式

透明传输模式顾名思义就是对用户是透明的，即用户意识不到防火墙的存在。采用透明传输模式时，该类防火墙就像是一个网桥，并且在桥接设备上赋予了过滤的能力。由于桥接设备工作在OSI模型的第二层（也就是数据链路层），所以不会有任何路由的问题。并且，防火墙本身也不需要指定IP地址，因此，这种防火墙的部署能力和隐秘能力都相当强，从而可以很好地应对黑客对防火墙自身的攻击，因为黑客很难获得可以访问的 IP 地址。

（2）路由转发模式

采用路由转发模式时，防火墙本身就是一个路由器，因此需要配置相应的路由规则，并参与所接入网络的路由。

如果是在现有的网络上采用路由转发模式部署防火墙，可能涉及调整现有的网络结构或网络上路由设备、交换设备的 IP 地址或路由指向的问题，同时需要考虑防火墙部署位置的关键性，是否需要设计冗余部署防火墙设备等。

显然，在路由转发模式下，因为需要使用防火墙更多的网络路由功能，所以一旦防火墙出现故障，整个网络结构或连接防火墙的设备配置就需要调整。为此，在一般的防火墙部署方案中，特别是路由转发模式（及混合模式）部署时，一定程度上都会考虑防火墙的冗余部署（双机热备等），以避免因防火墙设备故障而长时间造成网络通信中断。

在路由转发模式的部署方案中，在使用的过程中用户必须慎重地考虑到路由的问题。如果网络环境非常复杂，或者需要进行调整，则相应的路由需要进行变更，维护和操作起来有一定的难度和工作量。采用透明传输模式部署的防火墙则可以比较好地解决上述问题。

（3）反向代理模式

通常的代理服务器是用于代理内部主机访问外部网络，当一个代理服务器能够代理外部网络上的主机访问内部网络时，就变成反向代理。

采用反向代理模式时，通常将内部真实服务器的地址映射到反向代理服务器上。此时，代理服务器对外就表现为一个真实服务器。例如，对于 Web 应用防火墙（WAF），由于外部主机访问的就是 WAF，因此 WAF 无须像透明传输模式和路由转发模式一样需要采用特殊处理去劫持客户端与服务器的会话然后为其代理。当代理服务器收到 HTTP 的请求报文后，将该请求转发给其对应的真实服务器。后台服务器接收到请求后将响应先发送给 WAF 设备，由 WAF 设备再将应答发送给外部主机。

这种部署模式需要对网络进行改动，配置相对复杂，除了要配置代理防火墙设备自身的地址和路由外，还需要在其上配置后台真实服务器的地址和虚地址的映射关系。另外，如果原来服务器地址就是全局地址（没经过 NAT 转换），那么通常还需要改变原有服务器的 IP 地址，以及改变原有服务器的 DNS 解析地址。采用该模式的优点是可以在代理防火墙上同时实现负载均衡等功能。

⊠ 说明：

在实际应用中，还有一种将透明传输模式和路由转发模式兼用的混合部署模式。在某些网络结构下，因为网络设计的需要，若干安全区域需要在同一个网段，如 A 网段，但又要求区域间的访问受防火墙的控制，这时就采用透明传输模式连接这些区域。而另外有些区域出于更安全的要求，其与 A 网段不能在同一网段，但同时还需要与 A 网段进行安全的、可控制的数据交换，为此防火墙的一些接口就需要配置为透明传输模式（网桥模式），另外一些接口配置为路由转发模式，这样部署的防火墙，就是采用的混合模式。同样，混合模式部分接口启用了路由功能，在关键网络上也要考虑防火墙的冗余部署。

2. 路由

（1）静态路由

防火墙产品应支持静态路由功能，且能配置静态路由。

（2）策略路由

具有多个相同属性网络接口（多个外部网络接口、多个内部网络接口或多个 DMZ 网络接口）的防火墙产品，应支持策略路由功能，包括但不限于以下路由功能。

- 基于源、目的 IP 策略路由。
- 基于接口的策略路由。
- 基于协议和端口的策略路由。
- 基于应用类型的策略路由。
- 基于多链路负载情况自动选择路由。

（3）动态路由

防火墙产品应支持动态路由功能，包括 RIP、OSPF 或 BGP 中的一种或多种动态路由协议。

3. 高可用性

（1）冗余部署

防火墙产品应支持"主-备""主-主"或"集群"中的一种或多种冗余部署模式。

（2）负载均衡

防火墙产品应支持负载均衡功能，能根据安全策略将网络流量均衡到多台服务器上。

4. 设备虚拟化（可选）

（1）虚拟系统

若防火墙产品支持在逻辑上划分为多个虚拟子系统，虚拟子系统间应支持隔离和独立管理，包括但不限于以下要求。

- 对虚拟子系统分别设置管理员，实现针对虚拟子系统的管理配置。
- 虚拟子系统能分别维护路由表、安全策略和日志系统。
- 对虚拟子系统的资源使用配额进行限制。

（2）虚拟化部署

若防火墙产品为虚拟化形态，应支持部署于虚拟化平台，并接受平台统一管理，包括但不限于以下功能。

- 支持部署于一种虚拟化平台，如 VMware ESXi、KVM、Citrix XenServer 和 Hyper-V 等。
- 结合虚拟化平台实现产品资源弹性伸缩，根据虚拟化产品的负载情况动态调整资源。
- 结合虚拟化平台实现故障迁移。当虚拟化产品出现故障时能实现自动更新、替换。

5. IPv6 支持（可选）

（1）支持 IPv6 网络环境

支持在 IPv6 网络环境下正常工作，能有效运行其安全功能和自身安全功能。

（2）协议一致性

满足 IPv6 协议一致性的要求，至少包括 IPv6 核心协议、IPv6 NDP、IPv6 auto config 协议和 ICMPv6 协议。

（3）协议健壮性

满足 IPv6 协议健壮性的要求，抵御 IPv6 网络环境下畸形协议报文攻击。

（4）支持 IPv6 过渡网络环境

若防火墙产品支持 IPv6，应支持在以下一种或多种 IPv6 过渡网络环境下工作。

- 协议转换，将 IPv4 和 IPv6 两种协议相互转换。
- 隧道，将 IPv6 封装在 IPv4 中穿越 IPv4 网络，如 IPv6 over IPv4、IPv6 to IPv4、ISATAP 等。

3.1.2 网络层控制

1. 访问控制

（1）包过滤

防火墙产品的包过滤功能要求如下。

- 安全策略应使用最小安全原则，即除非明确允许，否则就禁止。
- 安全策略应包含基于源 IP 地址、目的 IP 地址、源端口、目的端口、协议类型、MAC 地址和时间的访问控制。
- 应支持用户自定义的安全策略，包括 MAC 地址、IP 地址、端口、协议类型和时间的部分或全部组合。

（2）网络地址转换

防火墙产品的网络地址转换功能应支持 SNAT 和 DNAT。具体要求如下。

- SNAT 应实现"多对一"地址转换，使得内部网络主机访问外部网络时，其源 IP 地址被转换。
- DNAT 应实现"一对多"地址转换，将 DMZ 的 IP 地址/端口映射为外部网络合法 IP 地址/端口，使外部网络主机通过访问映射地址和端口实现对 DMZ 服务器的访问。
- 支持动态 SNAT 技术，实现"多对多"的 SNAT。

（3）状态检测

防火墙产品应支持基于状态检测技术的包过滤功能，具备状态检测能力。

（4）动态开放端口

防火墙产品应支持协议的动态端口开放，包括但不限于 FTP、H.323 等音/视频协议。

（5）IP/MAC 地址绑定

防火墙产品应支持自动或手工绑定 IP/MAC 地址，当主机的 IP 地址、MAC 地址与 IP/MAC 绑定表中不一致时，阻止流量通过。

2. 流量管理

（1）带宽管理

防火墙产品应支持带宽管理功能，能根据策略调整客户端占用的带宽，包括但不限于以下功能。

- 根据源 IP、目的 IP、应用类型和时间段的流量速率或总额进行限制。
- 根据源 IP、目的 IP、应用类型和时间段设置保障带宽。
- 在网络空闲时自动解除流量限制，并在总带宽占用率超过阈值时自动启用限制。

（2）连接数控制

防火墙产品应支持限制单 IP 的最大并发会话数和新建连接速率，防止大量非法连接产生时影响网络性能。

（3）会话管理

会话处于非活跃状态一定时间或会话结束后，防火墙产品应终止会话。

3.1.3 应用层控制

1. 用户管控

防火墙产品应支持基于用户认证的网络访问控制功能，包括但不限于以下方式。

- 本地用户认证方式。
- 结合第三方认证系统（如基于 Radius、LDAP 服务器）的认证方式。

2．应用类型控制

防火墙产品应支持根据应用特征识别并控制各种应用类型，包括：

- HTTP、数据库协议、FTP、TELNET、SMTP、POP3 和 IMAP 等常见协议。
- 即时聊天类、P2P 类、网络流媒体类、网络游戏、股票交易类等应用。
- 逃逸或隧道加密特点的应用，如加密代理类应用。
- 自定义应用。

3．应用内容控制

（1）Web 应用

防火墙产品应支持基于以下内容对 Web 应用的访问进行控制，包括但不限于以下内容。

- URL 网址，并具备分类网址库。
- HTTP 传输内容的关键字。
- HTTP 请求方式，包括 GET、POST、PUT、HEAD 等。
- HTTP 请求文件类型、上传文件类型、请求频率。
- HTTP 协议头中各字段长度，包括 general header、request header、response header 等。
- HTTP 返回的响应内容，如服务器返回的出错信息等。
- 支持 HTTPS 流量解密。

（2）数据库应用

防火墙产品应支持基于以下内容对数据库的访问进行控制，包括但不限于以下内容。

- 访问数据库的应用程序、运维工具。
- 数据库用户名、数据库名、数据表名和数据字段名。
- SQL 语句关键字、数据库返回内容关键字。
- 影响行数、返回行数。

（3）其他应用

防火墙产品应支持基于传输文件类型、传输内容，如协议命令或关键字等，对 FTP、TELNET、SMTP、POP3 和 IMAP 等应用进行控制。

3.1.4　攻击防护

1．拒绝服务攻击防护

防火墙产品具备特征库，应支持针对拒绝服务攻击的防护功能，如 ICMP Flood 攻击、UDP Flood 攻击、SYN Flood 攻击、TearDrop 攻击、Land 攻击、Ping of Death 攻击和 CC 攻击等。

2．Web 攻击防护

防火墙产品具备特征库，应支持针对 Web 攻击的防护功能，如 SQL 注入攻击、XSS 攻击、第三方组件漏洞攻击、目录遍历攻击、Cookie 注入攻击、CSRF 攻击、文件包含攻击、盗链、 OS 命令注入攻击、WebShell 攻击和反序列化攻击等。

3．数据库攻击防护

防火墙产品具备特征库，应支持针对数据库攻击的防护功能，如数据库漏洞攻击、异常 SQL 语句、数据库拖库攻击、数据库撞库攻击等。

4．恶意代码防护

防火墙产品具备特征库，应支持针对恶意代码的防护功能，如能拦截典型的木马攻击行为、检测并拦截由 HTTP 网页和电子邮件等携带的恶意代码等。

5．其他应用攻击防护

防火墙产品具备特征库，应支持防护来自应用层的其他攻击，如操作系统类漏洞攻击、中间件类漏洞攻击和控件类漏洞攻击等。

6．自动化工具威胁防护

防火墙产品具备特征库，应支持防护自动化工具发起的攻击，如网络扫描行为、应用扫描行为和漏洞利用工具等。

7．攻击逃逸防护

防火墙产品应支持检测并阻断经逃逸技术处理过的攻击行为。

8．外部系统协同防护

防火墙产品应提供联动接口，能通过接口与其他网络安全产品进行联动，如执行其他网络安全产品下发的安全策略等。

3.1.5　安全审计、告警与统计

1．安全审计

防火墙产品应支持安全审计功能，包括但不限于以下内容。

（1）记录事件类型

例如，被产品安全策略匹配的访问请求、检测到的攻击行为等。

（2）日志内容

例如，事件发生的日期和时间；事件发生的主体、客体和描述，其中数据包日志包括协议类型、源地址、目的地址、源端口和目的端口等；攻击事件的描述。

（3）日志管理

例如以下内容。

- 仅允许授权管理员访问日志，并提供日志查阅、导出等功能。
- 能对审计事件按日期、时间、主体、客体等条件进行查询。
- 日志存储于掉电非易失性存储介质中。
- 日志存储周期设定不小于六个月。
- 存储空间达到阈值时，能通知授权管理员，并确保审计功能的正常运行。
- 日志支持自动化备份至其他存储设备。

2．安全告警

防火墙产品应支持对第 3.1.4 小节中的攻击行为进行告警，并能对高频发生的相同告警事件进行合并告警，避免出现告警风暴。告警信息至少包括事件主体、事件客体、事件描述、危害级别、事件发生的日期和时间。

3．统计

（1）网络流量统计

防火墙产品应支持以图形化界面展示网络流量情况，包括但不限于以下内容。

- 按照 IP 地址、时间段和协议类型等条件，或以上条件的组合，对网络流量进行统计。
- 实时或以报表形式输出统计结果。

（2）应用流量统计

防火墙产品应支持以图形化界面展示应用流量情况，包括但不限于以下内容。

- 按照 IP 地址、时间段和应用类型等条件，或以上条件的组合，对应用流量进行统计。
- 以报表形式输出统计结果。
- 对不同时间段的统计结果进行比对。

（3）攻击事件统计

防火墙产品应支持以图形化界面展示攻击事件的情况，包括但不限于以下内容。

- 按照攻击事件的类型、IP 地址和时间段等条件，或以上条件的组合，对攻击事件进行统计。
- 以报表形式输出统计结果。

3.2 自身安全要求

自身安全要求针对防火墙的自身安全提出具体的要求，包括身份标识与鉴别、管理能力、管理审计、管理方式和安全支撑系统。

3.2.1 身份标识与鉴别

防火墙产品的身份标识与鉴别安全要求包括但不限于以下内容。

- 对用户身份进行标识和鉴别，身份标识具有唯一性。
- 对用户身份鉴别信息进行安全保护，保障用户鉴别信息存储和传输过程中的保密性。
- 具有登录失败处理功能，如设有限制连续的非法登录尝试次数等相关措施。
- 具有登录超时处理功能，当登录连接超时自动退出。
- 在采用基于口令的身份鉴别时，要求对用户设置的口令进行复杂度检查，确保用户口令满足一定的复杂度要求。
- 当产品中存在默认口令时，提示用户对默认口令进行修改，以减少用户身份被冒用的风险。
- 应对授权管理员选择两种或两种以上组合的鉴别技术进行身份鉴别。

3.2.2 管理能力

防火墙产品的管理能力安全要求包括但不限于以下内容。

- 向授权管理员提供设置和修改安全管理相关的数据参数的功能。
- 向授权管理员提供设置、查询和修改各种安全策略的功能。
- 向授权管理员提供管理审计日志的功能。
- 支持更新自身系统的能力，包括对软件系统的升级以及对各种特征库的升级。
- 能从 NTP（Network Time Protocol）服务器同步系统时间。
- 支持通过 SYSLOG 协议向日志服务器同步日志、告警等信息。
- 应区分管理员角色，即能划分为系统管理员、安全操作员和安全审计员，这三类管理员角色的权限能相互制约。
- 提供安全策略有效性检查功能，如安全策略匹配情况检测等。

3.2.3 管理审计

防火墙产品的管理审计安全要求包括但不限于以下内容。

- 对用户账户的登录和注销、系统启动、重要配置变更、增加/删除/修改管理员、保存/删除审计日志等操作行为进行日志记录。
- 对产品及其模块的异常状态进行告警，并记录日志。
- 日志记录中包括事件发生的日期和时间、事件的类型、事件的主体、事件的操作结果。
- 仅允许授权管理员访问日志。

3.2.4 管理方式

防火墙产品的管理方式安全要求包括但不限于以下内容。
- 支持通过 Console 端口进行本地管理。
- 支持通过网络接口进行远程管理，并能限定进行远程管理的 IP 地址、MAC 地址。
- 在远程管理过程中，管理端与产品之间的所有通信数据应采用非明文传输。
- 支持 SNMP 网管协议方式的监控和管理。
- 支持管理接口与业务接口分离。
- 支持集中管理，通过集中管理平台实现监控运行状态、下发安全策略、升级系统版本、升级特征库版本。

3.2.5 安全支撑系统

防火墙产品的安全支撑系统安全要求包括但不限于以下内容。
- 进行必要的裁剪，不提供多余的组件或网络服务。
- 在重启过程中，安全策略和日志信息不丢失。
- 不含已知中、高风险安全漏洞。

3.3 性能要求

性能要求对防火墙应达到的性能指标做出规定，包括吞吐量、延迟、连接速率和并发连接数。

3.3.1 吞吐量

1. 网络层吞吐量

防火墙硬件产品的网络层吞吐量视不同速率的产品有所不同，具体指标要求如下。

（1）一对相应速率的端口应达到的双向吞吐率指标
- 对于 64 字节短包，百兆产品不小于线速的 20%，千兆和万兆产品不小于线速的 35%。
- 对于 512 字节中长包，百兆产品不小于线速的 70%，千兆和万兆产品不小于线速的 80%。
- 对于 1518 字节长包，百兆产品不小于线速的 90%，千兆和万兆产品不小于线速的 95%。

（2）针对高性能的万兆产品
对于 1518 字节长包，防火墙的吞吐量至少应达到 80Gbit/s。

2. 应用层吞吐量

防火墙硬件产品的应用层吞吐量视不同速率的产品有所不同，开启应用攻击防护功能的情况下，具体指标要求如下。
- 百兆产品应用层吞吐量应不小于 60Mbit/s。
- 千兆产品应用层吞吐量应不小于 600Mbit/s。

- 万兆产品应用层吞吐量应不小于 5Gbit/s；针对高性能的万兆产品，整机应用层吞吐量至少达到 20Gbit/s。

3. HTTP 吞吐量

防火墙硬件产品的 HTTP 吞吐量视不同速率的产品有所不同，开启 Web 攻击防护功能的情况下，具体指标要求如下。

- 百兆产品应用层吞吐量应不小于 80Mbit/s。
- 千兆产品应用层吞吐量应不小于 800Mbit/s。
- 万兆产品应用层吞吐量应不小于 6Gbit/s。

3.3.2 延迟

防火墙硬件产品的延迟视不同速率的产品有所不同，一对相应速率端口的延迟具体指标要求如下。

- 对于 64 字节短包、512 字节中长包、1518 字节长包，百兆产品的平均延迟不应超过 500μs。
- 对于 64 字节短包、512 字节中长包、1518 字节长包，千兆、万兆产品的平均延迟不应超过 90μs。

3.3.3 连接速率

1. TCP 新建连接速率

硬件防火墙产品的 TCP 新建连接速率视不同速率的产品有所不同，具体指标要求如下。

- 百兆产品的 TCP 新建连接速率应不小于 1500 个/s。
- 千兆产品的 TCP 新建连接速率应不小于 5000 个/s。
- 万兆产品的新建连接数速率应不小于 50000 个/s；针对高性能的万兆产品，整机新建连接数速率应不小于 250000 个/s。

2. HTTP 请求连接

硬件防火墙产品的 HTTP 请求速率视不同速率的产品有所不同，具体指标要求如下。

- 百兆产品的 HTTP 请求速率应不小于 800 个/s。
- 千兆产品的 HTTP 请求速率应不小于 3000 个/s。
- 万兆产品的 HTTP 请求速率应不小于 5000 个/s。

3. SQL 请求连接

硬件防火墙产品的 SQL 请求速率视不同速率的产品有所不同，具体指标要求如下。

- 百兆产品的 SQL 请求速率应不小于 2000 个/s。
- 千兆产品的 SQL 请求速率应不小于 10000 个/s。
- 万兆产品的 SQL 请求速率应不小于 50000 个/s。

3.3.4 并发连接数

1. TCP 并发连接数

硬件防火墙产品的 TCP 并发连接数视不同速率的产品有所不同，具体指标要求如下。

- 百兆产品的并发连接数应不小于 50000 个。
- 千兆产品的并发连接数应不小于 200000 个。

- 万兆产品的并发连接数应不小于 2000000 个；针对高性能的万兆产品，整机并发连接数至少达到 3000000 个。

2．HTTP 并发连接数

硬件防火墙产品的 HTTP 并发连接数视不同速率的产品有所不同，具体指标要求如下。

- 百兆产品的 HTTP 并发连接数应不小于 5000 个。
- 十兆产品的 HTTP 并发连接数应不小于 200000 个。
- 万兆产品的 HTTP 并发连接数应不小于 2000000 个。

3．SQL 并发连接数

硬件防火墙产品的 SQL 并发连接数视不同速率的产品有所不同，具体指标要求如下。

- 百兆产品的 SQL 并发连接数应不小于 800 个。
- 千兆产品的 SQL 并发连接数应不小于 2000 个。
- 万兆产品的 SQL 并发连接数应不小于 4000 个。

3.4 安全保障要求

安全保障要求针对防火墙的生命周期过程提出具体要求，包括开发、指导性文档、生命周期支持、测试和脆弱性评定。

3.4.1 开发

1．安全架构

开发者应提供防火墙产品安全功能的安全架构描述。安全架构描述应满足以下要求。

- 与产品设计文档中对安全功能的描述范围一致。
- 充分描述产品采取的自我保护、不可旁路的安全机制。

2．功能规范

开发者应提供完备的防火墙功能规范说明。功能规范说明应满足以下要求。

- 根据产品类型清晰描述第 3.1、3.2 节中定义的安全功能。
- 标识和描述产品所有安全功能接口的目的、使用方法及相关参数。
- 描述安全功能实施过程中，与安全功能接口相关的所有行为。
- 描述可能由安全功能接口的调用而引起的所有直接错误消息。

3．产品设计

开发者应提供防火墙产品设计文档。产品设计文档应满足以下要求。

- 通过子系统描述产品结构，标识和描述产品安全功能的所有子系统，并描述子系统间的相互作用。
- 提供子系统和安全功能接口间的对应关系。
- 通过实现模块描述安全功能，标识和描述实现模块的目的、相关接口及返回值等，并描述实现模块间的相互作用及调用的接口。
- 提供实现模块和子系统间的对应关系。

4．实现表示

开发者应提供防火墙产品安全功能的实现表示：实现表示应满足以下要求。

- 详细定义产品安全功能，包括软件代码、设计数据等实例。

● 提供实现表示与产品设计描述间的对应关系。

3.4.2 指导性文档

1．操作用户指南

开发者应提供明确和合理的防火墙操作用户指南。对每一种用户角色的描述应满足以下要求。

● 描述用户能访问的功能和特权，包含适当的警示信息。
● 描述产品安全功能及接口的用户操作方法，包括配置参数的安全值等。
● 标识和描述产品运行的所有可能状态，包括操作导致的失败或者操作性错误。
● 描述实现产品安全目的必须执行的安全策略。

2．准备程序

开发者应提供防火墙产品及其准备程序。准备程序描述应满足以下要求。

● 描述与开发者交付程序一致的安全接收所交付产品必需的所有步骤。
● 描述安全安装产品及其运行环境必需的所有步骤。

3.4.3 生命周期支持

1．配置管理能力

防火墙开发者的配置管理能力应满足以下要求。

● 为产品的不同版本提供唯一的标识。
● 使用配置管理系统对组成产品的所有配置项进行维护，并进行唯一标识。
● 提供配置管理文档，配置管理文档描述用于唯一标识配置项的方法。
● 配置管理系统提供自动方式来支持产品的生成，通过自动化措施确保配置项仅接受授权变更。
● 配置管理文档包括一个配置管理计划，描述用来接受修改过的或新建的作为产品组成部分的配置项的程序。配置管理计划描述应描述如何使用配置管理系统开发产品，开发者实施的配置管理应与配置管理计划一致。

2．配置管理范围

防火墙开发者应提供产品配置项列表，并说明配置项的开发者。配置项列表应包含以下内容。

● 产品及其组成部分、安全保障要求的评估证据。
● 实现表示、安全缺陷报告及其解决状态。

3．交付程序

防火墙开发者应使用一定的交付程序交付产品，并将交付过程文档化。在给用户方交付产品的各版本时，交付文档应描述为维护安全所必需的所有程序。

4．开发安全

防火墙开发者应提供开发安全文档。开发安全文档应描述在产品的开发环境中，为保护产品设计和实现的保密性和完整性所必需的所有物理的、程序的、人员的和其他方面的安全措施。

5．生命周期定义

防火墙开发者应建立一个生命周期模型对产品的开发和维护进行的必要控制，并提供生命周期定义文档描述用于开发和维护产品的模型。

6．工具和技术

防火墙开发者应明确定义用于开发产品的工具，并提供开发工具文档无歧义地定义实现中每个语句的含义和所有依赖于实现的选项的含义。

3.4.4 测试

1．测试覆盖

防火墙开发者应提供测试覆盖文档。测试覆盖描述应满足以下要求。

- 表明测试文档中所标识的测试与功能规范中所描述的产品的安全功能间的对应性。
- 表明上述对应性是完备的，并证实功能规范中的所有安全功能接口都进行了测试。

2．测试深度

防火墙开发者应提供对测试深度的分析。测试深度分析描述应满足以下要求。

- 证实测试文档中的测试与产品设计中的安全功能子系统和实现模块之间的一致性。
- 证实产品设计中的所有安全功能子系统、实现模块都已经进行过测试。

3．功能测试

防火墙开发者应测试产品安全功能，将结果文档化并提供测试文档。测试文档应包括以下内容。

- 测试计划，标识要执行的测试，并描述执行每个测试的方案，这些方案包括对于其他测试结果的任何顺序的依赖性。
- 预期的测试结果，表明测试成功后的预期输出。
- 实际测试结果和预期测试结果的对比。

4．独立测试

防火墙开发者应提供一组与其自测安全功能时使用的同等资源，以用于安全功能的抽样测试。

3.4.5 脆弱性评定

基于已标识的潜在脆弱性，防火墙产品能抵抗具有基本攻击潜力和中等攻击潜力的攻击者的攻击。

脆弱性可从技术和管理两个方面进行评定。

1．技术脆弱性评定

可从防火墙部署的物理环境、网络、主机系统，以及涉及的应用系统、数据等方面识别技术脆弱性。

- 物理环境：防火墙所在机房选址、建筑物的物理访问控制、防盗窃和防破坏、防雷击、防火、防水和防潮、防静电、温湿度控制、电力供应、电磁防护等。
- 网络：网络拓扑图、VLAN 划分、网络访问控制、网络设备防护、安全审计、边界完整性检查、入侵防范、恶意代码防范等。
- 主机系统：身份鉴别、访问控制、安全审计、剩余信息保护、入侵防范、恶意代码防范、资源控制等。
- 应用系统：身份鉴别、访问控制、安全审计、剩余信息保护、通信完整性、通信保密性、抗抵赖、软件容错、资源控制等。
- 数据：数据泄露、数据篡改和破坏、数据不可用等。

2．管理脆弱性评定

可从防火墙技术管理脆弱性和组织管理脆弱性两方面识别管理的脆弱性。技术管理脆弱性与具体技术活动相关，组织管理脆弱性与管理环境相关。

- 管理组织：组织在安全管理机构设置、职能部门设置、岗位设置、人员配置等是否合理，分工是否明确，职责是否清晰，工作是否落实等。
- 管理策略：核查安全管理策略的全面性和合理性。
- 管理制度：制度落实以及安全管理制度制定与发布、评审与修订、废弃等管理方面存在的问题。
- 人员管理：人员录用、教育与培训、考核、离岗等，以及外部人员访问控制安全管理。
- 系统运维管理：物理环资产、设备、介质、网络、系统、密码的安全管理，恶意代码防范，安全监控和监管、变更、备份与恢复、安全事件、应急预案管理等。

✍ 小结

防火墙的等级分为基本级和增强级，安全功能与自身安全的强弱以及安全保障要求的高低是等级划分的具体依据，等级突出安全特性。其中，基本级产品的安全保障要求内容对应 GB/T 18336.3—2015 的 EAL2 级，增强级产品的安全保障要求内容对应 GB/T 18336.3—2015 的 EAL4+级。

📖 拓展阅读

各类防火墙的具体安全技术要求、等级划分和测评方法可以参阅以下标准文件。

[1] GB/T 20281—2020 信息安全技术 防火墙安全技术要求和测试评价方法

[2] GB/T 22240—2020 信息安全技术 网络安全等级保护定级指南

[3] GB/T 25058—2019 信息安全技术 网络安全等级保护实施指南

[4] GA/T1389—2017 信息安全技术 网络安全等级保护定级指南

[5] GB/T 22239—2019 信息安全技术 网络安全等级保护基本要求

[6] GB/T 25070—2019 信息安全技术 网络安全等级保护安全设计技术要求

[7] GB/T 28448—2019 信息安全技术 网络安全等级保护测评要求

[8] GA/T 1140—2014 信息安全技术 Web 应用防火墙安全技术要求

[9] GA/T 1177—2014 信息安全技术 第二代防火墙安全技术要求

[10] GB/T 37933—2019 信息安全技术 工业控制系统专用防火墙技术要求

[11] GB/T 18336.1—2015 信息技术 安全技术 信息技术安全评估准则 第1部分：简介和一般模型

[12] GB/T 18336.2—2015 信息技术 安全技术 信息技术安全评估准则 第2部分：安全功能组件

[13] GB/T 18336.3—2015 信息技术 安全技术 信息技术安全评估准则 第3部分：安全保障组件

3.5 思考与实践

一、简答题

1. 简述防火墙的主要功能要求。

2. 简述防火墙的自身安全要求。

3. 简述防火墙的性能要求。

4. 简述防火墙的安全保障要求。

二、知识拓展题

比较分析主机型防火墙、Web 应用防火墙、工业控制系统专用防火墙等不同类型防火墙产品的技术要求的异同点。

3.6 学习目标检验

请对照表 3-1 学习目标列表，自行检验达到情况。

表 3-1　第 3 章学习目标列表

	学习目标	达到情况
知识	了解防火墙的安全功能要求	
	了解防火墙的自身安全要求	
	了解防火墙的性能要求	
	了解防火墙的安全保障要求	
能力	能够比较分析各类防火墙产品的技术要求的异同点	
	能够设计一个计算机系统安全防护基本体系	

第4章　防火墙测评方法

本章知识结构

本章按照《信息安全技术　防火墙安全技术要求和测试评价方法》（GB/T 20281—2020）介绍防火墙的测评方法。本章知识结构如图4-1所示。

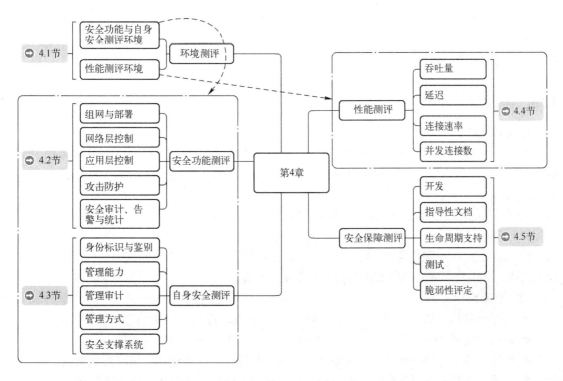

图4-1　第4章知识结构

4.1　环境测评

1. 安全功能与自身安全测评环境

防火墙安全功能及自身安全测评典型环境如图4-2所示。

2. 性能测评环境

防火墙性能测评典型环境如图 4-3 所示，采用专用性能测试仪，测试仪接口直接通过网线连接防火墙业务接口。

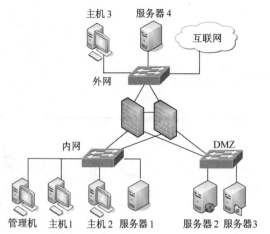

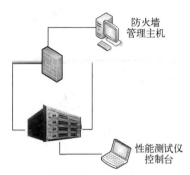

图 4-2　防火墙安全功能及自身安全测评典型环境示意图　　图 4-3　防火墙性能测评典型环境示意图

4.2　安全功能测评

4.2.1　组网与部署

1. 部署模式

将防火墙产品分别配置为透明传输模式、路由转发模式和反向代理模式，并配置相关安全策略，如果安全策略生效，则判定为符合，其他情况判定为不符合。

2. 路由

按照以下的测评方法，如果结果与策略设置一致，则判定为符合，其他情况判定为不符合。

（1）静态路由

在产品设置一条静态路由，向防火墙产品发送匹配上述路由策略的数据包，产品支持设置静态路由，并能将匹配策略的数据包按照路由策略转发。

（2）策略路由

● 设置一条基于源、目的 IP 的策略路由，向产品发送匹配上述路由策略的数据包。

● 设置一条基于接口的策略路由，向产品发送匹配上述路由策略的数据包。

● 设置一条基于协议和端口的策略路由，向产品发送匹配上述路由策略的数据包。

● 设置一条基于应用类型的策略路由，向产品发送匹配上述路由策略的数据包。

● 针对某一目的地址在产品部署多条路由，设置一条根据多链路负载情况自动选路的策略路由，改变各链路的负载情况。

（3）动态路由

● 在产品尝试开启 RIP 动态路由功能；改变各链路状态，RIP 动态路由生效。

● 在产品尝试开启 OSPF 动态路由功能；改变各链路状态，OSPF 动态路由生效。

● 在产品尝试开启 BGP 动态路由功能；改变各链路状态，BGP 动态路由生效。

3. 高可用性

按照以下的测评方法，如果达到相应要求，则判定为符合，其他情况判定为不符合。

（1）冗余部署

● 设置两台防火墙产品为"主–备"模式；仅主产品处于工作状态；关闭主产品或使其断开网络连接，备产品能及时接管主产品进行工作，且不影响所在网络的通信和安全策略。

- 设置两台防火墙产品为"主-主"模式；两台产品均处于工作状态；关闭一台产品或使其断开网络连接，另一台产品仍处于工作状态，且不影响所在网络的通信和安全策略。
- 设置多台防火墙产品为"集群"模式；所有产品均处于工作状态；关闭一台产品或使其断开网络连接，其他产品仍处于工作状态，且不影响所在网络的通信和安全策略。

（2）负载均衡
- 在防火墙产品 DMZ 区设置服务器集群，设置外网访问 DMZ 区服务器的负载均衡策略。
- 在外网主机产生大量连接访问 DMZ 区服务器。
- 在 DMZ 区使用协议分析仪观察网络流量，网络流量能均衡到 DMZ 区多台服务器上。

4．设备虚拟化
按照以下的测评方法，如果达到相应要求，则判定为符合，其他情况判定为不符合。

（1）虚拟系统
- 在防火墙产品设置多个子系统，并为各子系统分别设置管理员，管理员仅能对各自所属的了系统进行管理，不能对其他的子系统进行管理。
- 为各子系统设置路由表、安全策略、生成日志，各子系统独立维护各自的路由表、安全策略、日志系统。
- 为各子系统设置资源使用配额，子系统不能使用超过配额的资源。

（2）虚拟化部署
- 分别尝试在 VMware ESXi、KVM、Citrix XenServer、Hyper-V 等虚拟化平台部署产品，能支持虚拟化平台中的一种。
- 增加网络流量、网络连接数等负载，虚拟化平台能根据产品负载情况动态调整虚拟化产品数量。
- 模拟虚拟化产品发生故障后能实现故障迁移，即实现自动更新和替换。

5．IPv6 支持
（1）支持 IPv6 网络环境
模拟 IPv6 网络环境，防火墙产品及其安全功能能在 IPv6 网络环境下正常工作，并能实现自身管理，则判定为符合，其他情况判定为不符合。

（2）协议一致性
在路由模式下，测试防火墙产品的 IPv6 NDP、IPv6 auto config、ICMPv6 等协议的一致性，如果能够通过一致性测试，则判定为符合，其他情况判定为不符合。

（3）协议健壮性
使用协议健壮性测试工具向产品发送 IPv6、ICMPv6、TCP for IPv6 Server 等畸形报文攻击，如果防火墙产品仍能正常运行，则判定为符合，其他情况判定为不符合。

（4）支持 IPv6 过渡网络环境
按照以下的测评方法，如果达到相应要求，则判定为符合，其他情况判定为不符合。
- 在防火墙产品内网搭建 IPv6 网络，在产品外网搭建 IPv4 网络，产品能通过 IPv4 和 IPv6 协议转换的方式，使 IPv6 内网正常访问 IPv4 外网。
- 在两台产品内网搭建 IPv6 网络，在两台产品外网之间搭建 IPv6 over IPv4 隧道，两台产品的 IPv6 内网能通过 IPv6 over IPv4 隧道正常通信；或者在两台产品外网之间搭建 IPv6 to IPv4 隧道，两台产品的 IPv6 内网能通过 IPv6 to IPv4 隧道正常通信；或者在 IPv6 终端与产品之间搭建 ISATAP 隧道，IPv6 终端能通过 ISATAP 隧道与产品通信。

4.2.2　网络层控制

1．访问控制

（1）包过滤

按照以下的测评方法，如果达到相应要求，则判定为符合，其他情况判定为不符合。

- 初始化防火墙产品的包过滤策略，在各区域主机之间进行互访操作，产品的默认安全策略为禁止。
- 设置基于源 IP 地址、目的 IP 地址、源端口、目的端口、协议类型、MAC 地址和时间的访问控制策略，产生相应的网络会话，策略生效。
- 设置一条基于 MAC 地址、IP 地址、端口、协议类型和时间的组合策略，产生相应的网络会话，策略生效。

（2）网络地址转换

按照以下的测评方法，如果防火墙产品支持"多对一"SNAT 地址转换、"一对多"DNAT 地址转换和"多对多"SNAT 地址转换，则判定为符合，其他情况判定为不符合。

- 为内部网络用户访问外部网络主机配置 SNAT 策略，在外网使用协议分析仪检查，内网主机访问外网主机的源 IP 地址被转换；为外部网络用户访问 DMZ 服务器设置 DNAT 策略，外部网络的主机能通过转换后的地址访问 DMZ 服务器。
- 为内部网络用户访问外部网络主机配置"多对一"SNAT 策略，在外网使用协议分析仪检查，内网主机访问外网主机的源 IP 地址被转换。
- 为外部网络用户访问 DMZ 服务器设置"一对多"DNAT 策略，外部网络的主机能通过转换后的地址访问 DMZ 服务器。
- 为内部网络用户访问外部网络主机设置"多对多"SNAT 策略，在外网使用协议分析仪检查，内网主机访问外网主机的源 IP 地址被转换。

（3）状态检测

按照以下的测评方法，如果达到相应要求，则判定为符合，其他情况判定为不符合。

- 启动防火墙产品状态检测模块。
- 配置包过滤策略，允许特定条件的网络会话通过产品。
- 产生满足该策略的一个完整的网络会话，该会话能建立成功。
- 产生满足该策略的网络会话中的不是第一个连接请求 SYN 包的一个或多个数据包，清除产品状态检测表后，这些数据包被禁止。

（4）动态开放端口

设置防火墙产品动态开放端口策略，访问 FTP 服务、使用支持 H.323 等音/视频协议的工具（如 NetMeeting）在内部网络和外部网络之间发起音/视频会议，如果产品能放行数据连接所使用的动态端口，网络会话连接正常，则判定为符合，其他情况判定为不符合。

（5）IP/MAC 地址绑定

为防火墙产品设置 IP/MAC 地址绑定策略，IP/MAC 地址能自动或手工绑定，IP/MAC 地址绑定后能正确执行安全策略，发现 IP 盗用行为，则判定为符合，其他情况判定为不符合。

2．流量管理

按照以下的测评方法，如果达到相应要求，则判定为符合，其他情况判定为不符合。

（1）带宽管理

- 在防火墙产品设置基于源 IP、目的 IP、应用类型和时间段的流量策略，向产品发送匹配策略的流量，并使流量逐渐增大，直到流量由策略允许范围内达到超出策略范围，策略生效。
- 在产品设置基于源 IP、目的 IP、应用类型和时间段的保障带宽策略，向产品发送匹配策略的流量，并使流量保持高于保障带宽，再向产品发送其他流量，尝试抢占上述流量使用的带宽，策略生效。
- 在产品设置总流量带宽限制策略，并在其中设置一条特定流量的带宽限制，分别在产品总流量带宽占用率达到阈值前后，上述特定流量带宽策略自动启停。

（2）连接数控制

- 在防火墙针对某个 IP 设置 TCP 最大并发会话数，在上述 IP 发起大量 TCP 连接，使得上述 IP 的并发连接数超过设定值，连接应无法建立。
- 在防火墙针对某个 IP 设置 TCP 最大新建连接速率，在上述 IP 发起大量 TCP 连接，使得上述 IP 的新建连接速率超过设定值，连接应无法建立。

（3）会话管理

- 防火墙能配置各协议的会话超时时间（或设置了默认值）。
- 经过防火墙建立会话连接，并不再对该会话进行操作，已连接会话在非活跃时间达到超时时限后，连接被产品自动关闭。

4.2.3　应用层控制

按照以下的测评方法，如果达到相应要求，则判定为符合，其他情况判定为不符合。

1．用户管控

- 在产品本地添加用户，并设置基于本地用户认证的网络访问策略，产生匹配策略的会话请求，仅在用户认证成功后，会话才能建立。
- 在产品配置 Radius、LDAP 等第三方认证服务器，并设置基于第三方用户认证的网络访问策略，产生匹配策略的会话请求，仅在用户认证成功后，会话才能建立。

2．应用类型控制

- 在产品设置基于 HTTP、数据库协议、FTP、TELNET、SMTP、POP3 和 IMAP 等常见协议的访问控制策略，产生相应的网络会话，策略能够生效。
- 在产品设置基于即时聊天类、P2P 类、网络流媒体类、网络游戏、股票交易类等应用的访问控制策略，产生相应的网络会话，策略能够生效。
- 在产品设置基于逃逸或隧道加密特点的应用的访问控制策略，产生相应的网络会话，策略能够生效。
- 在产品自定义应用，并设置基于自定义应用的访问控制策略，产生相应的网络会话，策略能够生效。

3．应用内容控制

（1）Web 应用

- 在产品设置基于 URL 网址访问控制策略，经过产品访问相应 URL，策略生效，并具备分类网址库。
- 在产品设置基于 HTTP 传输内容关键字的访问控制策略，经过产品访问包含相应关键字的网页，策略生效。

- 在产品设置基于 HTTP GET、POST、PUT、HEAD 等请求方式的访问控制策略，经过产品发送 HTTP GET、POST、PUT、HEAD 等请求，策略生效。
- 在产品设置基于 HTTP 请求文件类型的访问控制策略，经过产品使用 HTTP 请求相应类型文件，策略生效。
- 在产品设置基于 HTTP 中 general header、request header、response header 等字段长度的访问控制策略，经过产品发送超出相应长度 HTTP 头的数据包，策略生效。
- 在产品设置基于 HTTP 上传文件类型的访问控制策略，经过产品使用 HTTP 上传相应类型文件，策略生效。
- 在产品设置基于 HTTP 请求频率的访问控制策略，经过产品发送超过阈值的 HTTP 请求频率，策略生效。
- 在产品设置基于 HTTP 返回内容的访问控制策略，经过产品访问相应内容的 HTTP 服务，策略生效。
- 在产品设置基于 HTTPS 的访问控制策略，经过产品访问上述内容，策略生效。

（2）数据库应用
- 在产品设置基于访问数据库应用程序、运维工具的访问控制策略，经过产品使用上述程序、运维工具访问数据库，策略生效。
- 在产品设置基于数据库用户名、数据库名、数据表名和数据字段名的访问控制策略，经过产品访问上述数据库用户、数据库、数据表和数据字段，策略生效。
- 在产品设置基于 SQL 语句关键字、数据库返回内容关键字的访问控制策略，经过产品执行包含上述 SQL 语句关键字、数据库返回内容关键字的操作，策略生效。
- 在产品设置基于影响行数、返回行数的访问控制策略，经过产品执行包含上述影响行数、返回行数的操作，策略生效。

（3）其他应用
在产品设置基于 FTP、TELNET、SMTP、POP3 和 IMAP 等应用传输文件类型和传输内容的访问控制策略，经过产品通过上述协议传输上述类型文件和传输内容，策略生效。

4.2.4 攻击防护

按照以下的测评方法，如果达到相应要求，则判定为符合，其他情况判定为不符合。

1. 拒绝服务攻击防护
- 在产品开启拒绝服务攻击防护策略，使用网络攻击仿真器，经产品分别发送 ICMP Flood、UDP Flood、SYN Flood、Tear Drop、Land、Ping of Death 攻击流量（流量为产品接口速率的 10%），同时经产品建立正常的 HTTP 连接（新建连接速率为 100 个/s，持续时间 60s），攻击包通过的比例不大于 5%、正常 HTTP 连接建立成功率不低于 90%。
- 经产品发送 CC 攻击流量，产品支持识别并防御 CC 攻击。

2. Web 攻击防护
在产品针对目标 Web 应用设置攻击防护策略，使用 Web 攻击仿真器，经产品向目标 Web 应用发起 SQL 注入攻击、XSS 攻击、第三方组件漏洞攻击、目录遍历攻击、Cookie 注入攻击、CSRF 攻击、文件包含攻击、盗链攻击、OS 命令注入攻击、Webshell 攻击、反序列化攻击，产品能识别并防御这些攻击。

3．数据库攻击防护

在产品针对目标数据库设置攻击防护策略，使用数据库攻击仿真器，经产品向目标数据库分别发起数据库漏洞攻击、异常 SQL 语句攻击、数据库拖库攻击、数据库撞库攻击，产品能识别并防御这些攻击。

4．恶意代码防护

在产品开启恶意代码防护策略，经产品分别向目标网络或对象发起木马攻击，使用 HTTP 网页下载、电子邮件收发等方式经产品传播恶意代码，产品能检测并拦截木马行为，能检测并拦截 HTTP 网页和电子邮件中携带的恶意代码。

5．其他应用攻击防护

在产品开启相应的应用攻击防护策略，使用应用攻击仿真器，经产品向目标网络或对象发起操作系统类、中间件类和控件类常见 CVE 漏洞攻击，产品能识别并防御这些应用攻击。

6．自动化工具威胁防护

在产品开启自动化工具威胁防护策略，使用网络扫描测试仪，经产品分别发起网络扫描自动化攻击、应用扫描自动化攻击和漏洞利用自动化攻击，产品能识别并防御这些攻击行为。

7．攻击逃逸防护

在产品开启攻击防护策略，使用攻击仿真器，经产品发起经混淆、编码转换等逃逸技术处理过的攻击，产品能检测并阻断经逃逸技术处理过的攻击行为。

8．外部系统协同防护

产品提供接口说明，支持与其他网络安全产品进行联动。

4.2.5 安全审计、告警与统计

按照以下的测评方法，如果达到相应要求，则判定为符合，其他情况判定为不符合。

1．安全审计

- 产品能记录被产品安全策略匹配的访问请求和检测到的攻击行为。
- 日志记录包括事件发生的日期和时间，事件发生的主体、客体和描述，数据包日志的协议类型、源地址、目的地址、源端口和目的端口，攻击事件的描述。
- 日志管理功能包括仅允许授权管理员访问，提供日志查阅、导出等功能；提供按日期、时间、主体、客体等条件进行查询审计事件的功能；日志存储于掉电非易失性存储介质中，日志存储周期设定为不小于六个月；存储空间达到阈值时，能通知授权管理员；日志支持自动化备份至其他存储设备。

2．安全告警

使用各类攻击仿真器分别产生第 3.1.4 小节中介绍的攻击事件，产品能对攻击事件产生告警，并能将高频攻击事件合并告警，告警信息内容包含事件的主体、事件的客体、事件的描述、危害级别、事件发生的日期和时间。

3．统计

（1）网络流量统计

- 在不同时间段向产品发送包含多个 IP 地址、多种协议的混合流量，产品能按 IP 地址、时间段和协议类型等条件，或以上条件的组合，对网络流量进行统计。
- 产品能实时或者以报表形式输出统计结果。

（2）应用流量统计

- 在不同时间段向产品发送包含多个 IP 地址、多种应用的混合流量，产品能按 IP 地址、时间段和应用类型等条件，或以上条件的组合，对应用流量进行统计。
- 能以报表的形式输出统计结果。
- 支持不同时间段统计结果的比对。

（3）攻击事件统计

- 在不同时间段向产品发送包含多个 IP 地址、多种攻击的混合流量，产品能按照攻击事件类型、IP 地址和时间段等条件，或以上条件的组合，对攻击事件进行统计。
- 能以报表的形式输出统计结果。

4.3 自身安全测评

4.3.1 身份标识与鉴别

按照以下的测评方法，如果达到相应要求，则判定为符合，其他情况判定为不符合。

- 产品确保在管理员进行操作之前，对管理员、主机和用户等进行唯一的身份识别。
- 产品支持非明文的远程管理会话，明文的远程管理方式能关闭。
- 输入错误口令达到设定的最大失败次数后，产品终止可信主机或用户建立会话的过程，并对该失败用户做禁止访问处理。
- 产品登录后，在超时时间内无任何操作，产品自动退出。
- 管理员需通过口令验证等身份鉴别措施，并对口令强度有要求。
- 产品存在默认口令时，能提示用户对默认口令进行修改。
- 支持双因子鉴别。

4.3.2 管理能力

按照以下的测评方法，如果防火墙达到相应要求则判定为符合，其他情况判定为不符合。

- 具有向授权管理员提供设置和修改安全管理参数的功能。
- 具有向授权管理员提供设置、查询和修改各种安全策略的功能。
- 具有向授权管理员提供管理审计日志的功能。
- 支持自身系统以及各种特征库的升级。
- 支持从 NTP 服务器同步系统时间。
- 能支持将日志、告警等信息以 SYSYLOG 协议发送至日志服务器。
- 能区分管理员角色，即能划分为系统管理员、安全操作员和安全审计员，且三类管理员角色的权限相互制约。
- 能向授权管理员提供策略有效性检查功能。

4.3.3 管理审计

按照以下的测评方法，如果防火墙达到相应要求则判定为符合，其他情况判定为不符合。

- 针对产品尝试进行用户登录和注销、系统启动、重要配置变更、增加/删除/修改管理员、保存/删除审计日志等操作行为，防火墙能够针对上述操作生成审计日志。

- 模拟产品及其模块的异常状态，产品能够针对上述异常进行告警并记录日志。
- 检查产品的审计日志，应包括事件发生的日期和时间、事件的类型、主体身份、事件的操作结果等内容。
- 仅允许授权管理员访问日志。

4.3.4 管理方式

按照以下的测评方法，如果防火墙达到相应要求则判定为符合，其他情况判定为不符合。
- 支持通过 Console 接口进行本地管理。
- 支持通过网络接口进行远程管理，并能限定进行远程管理的 IP 地址和 MAC 地址。
- 在远程管理过程中，管理端与产品之间的所有通信数据为非明文传输。
- 支持通过 SNMP 进行监控和管理。
- 具备独立的管理接口，并能与业务接口分离，同时能关闭业务接口上的管理服务。
- 支持集中管理，并通过集中管理平台实现统一监控运行状态、统一下发安全策略、统一升级系统版本、统一升级特征库版本。

4.3.5 安全支撑系统

按照以下的测评方法，如果防火墙达到相应要求则判定为符合，其他情况判定为不符合。
- 查看产品文档，产品支撑系统进行了必要的裁剪，不提供多余的组件或网络服务。
- 重启产品，安全策略和日志信息不丢失。
- 对产品进行安全性测试，产品不含已知中、高风险安全漏洞。
- 验证安全策略和日志信息是否不丢失。

4.4 性能测评

4.4.1 吞吐量

按照以下的测评方法，如果防火墙达到相应要求则判定为符合，其他情况判定为不符合。

1. 网络层吞吐量

使用性能测试仪连接产品的接口，测试产品一对相应速率的端口在不丢包情况下，双向 UDP（分别在 64 字节、512 字节 1518 字节条件下）的吞吐量；测试高性能的万兆产品在不丢包情况下，整机双向 UDP（1518 字节）的吞吐量。网络层吞吐量不低于第 3.3.1 小节中介绍的相应要求。

2. 应用层吞吐量

开启产品应用攻击防护功能，使用性能测试仪构造应用层流量（流量参考模型：HTTP Text，20%；HTTP Audio，10%；HTTP Video，11%；P2P，12%；SMB，8%；SMTP，12%；POP3，12%；FTP，10%；SQL92.5%），连接产品的接口，测试产品在不丢包且无误拦截情况下，应用层的吞吐量；测试高性能的万兆产品在不丢包且无误拦截情况下，整机应用层的吞吐量。应用层吞吐量不低于第 3.3.1 小节中介绍的相应要求。

3. HTTP 吞吐量

开启产品 Web 攻击防护功能，使用性能测试仪连接产品的接口，测试产品在不丢包且无误拦截情况下，双向 HTTP 数据的吞吐量。HTTP 吞吐量不低第 3.3.1 小节中的相应要求。

4.4.2　延迟

使用性能测试仪连接产品的接口，测试产品一对相应速率的端口分别在 64 字节、512 字节、1518 字节最大网络吞吐量 90%条件下的延迟。延迟不低于第 3.3.2 小节中介绍的相应要求，则判定为符合，其他情况判定为小符合。

4.4.3　连接速率

使用性能测试仪连接产品的接口，测试产品的 TCP 新建连接速率；测试高性能的万兆产品整机 TCP 新建连接速率；测试产品的 HTTP 请求速率以及 SQL 请求速率。以上速率不低于第 3.3.3 小节中介绍的相应要求，则判定为符合，其他情况判定为不符合。

4.4.4　并发连接数

使用性能测试仪连接产品的接口，测试产品的 TCP 并发连接数；测试高性能的万兆产品整机 TCP 并发连接数；测试产品的 HTTP 并发连接数和 SQL 并发连接数。以上并发连接数不低于第 3.3.4 小节中介绍的相应要求，则判定为符合，其他情况判定为不符合。

4.5　安全保障测评

4.5.1　开发

检查开发者提供的以下各项信息，如果开发者提供的信息满足内容和形式上的所有要求（第 3.4.1 小节中所述），则判定为符合，其他情况判定为不符合。

1．安全架构
- 与产品设计文档中对安全功能的描述范围相一致。
- 充分描述产品采取的自我保护、不可旁路的安全机制。
- 开发者提供的信息应满足第 3.4.1 小节中安全采购所述的要求。

2．功能规范
- 清晰描述第 3.1 节中定义的产品安全功能。
- 描述产品所有安全功能接口的目的、使用方法及相关参数。
- 描述安全功能实施过程中，与安全功能接口相关的所有行为。
- 描述可能由安全功能接口的调用而引起的所有直接错误消息。
- 开发者提供的信息应满是第 3.1 中所述的要求。

3．产品设计
- 根据子系统描述产品结构，标识和描述产品安全功能的所有子系统，描述安全功能所有子系统间的相互作用。
- 提供的对应关系能证实设计中描述的所有行为映射到调用的安全功能接口。
- 根据实现模块描述安全功能，描述所有实现模块的安全功能要求相关接口、接口的返回值、与其他模块间的相互作用及调用的接口。
- 提供实现模块和子系统间的对应关系。

4. 实现表示

● 通过软件代码、设计数据等实例详细定义产品安全功能。

● 提供实现表示与产品设计描述间的对应关系。

4.5.2 指导性文档

检查开发者提供的以下各项信息，开发者提供的信息满足内容和形式上的所有要求（第3.4.2 小节中所述），则判定为符合，其他情况判定为不符合。

1. 操作用户指南

● 描述用户能访问的功能和特权（包含适当的警示信息）。

● 描述如何以安全的方式使用产品提供的可用接口，描述产品安全功能及接口的用户操作方法（包括配置参数的安全值）。

● 标识和描述产品运行的所有可能状态，包括操作导致的失败或者操作性错误。

● 描述实现产品安全目的必须执行的安全策略。

2. 准备程序

● 描述与开发者交付程序一致的安全接收所交付产品必需的所有步骤。

● 描述安全安装产品及其运行环境必需的所有步骤。

4.5.3 生命周期支持

检查开发者提供的各项信息，如果开发者提供的信息满足内容和形式上的所有要求（第3.4.3 小节中所述），则判定为符合，其他情况判定为不符合。

1. 配置管理能力

● 开发者为不同版本的产品提供唯一的标识。

● 配置管理系统对所有的配置项做出唯一的标识，且对配置项进行维护。

● 配置管理文档描述了对配置项进行唯一标识的方法。

● 能通过自动化配置管理系统支持产品的生成，仅通过自动化措施对配置项进行授权变更。

● 配置管理计划描述了用来接受修改过的或新建的作为产品组成部分的配置项的程序；配置管理计划描述如何使用配置管理系统开发产品，现场核查活动与计划一致。

2. 配置管理范围

● 开发者提供的配置项列表包含产品、安全保障要求的评估证据和产品的组成部分及相应的开发者。

● 开发者提供的配置项列表包含实现表示、安全缺陷报告、解决状态及相应的开发者。

3. 交付程序

● 开发者使用一定的交付程序交付产品。

● 开发者使用文档描述交付过程，文档中包含在给用户方交付系统的各版本时，为维护安全所必需的所有程序。

4. 开发安全

● 开发者提供的开发安全文档，描述在系统的开发环境中，为保护系统设计和实现的保密性和完整性所必需的所有物理的、程序的、人员的和其他方面的安全措施。

● 现场检查产品的开发环境，开发者使用了物理的、程序的、人员的和其他方面的安全措施保证产品设计和实现的保密性和完整性，并得到了有效执行。

5．生命周期定义

● 开发者使用生命周期模型对产品的开发和维护进行必要控制。

● 开发者提供生命周期定义文档描述了用于开发和维护产品的模型。

6．工具和技术

● 开发者明确定义用于开发产品的工具。

● 提供开发工具文档无歧义地定义实现中每个语句的含义和所有依赖于实现的选项的含义。

4.5.4 测试

检查开发者提供的以下测试信息，如果开发者提供的信息满足内容和形式上的所有要求（第 3.4.4 小节中所述），则判定为符合，其他情况判定为不符合。

1．测试覆盖

● 开发者提供的测试覆盖文档，在测试覆盖证据中，表明测试文档中所标识的测试与功能规范中所描述的产品的安全功能是对应的。

● 开发者提供的测试覆盖分析结果表明功能规范中的所有安全功能接口都进行了测试。

2．测试深度

● 开发者提供的测试深度分析说明了测试文档中所标识的对安全功能的测试，并足以表明与产品设计中的安全功能子系统和实现模块之间的一致性。

● 能证实所有安全功能子系统、实现模块都已经进行过测试。

3．功能测试

● 开发者提供的测试文档包括测试计划、预期的测试结果和实际测试结果，测试计划标识了要测试的安全功能，描述了每个安全功能的测试方案。

● 期望的测试结果表明测试成功后的预期输出。

● 实际测试结果表明每个被测试的安全功能能按照规定进行运作。

4．独立测试

开发者提供的测试集合与其自测系统使用的测试集合一致，以用于安全功能的抽样测试，并且开发者提供的资源满足内容和形式上的所有要求。

4.5.5 脆弱性评定

从用户可能破坏安全策略的明显途径出发，按照安全机制定义的安全强度级别，对产品进行脆弱性分析，如果渗透性测试结果表明产品能抵抗基本型攻击和中等型攻击，则判定为符合，其他情况判定为不符合。

4.6 思考与实践

一、简答题

1．简述防火墙测评的必要性。

2．简述防火墙测评的环境构建。

3．简述防火墙测评的主要内容。

二、知识拓展题

1．访问以下网站，了解防火墙产品检测的标准及检测过程。

[1] 信息产业信息安全测评中心（原信息产业部计算机安全技术检测中心）：http://www.ctec.com.cn。

[2] 公安部第三研究所安全防范与信息安全产品及系统检验实验室：http://202.127.0.100。

[3] 公安部计算机信息系统安全产品质量监督检验中心：http://www.mctc.org.cn。

2．访问以下网站，了解防火墙分析和审计、防火墙测试等商业工具。

[1] AlgoSec 的 Firewall Analyzer（AFA）：https://www.manageengine.cn/products/firewall。AFA 可以自动探测防火墙策略中的安全漏洞，完成更改管理、风险管理、自动审核和策略优化等功能，可以发现未用的规则、重复规则、禁用规则和失效规则。

[2] SKYBOX 公司的 Firewall Assurance：https://www.skyboxsecurity.com/products/firewall-assurance。

[3] 双极未来防火墙测试服务：http://www.spirepair.com/service/FWtest.php。提供世界著名的通信测试仪器厂商思博伦通信公司的 OSI 第 4～7 层的旗舰产品 Avalanche、SmartBits 测试解决方案。

[4] IXIA 网络测试仪：https://www.keysight.com/。

3．学习了解《信息安全技术 工业控制系统专用防火墙技术要求》（GB/T 37933—2019），比较分析工业控制系统防火墙与传统防火墙在技术要求和测评方法上的异同点。

4.7 学习目标检验

请对照表 4-1 学习目标列表，自行检验达到情况。

表 4-1 第 4 章学习目标列表

	学习目标	达到情况
知识	了解防火墙测评的重要性	
	了解防火墙测评的环境	
	了解防火墙测评的主要内容	
	了解防火墙的安全保障要求	
能力	能够构建防火墙测评环境	
	能够设计防火墙测评方案	

第3篇　防火墙实现

本篇根据 Windows 系统下的网络体系结构，介绍在用户层（User Mode，也有译为用户模式或用户态）和内核层（Kernel Mode，也有译为内核模式或内核态）可以采用的网络数据包拦截技术。

本篇包括第 5~7 章。第 5 章介绍用户层下 Winsock SPI 数据包截获技术，第 6 章和第 7 章分别介绍内核层下网络驱动接口规范（Network Driver Interface Specification，NDIS）以及 Windows 过滤平台（Windows Filtering Platform，WFP）数据包截获技术。3 章均给出了一个应用示例（源代码包含在电子教案中，可免费下载）。

第 5 章　基于 SPI 的简单防火墙实现

本章知识结构

本章介绍用户层下 Winsock SPI 数据包截获技术。本章知识结构如图 5-1 所示。

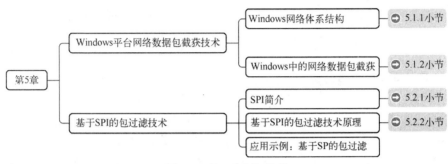

图 5-1　第 5 章知识结构

5.1　Windows 平台网络数据包截获技术

个人防火墙通常作为一个应用程序在一台主机上运行，它通过分析主机操作系统网络协议架构，在适当的位置插入拦截点，使所有的网络数据包都经过这些拦截点，再按照安全策略制订的过滤规则（访问控制规则）对经过拦截点的网络信息流进行监控和审查，过滤掉不符合安全规则的信息，以保护主机不受外界的非法访问和攻击。

个人防火墙的核心是网络数据包截获。本节首先介绍 Windows 网络体系结构，然后分别概要介绍在 Windows 系统的用户层和内核层进行数据包截获的技术。

5.1.1　Windows 网络体系结构

OSI 参考模型和 TCP/IP 模型是两种重要的网络体系模型（本书在第 1.1 节中已做介绍）。OSI、TCP/IP 与 Windows 网络体系的对应关系如图 5-2 所示。

由图 5-2 可知，包过滤可以发生在网卡驱动程序所在的数据链路层至应用层的各层中，这提供了拦截网络数据包的基本思路。Microsoft 在 Windows 的各个网络协议层次上都提供了一些公开规范或未公开的非常规方法，以方便开发者插入处理模块。因此，可以利用这些规范或非常规的方法实现数据包过滤。

如图 5-2 所示，Windows 操作系统下的网络数据包可以在两个层面进行拦截：用户层和内核层。

5.1.2　Windows 中的网络数据包截获

本小节依据 Windows 中 TCP/IP 协议栈中的数据包流动的过程来分析网络数据包截获的基本方法。

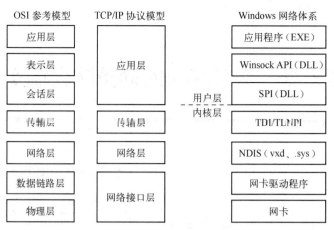

图 5-2   OSI、TCP/IP 与 Windows 网络体系的对应关系

1. 用户层的网络数据包截获

Winsock 是 Windows 网络编程接口，它工作于 Windows 网络体系的用户层，提供与底层传输协议无关的高层数据传输编程接口。在 Windows 系统中，使用 Winsock 接口为应用程序提供基于 TCP/IP 的网络访问服务，因此，可以在用户层进行数据包拦截。

Winsock 分层服务提供者（Layered Service Provider，LSP）可以直接获得 Winsock 进程的详细信息，可以比分析基本协议更方便地得到想要的数据内容，如直接得到浏览器当前正在进行传输的地址和内容。

LSP 是 Winsock 2.0 独有的功能，它需要 Winsock 服务提供者接口（Service Provider Interface，SPI）才能实现。SPI 是一种不能独立工作的技术，它依赖于系统已经存在的基本协议，如TCP/IP，在这些协议的基础上派分出的子协议（即分层协议）必须通过一定的接口调用，SPI 就是这些协议的调用接口。第 5.2 节将介绍基于 SPI 的数据包截获方法。

在用户层进行数据包截获的最大问题是，一些恶意代码会绕过 Winsock 直接调用内核层TCP/IP 驱动程序，使得截获失败。

2. 内核层的网络数据包截获

（1）TDI/TLNPI

Socket 网络通信进入内核层之后，首先进入 Winsock 辅助功能驱动程序（afd.sys），afd.sys驱动程序承上启下地管理应用层套接字（如套接字的文件句柄、对象等信息）和下层的通信层，如传输驱动程序接口（Transport Driver Interface，TDI）、传输层网络传输提供者接口（Transport Layer Network Provider Interface，TLNPI）都是 afd.sys 的客户，如图 5-2 所示。

传输层、网络层的核心部分是 tcpip.sys 驱动完成的事情。但是从 afd.sys 到 tcpip.sys 驱动之间还有一个驱动接口负责承上启下。在 Windows XP 系统中，完成这个承上启下工作的驱动程序就是 tdi.sys。而到了 Windows 7 以后的系统，由于内核网络结构做了全新设计，这个工作就交给了 TLNPI，这是一个微软没有提供文档的接口。

为了能在 Windows 7 以上的系统中使用 TDI 的功能，微软提供了一个叫 tdx.sys 的驱动，它实现了 TLNPI 的接口功能与 tcpip.sys 的通信，并且 TDX 创建了跟 Windows XP 的 TDI 兼容的各种设备对象，如\Device\Tcp、\Device\Udp 等。当 Windows 内核检测到用户创建了 TDI 的过滤驱动时，上层的全部 Socket 通信就会自动路由到 tdx.sys 驱动，于是 tdx.sys 驱动解析处理传统的 TDI 请求包，翻译转化成 TLNPI 请求与 tcpip.sys 通信。这样的处理方法使得 Windows 7 以上平台甚至 Windows 10 平台都能完美支持传统的 TDI。

（2）NDIS

再下一层就是网络驱动接口规范层（Network Driver Interface Specification，NDIS）。NDIS 又分成 NDIS 协议驱动、NDIS 中间驱动和 NDIS 微端口驱动（就是网卡驱动）三层。tcpip.sys 相对于 NDIS 来说就是 NDIS 的协议驱动。

NDIS 中包含局域网网卡驱动程序标准、广域网网卡驱动程序标准以及协议和网卡之间的中间驱动程序标准。NDIS 横跨传输层、网络层和数据链路层，定义了网卡或网卡驱动程序与上层协议驱动程序之间的通信接口规范，屏蔽了底层物理硬件的不同，使上层的协议驱动程序可以和底层任何型号的网卡通信。

当主机用户要发送和接收数据时，都要通过 NDIS 和网卡进行数据的转发，在网卡设备与外界进行通信的过程中，NDIS 是唯一的非硬件模块，也就是说任何进出网卡的网络封包，均必须首先经由它处理。

（3）WFP

微软从 Windows Vista 版本开始引入一套 API 和服务——Windows 过滤平台（Windows Filtering Platform，WFP）。该平台为网络数据包过滤提供了框架支撑。

WFP 挂载到整个内核网络通信协议栈的全部层中，也就是说上边提到的 afd.sys、TLNPI 都有 WFP 框架的影子，在这个层中 WFP 负责处理应用层数据包，以及一些特殊控制，如 connect 控制、accept 控制、listen 控制、bind 控制等。在这一层中，因为跟应用层程序关联紧密，因此这一层都能知道是哪个进程发起了网络通信操作。

在 tcpip.sys 中也有 WFP 的影子。tcpip.sys 主要负责传输层和网络层的数据包的拦截控制，在传输层和网络层，数据包的处理已经脱离了具体进程，因此是不能获取到是哪些进程发起或接收的数据包。

对于 Windows 8.1 以上的系统，WFP 也能过滤网卡数据包，也就是 WFP 还具有 NDIS 驱动层的功能。

综上所述，大多数个人防火墙是可以利用网卡驱动程序在内核层实现的。利用驱动程序拦截数据包可以在网络协议栈的不同位置实现，主要有以下 3 种基本方法。

1）基于 TDI/TLNPI 开发过滤驱动。

2）基于 NDIS 中间层开发过滤驱动。本书将在第 6 章中介绍基于 NDIS 的包过滤方法。

3）基于 WFP 开发过滤驱动。本书将在第 7 章中介绍基于 WFP 的包过滤方法。

个人防火墙系统应能详细记录各种进程的访问网络信息，而应用层过滤能最早得到应用层进程的发送数据包信息，得到最完整的接收方发送的数据包信息，从而实现记录最丰富网络访问信息的个人防火墙系统。

5.2 基于 SPI 的包过滤技术

本节将介绍 Winsock 2 的结构以及传输服务提供者 SPI 的相关概念，最后给出一个基于 SPI 技术实现的具有简单过滤功能的防火墙应用示例。

5.2.1 SPI 简介

1. WinSock 2 的结构

Winsock 是 Windows 下网络编程的标准接口，它允许两个或多个应用程序在相同机器上或是通过网络相互通信。Winsock 是与协议无关的接口。

Winsock 库有两个版本：Winsock1 和 Winsock2。当前开发网络应用程序广泛使用的是 Winsock2。开发时需要在程序中包含头文件 winsock2.h，它包含了绝大部分 Socket 函数和相关结构类型的声明和定义。同时，还要添加 WS2_32.lib 库的链接。包含必要的头文件，设置好链接环境之后，便可以进行编码工作了。

WinSock 2 符合 Windows 开放系统架构（Windows Open System Architecture，WOSA）。图 5-3 展示了 WinSock 2 支持的动态链接库（ws2_32.dll）在 WinSock 应用程序和 WinSock 服务提供者之间的分布情况。在 WinSock 和 WinSock 应用程序之间有标准 API；在 WinSock 和 WinSock 服务提供者之间有标准的服务提供者接口（Service Provider Interface，SPI）。

如图 5-3 所示，WinSock 2 SPI 包括两类服务提供者：传输服务提供者（Transport Service Providers）和名称空间服务提供者（Namespace Service Providers）。

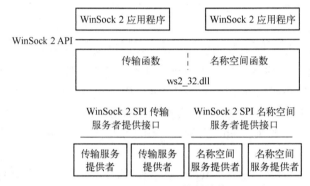

图 5-3　WinSock 2 体系结构

2．传输服务提供者

传输服务提供者，一般称为协议堆栈（如 TCP/IP），是提供建立连接、传输数据、日常数据流控制和错误控制等功能的服务，它包括分层的（Layered）和基础的（Base）两种类型。

- 分层服务提供者（Layered Service Providers，LSP）将自己安装到 Winsock 目录中的基础提供者上面，也可能在其他分层提供者之间。它截取来自应用程序的 Winsock API 调用。分层服务提供者仅实现更高层的定制通信函数，它依靠底层的基础服务提供者与远程终端进行实际的数据交换。
- 基础服务提供者（Base Service Providers，BSP）负责实现传输协议的细节，它导出 Winsock 接口，此接口直接实现协议。

✉ 说明：

由于名称空间服务提供者和基础服务提供者通常仅对操作系统开发商和传输堆栈商有效，一般用户常使用分层服务提供者来扩展基础服务提供者的功能，因此本章接下来介绍分层服务提供者接口程序及使用。

3．服务提供者接口

WinSock 2 允许开发者编写自己的服务提供者接口（SPI）程序，程序以 DLL 方式存在，工作在用户层，为上层程序提供接口函数。

用户编写的 SPI 程序安装到系统之后，所有的 WinSock 请求都会先发送到这个程序并由它完成网络调用。

5.2.2 基于 SPI 的包过滤技术原理

1. 基于服务提供者实现包过滤原理

基于 SPI 的包过滤方法使用 DLL 监控以 Winsock 调用进行网络通信的网络数据包。它工作在 TDI 客户之上和所有的用户进程之下，因此，对于用户进程交给它的网络请求和意图非常清楚——在经过底层的分段（IP 分段）之前，对用户进程的行为、目的可以有更直观的了解，非常适合做内容过滤，并且其过滤的所有 Winsock 调用被所有 Windows 平台支持。另外，还有编程相对简单、平台适应性好的优点。

用户创建套接字时，套接字创建函数（如 Socket）会在 Winsock 目录中寻找合适的协议，然后调用此协议的提供者导出的函数完成相应功能。为了进行数据包截获，可以将编写的分层服务提供者安装到 Winsock 目录中，让用户调用这个服务提供者，再由该服务提供者调用下层的服务提供者。这样，便可以截获所有的 Winsock 调用了。

服务提供者不外乎就是 Win32 支持的 DLL，挂靠在 WinSock 2 的 ws2_32.dll 模块下。对 WinSock 2 API 中定义的许多内部调用来说，这些服务提供者都提供了它们的运作方式。应用程序是通过 ws2_32.dll 来调用实际的 WinSock 函数，这些函数都由服务提供者来提供。

例如，传输服务提供者是以 DLL 的形式存在的，它对外只有一个入口函数，那就是 WSPStartup，其中的参数 LPWSAPRTOCOL_INFOW 结构指针决定了服务提供者的类型，其他的 30 个传输服务提供者函数是以分配表的方式调用的。当网络应用程序调用 WSASocket/socket 函数创建套接字时，会有 3 个参数：地址族、套接字类型和协议。正是这 3 个参数共同决定了是由哪一个类型的传输服务提供者来实现本应用程序的功能。

在整个层次结构中，ws2_32.dll 只是起到了媒介的作用，应用程序则是对用户功能的实现，而真正实现网络传输功能的是传输服务提供者接口。当前系统中有一些默认的服务提供者，它们已经实现了大部分基本的功能，所以用户在编写服务提供者程序时，只需对数据报进行处理后，就可将数据报传送给系统服务提供者来实现剩下的功能。

新增加的服务提供者和系统的服务提供者一样，也是以 DLL 的形式存在的。当服务提供者创建完毕后，接下来就应该安装它们。这样，新增加的服务提供者信息就写入了系统的服务提供者数据库。当用 WSASocket/sockct 创建套接字时，ws2_32.dll 就会在服务提供者数据库中按顺序搜索与 WSAStartup/socket 提供的 3 个参数相匹配的服务提供者，如果同时有两个相同类型的服务提供者存在于服务提供者数据库中，那么顺序在前的那个服务提供者就会被调用。通常，在安装完自己的服务提供者后，都会将自己的服务提供者重新排列在最前面。

如图 5-4 所示，服务提供者的动态链接库只有在应用程序需要时才由 ws2_32.dll 装入内存中，在不需要时则会被自动卸载。在多数情况下，一个应用程序在调用 WinSock 2 API 函数时，ws2_32.dll 会调用相应的 WinSock 2 SPI 函数，利用特定的服务提供者执行所请求的服务。

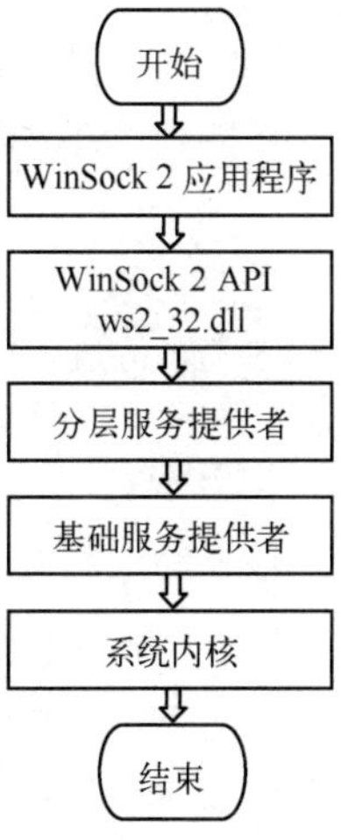

图 5-4 Winsock 2 SPI 调用关系图

2. 安装 LSP

安装 LSP 就是在 Winsock 目录中安装一个 WSAPROTOCOL_INFOW 结构（协议的入口），

该结构定义了分层服务提供者的特性和 LSP 是如何写入"链"的，让创建套接字的应用程序可以枚举到它。

在注册表 KEY_LOCAL_MACHINE\SYSTEM\ CurrentControlSet\services\WinSock2\Parameters\Protocol_Catalog9 存放的是有关传输服务提供者的内容，HKEY_LOCAL_MACHINE\SYSTEM\CurrentControlSet\services\WinSock2\Parameters\NameSpace_Catalog5 存放的是有关名称空间服务提供者的内容。子键 Catalog_Entries 代表传输服务提供者的集合，其下面的每一个子键（如 000000000001）都代表了一个服务提供者的相关信息。PackedCatalogItem 的键值是 REG_BINARY 类型，存储的是 WSAPROTOCOL_INFOW 结构体序列化后的字节。

WSAPROTOCOL_INFOW 结构体的定义如下。

```
typedef struct _WSAPROTOCOL_INFO {
    DWORD    dwServiceFlags1;  //不同协议服务提供者的标志位
    DWORD    dwServiceFlags2;  //定义附加协议属性的保留字段
    DWORD    dwServiceFlags3;  //定义附加协议属性的保留字段
    DWORD    dwServiceFlags4;  //定义附加协议属性的保留字段
    DWORD    dwProviderFlags;  //服务提供者定义时的信息
    GUID    ProviderId;  //服务提供者的全局唯一标识
    DWORD    dwCatalogEntryId;  //WSAPROTOCOL_INFO 的唯一标识
    WSAPROTOCOLCHAIN    ProtocolChain;  //协议链的长度
    int    iVersion;  //协议版本号
    int    iAddressFamily;  //协议的地址族
    int    iMaxSockAddr;  //地址长度的最大值
    int    iMinSockAddr;  //地址长度的最小值
    int    iSocketType;  //Socket 的类型
    int    iProtocol;  //协议
    int    iProtocolMaxOffset;  //协议的最大偏移
    int    iNetworkByteOrder;  //网络字节顺序 big-endian/little-endian
    int    iSecurityScheme;  //安全类型标识
    DWORD    dwMessageSize;  //协议支持的消息大小
    DWORD    dwProviderReserved;  //服务提供者的保留字段
    TCHAR    szProtocol[WSAPROTOCOL_LEN+1];  //协议的名称
} WSAPROTOCOL_INFO, *LPWSAPROTOCOL_INFO;
```

SPI 提供了 3 种协议：分层协议、基础协议和协议链。

协议类型由 WSAPROTOCOL_INFO 结构内的 WSAPROTOCOLCHAIN 结构中的数据指定。

```
typedef struct _WSAPROTOCOLCHAIN {
int ChainLen;
DWORD ChainEntries[MAX_PROTOCOL_CHAIN]; // 协议链数组
} WSAPROTOCOLCHAIN, *LPWSAPROTOCOLCHAIN;
```

ChainLen 的不同取值代表了不同的提供者类型。
- 0 表示分层服务提供者。
- 1 表示基础服务提供者。
- 大于 1 表示协议链。

传输服务提供者的安装方式决定了它是一个分层提供者还是一个基础服务提供者。系统通过注册表的配置来加载 SPI 模块，然后再调用系统的模块。从注册表中找到需要替换的系统基础服务提供者，将它的路径信息替换成自定义的路径，并保存原来的路径。经过这样操作后，当有 WinSock 调用发生时，系统会根据自定义的程序路径找到相应的模块，并加载该模块进行调用，然后自定义 SPI 会根据保存的路径信息来加载系统服务提供者，同时得到下一层服务提供者的服务函数指针，以完成转发。完整的过程如图 5-5 所示。

3. 基于 SPI 的包过滤技术的局限性

Winsock 分层服务提供者（LSP）可以直接获得 Winsock 进程的详细信息，可以比分析基本协议更方便地得到想要的数据内容，如直接得到浏览器当前正在进行传输的地址和内容。但是，如果一些恶意代码绕过 Winsock 直接调用内核层 TCP/IP 驱动程序，这种方法就会失去作用。

【应用示例 4】 基于 SPI 的包过滤

SPI 实现的功能是从应用程序的角度去进行规则过滤。本示例是在 SPI 防火墙中手动添加一条防火墙规则——禁止访问网站 www.cnblogs.com。在 SPI 的动态链接库中捕获到 IP 地址信息，与该网站的 IP 地址进行比对，如果相同则拦截，否则放行。

图 5-5　WSPStartup 启动过程

整个示例包含两个模块：安装模块（SPIFirewall）和传输服务提供者模块（libSPI）。其中，传输服务提供者模块以动态链接库的方式实现过滤功能，安装模块负责对传输服务提供者模块进行安装和卸载，如图 5-6 所示。

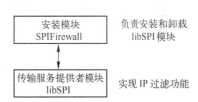

图 5-6　示例模块结构

1. 安装模块实现

传输服务提供者模块要截获应用程序访问网络发出的 Winsock 调用，就必须抢先于协议驱动之前截获，这就要求改变注册表中的 Winsock 编录的内容。本示例通过安装模块来完成对注册表的改变。

下面以安装为例，介绍安装模块的执行过程。

在注册表 HKEY_LOCAL_MACHINE\SYSTEM\CurrentControlSet\Services\WinSock2\Parameters\Protocol_Catalog9\Catalog_Entries 目录下，遍历每个子键，查询 PackedCatalogItem 的键值，得到 WSAPROTOCOL_INFO 结构体，如果 ProtocolChain.ChainLen 为 1，说明是基础服务提供者，iAddressFamily 为 AF_INET，说明地址家族为 IPv4，两个条件都满足时说明该服务提供者是基于 IPv4 的基础服务提供者。取出该服务提供者的 WSAPROTOCOL_INFO 的唯一标识 dwCatalogEntryId，建立子键 HKEY_LOCAL_MACHINE\SYSTEM\CurrentControlSet\Services\WinSock2\SPIFirewall，将满足条件的服务提供者的模块路径取出来并保存到 dwCatalogEntryId 的子键中，如图 5-7 所示。

名称	类型	数据
(默认)	REG_SZ	(数值未设置)
1001	REG_SZ	%SystemRoot%\system32\mswsock.dll
1002	REG_SZ	%SystemRoot%\system32\mswsock.dll
1003	REG_SZ	%SystemRoot%\system32\mswsock.dll
1010	REG_SZ	%SystemRoot%\system32\rsvpsp.dll
1011	REG_SZ	%SystemRoot%\system32\rsvpsp.dll
PathName	REG_SZ	d:\SPIFirewall\Debug\libSPI.dll

图 5-7　安装的注册表信息

保存完系统服务提供者的路径后，用自定义的传输服务提供者模块路径替换系统服务提供者的路径。遍历结束后建立 PathName 子键，存储自定义传输服务提供者模块路径。传输服务提供者模块到此就成功安装了，libSPI.dll 替换了系统服务提供者。

主要代码如下。

```
HKEY hKey;
    TCHAR tzCurrentPath[MAX_PATH];
    GetCurrentPath(tzCurrentPath);
    if(tzCurrentPath[0]=='\0')
    {
        AfxMessageBox(_T("当前应用程序目录定位失败！"));
        return;
    }
    _tcscat(tzCurrentPath, _T("libSPI.dll"));
    if(!find.FindFile(tzCurrentPath))
    {
        AfxMessageBox(_T("找不到 libSPI.dll！"));
        find.Close();
        return;
    }
    find.Close();
    StringCchCopy(m_sPathName,MAX_PATH,tzCurrentPath);
    if(IsInstalled())
    {
        AfxMessageBox(_T("SPIFirewall 已经安装！"));
        return;
    }
    if(RegOpenKeyEx(HKEY_LOCAL_MACHINE, _T("SYSTEM\\
CurrentControlSet\\Services\\WinSock2\\Parameters\\Protocol_Catalog9\\Catalog_Entries"), 0, KEY_READ, &hKey) !=
ERROR_SUCCESS)
        return;
    __try
    {
        TCHAR tzSubKey[MAX_PATH];
        DWORD dwIndex      = 0;
        int       iRet      = 0;
        while(RegEnumKey(hKey, dwIndex, tzSubKey, MAX_PATH) == ERROR_SUCCESS)
        {
            if((iRet = SaveHookKey(hKey, tzSubKey)) != 1)
                return;
            dwIndex ++;
        }
    }
    __finally
    {
        RegCloseKey(hKey);
    }
    DWORD    dwDisposition;
    if (RegCreateKeyEx(HKEY_LOCAL_MACHINE, _T("SYSTEM\\CurrentControlSet\\Services
    \\WinSock2\\SPIFirewall"), 0, NULL, REG_OPTION_NON_VOLATILE, KEY_ALL_ACCESS, NULL,
&hKey, &dwDisposition) != ERROR_SUCCESS)
                return;
    if (RegSetValueEx(hKey, _T("PathName"), 0, REG_SZ, (BYTE*)m_sPathName, _tcslen(m_sPathName))
!= ERROR_SUCCESS)
```

```
            {
                RegCloseKey(hKey);
                return;
            }
            RegCloseKey(hKey);
            AfxMessageBox(_T("成功安装 SPI 防火墙! "));
```

安装模块 SPIFirewall 包含了安装和卸载功能, 运行主界面如图 5-8 所示。

如果单击"安装"按钮, 则该模块负责修改注册表, 以 libSPI.dll 替换系统服务提供者, 达到注入新的 SPI DLL 的目的; 如果单击"卸载"按钮, 则该模块恢复原来的注册表。

图 5-8　示例运行主界面

2. 传输服务提供者模块的实现

传输服务提供者模块流程如下。

1) 按照要求, 输出 WSPStartup 函数, 该函数负责初始化, 也是所有使用 Winsock 程序首先调用的程序。

2) WSPStartup()调用 GetHookProvider(), 得到原来的基础服务者的 DLL 位置, 然后装载并调用其 WSPStartup(), 得到 WinSock 的 lpProcTable, 该 Table 指向所有的 WinSock 函数。

3) 替换 lpProcStartup 中的 WSPSocket 函数, 并打印调试信息, 即截获 WSPSocket 函数的调用。

本示例的简单规则是过滤网站的 IP 地址, 所以只是简单地在 WSARecv、WSARecvFrom、WSASend、WSASendto 函数里获取 Socket 等相关信息, 对 IP 地址进行过滤。关键代码如下。

```
OutputDebugString(_T("libSPI WSPStartup..."));
TCHAR    tzLibraryPath[512];
LPWSPSTARTUP    WSPStartupFunc= NULL;
HMODULE    hLibraryHandle= NULL;
int    ErrorCode= 0;

if (!GetProvider(lpProtocolInfo, tzLibraryPath)
|| (hLibraryHandle = LoadLibrary(tzLibraryPath)) == NULL
|| (WSPStartupFunc = (LPWSPSTARTUP)GetProcAddress(
hLibraryHandle, "WSPStartup")) == NULL
)
    return WSAEPROVIDERFAILEDINIT;

if ((ErrorCode = WSPStartupFunc(wVersionRequested, lpWSPData,
lpProtocolInfo, upcallTable, lpProcTable)) != ERROR_SUCCESS)
    return ErrorCode;

NextProcTable = *lpProcTable;

lpProcTable->lpWSPSend                     = WSPSend;
lpProcTable->lpWSPSendTo                   = WSPSendTo;
lpProcTable->lpWSPRecv                     = WSPRecv;
lpProcTable->lpWSPRecvFrom                 = WSPRecvFrom;
```

然后, 在 WSPSend 等函数中插入如下代码。

```
if(filter(s))
```

```
        {
            OutputDebugString("断开此连接！");
            return -1;
        }
BOOL filter(SOCKET s)
        {
            SOCKADDR_IN local_addr, remote_addr;
            int local_addr_len= sizeof(local_addr);
            int remote_addr_len = sizeof(remote_addr);
            getsockname(s, (SOCKADDR*)&local_addr, &local_addr_len);
            getpeername(s, (SOCKADDR*)&remote_addr, &remote_addr_len);

            CString sTemp;
            CString strLocalIP,strRemoteIP;
            strLocalIP.Format("%u.%u.%u.%u"
                , local_addr.sin_addr.S_un.S_un_b.s_b1
                , local_addr.sin_addr.S_un.S_un_b.s_b2
                , local_addr.sin_addr.S_un.S_un_b.s_b3
                , local_addr.sin_addr.S_un.S_un_b.s_b4);
            OutputDebugString("本地 IP 地址："+strLocalIP);
            if(strLocalIP.CompareNoCase("61.155.169.116")==0)
                return TRUE;

            strRemoteIP.Format("%u.%u.%u.%u"
                , remote_addr.sin_addr.S_un.S_un_b.s_b1
                , remote_addr.sin_addr.S_un.S_un_b.s_b2
                , remote_addr.sin_addr.S_un.S_un_b.s_b3
                , remote_addr.sin_addr.S_un.S_un_b.s_b4);
            OutputDebugString("远程 IP 地址："+strRemoteIP);
            if(strRemoteIP.CompareNoCase("61.155.169.116")==0)
                return TRUE;
            return FALSE;

        }
```

　　运行安装模块，单击"安装"按钮后，必须重启计算机，利用 DebugView（读者可从微软官方网站 http://technet.microsoft.com/en-us/sysinternals/bb896647.aspx 下载）打开浏览器，效果如图 5-9 所示。此时，www.cnblogs.com 已经无法访问，而其他站点的访问正常。说明传输服务提供者模块（libSPI.dll）已正常工作。

图 5-9　过滤效果图

📖 拓展阅读

读者要想了解更多基于 SPI 的防火墙实现方法，可以阅读以下书籍。

陈香凝，王烨阳，陈婷婷，等. Windows 网络与通信程序设计 [M]. 3 版. 北京: 人民邮电出版社，2017.

5.3 思考与实践

一、简答题

1. 简述 OSI 模型、TCP/IP 模型与 Windows 网络体系结构的对应关系。

2. 个人防火墙的核心技术是网络数据包截获技术。谈谈在 Windows 操作系统下，网络数据包在用户层和内核层的主要拦截技术，并对这些技术进行比较。

二、应用设计题

阅读相关文献，设计个人防火墙的主体功能以及一种综合性的数据包截获方案。

三、编程实验题

编程实现应用示例 5——基于 SPI 的包过滤，并完善诸如添加过滤 IP 地址等功能。

5.4 学习目标检验

请对照表 5-1 学习目标列表，自行检验达到情况。

表 5-1 第 5 章学习目标列表

	学习目标	达到情况
知识	了解 Windows 网络体系结构，以及 OSI 模型、TCP/IP 模型与 Windows 网络体系结构的对应关系	
	了解 Windows 系统中在用户层和内核层进行数据包截获的主要技术	
	了解基于 SPI 进行包过滤的基本原理与方法	
能力	能够进行个人防火墙数据包过滤方案设计	
	能够基于 SPI 实现包过滤编程	

第 6 章　基于 NDIS 的简单防火墙实现

本章知识结构

本章介绍 WDK 8.1 自带的兼容 NDIS 6.0 的新的中间层驱动程序框架 Filter Driver，详细介绍如何在 NDIS Filter 驱动中实现对经过 NDIS 的请求包和接收包的监视和处理。本章知识结构如图 6-1 所示。

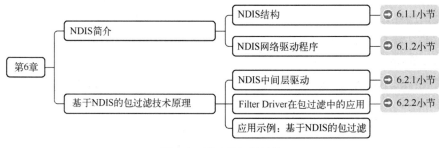

图 6-1　第 6 章知识结构

6.1　NDIS 简介

本节首先介绍 Windows 网络驱动程序接口规范（Network Driver Interface Specification，NDIS）的结构，然后介绍 NDIS 的 3 类网络驱动程序。

6.1.1　NDIS 结构

Windows 网络驱动程序接口规范（NDIS）提供了标准的开发接口。NDIS 在网络层处理数据，横跨传输层、网络层和数据链路层，定义了网卡或网络驱动程序与上层协议驱动程序之间的通信接口规范，屏蔽了底层物理硬件的不同，使上层的协议驱动程序可以和底层任何型号的网卡通信。图 6-2 为 NDIS 的结构。

6.1.2　NDIS 网络驱动程序

如图 6-2 所示，NDIS 支持 3 种类型的网络驱动程序。

1）协议驱动（Protocol Driver）程序。协

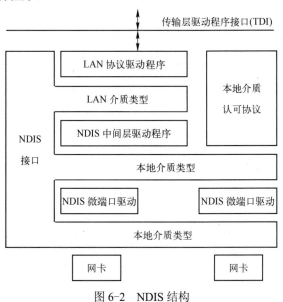

图 6-2　NDIS 结构

议驱动程序执行具体的网络协议，如 TCP/IP 等。协议驱动程序为用户层客户程序提供服务，接

收来自网卡或中间驱动层程序的信息。

2）中间层驱动（Intermediate Driver）程序。中间层驱动介于协议驱动和微端口驱动之间，对上面的协议层表现为一个虚拟的微端口网卡结构，对下面的网卡则表现为一个协议层的结构。无论是网卡接收或上传的数据包，还是上层下送至网卡的数据包都要经过中间层，所以它可以截获底层的封包。利用 NDIS 中间驱动程序可以在网卡驱动程序和传输驱动程序之间插入一层自己的处理，从而可以截获网络数据包并重新进行封包、加密、网络地址转换及过滤等操作。

3）微端口驱动（Miniport Driver）程序。微端口驱动程序是网卡与上层驱动程序通信的接口，它负责接收来自上层的数据包，或将数据包发送到上层相应的驱动程序，同时它还能完成处理中断等工作。

最上层的 LAN 协议驱动程序向上提供了一个 TDI，向下通过 NDIS 接口与 NDIS 中间层驱动的上边界交互，NDIS 中间层驱动的下边界通过 NDIS 接口与下层的 NDIS 微端口交互。最后，由 NDIS 微端口利用 NDIS 接口与网卡交互。

中间层驱动程序位于微端口驱动程序和协议驱动程序之间，由于其位置上的独特性，不论是上层协议驱动程序需要发送到网络上的数据，还是下层微端口驱动程序需要指示上层接收的数据都得先经过中间层驱动程序。因此，在中间层驱动程序中不仅可以拦截所有的数据包，还可以实现防火墙、NAT、加密等功能。不过，编写中间层驱动程序是一件比较复杂的事情。

6.2　基于 NDIS 的包过滤技术原理

本节首先介绍 NDIS 中间层驱动的组成及工作原理，然后介绍新的中间层驱动程序框架 Filter Driver，以及基于该驱动进行包过滤的技术原理。

6.2.1　NDIS 中间层驱动

中间层驱动程序位于微端口驱动程序和协议驱动程序之间，并且具有两者的接口。图 6-3 展示了 NDIS 三层驱动的关系。

NDIS 中间层驱动与上层 NDIS 协议驱动连接时，它展现出 NDIS 微端口的特性，让 NDIS 协议驱动以为它是微端口驱动而绑定它。与下层 NDIS 微端口驱动连接时，它又展现出 NDIS 协议驱动的特性，把自己绑定在微端口驱动上。中间层驱动的个数没有限制，可以为不同的 NDIS 微端口驱动实现绑定。如果在 Windows 本身的协议驱动和微端口驱动之间加入一个特定中间层驱动，所有的 NDIS 协议驱动与 NDIS 微端口驱动之间的通信活动都会经过中间层驱动的处理。现在市面上的 Windows 防火墙就是利用了 NDIS 中间层驱动这一特性来实现包过滤的。从理论上来说，中间层驱动可以拦截或封装所有通过 NDIS 发送和接收的数据包。

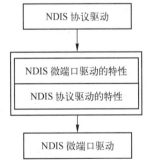

图 6-3　NDIS 三层驱动的关系

防火墙包过滤绝大多数是基于规则过滤的方式，将一系列的过滤规则构成一张过滤规则表。数据包过滤实际上是一边解析数据包，一边与过滤规则做比较，然后决定下一步的动作：拒绝、丢弃或放行。除此之外，中间层驱动还可用于数据包加密、网络地址转换、网络负载均衡等。

6.2.2 Filter Drivers 在包过滤中的应用

1. Filter Driver

NDIS 中间层驱动的经典实例是 Passthru，在 WDK 7.1 以及再早之前适用于 Windows XP 系统的驱动开发包 DDK（Driver Device Kit）中。NDIS 从 6.0 版本开始引入了 NDIS Filter Drivers。

Filter Drivers 可以监视和修改协议驱动程序和微端口驱动程序之间的交互。Filter Drivers 比 NDIS 中间驱动程序更容易实现，处理开销更小。Filter Drivers 提供的主要功能如下。

- 对网络数据进行监视、收集及统计的应用。
- 基于安全等目的的数据过滤应用。

2. 基于 Filter Drivers 的包过滤方法

如图 6-4 所示，来自相同或不同 Filter Drivers 的多个过滤模块（Filter Module）可以被堆叠在一个网络接口适配器上，每一个过滤模块是一个 Filter Drivers 的实例。过滤模块通常位于微端口适配器（Miniport Adapter）和通信协议绑定（Protocol Bindings）之间。在不用拆除整驱动栈的情况下，NDIS 可以动态地插入、删除过滤模块或进行重新配置。

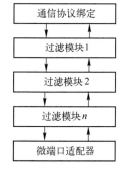

图 6-4　Filter Module 位置

Filter Drivers 通过 NDIS 库与 NDIS 以及其他 NDIS 驱动程序通信。NDIS 库导出了一组完整的函数（NdisFXxx 和其他 NdisXxx 函数），它们封装了过滤驱动程序必须调用的所有操作系统函数。相应地，Filter Driver 必须导出一组 Entry Points（FilterXxx 函数），NDIS 调用或代表其他驱动程序调用这些入口点来访问 Filter Driver。过滤模块不像中间层驱动那样提供一个虚拟的微端口，也不与某个设备对象联结，在微端口适配器之上的过滤模块相当于一个修改过版本的微端口适配器。

【应用示例 5】 基于 NDIS 的包过滤

1. 安装 WDK

Windows 驱动程序工具包（Windows Driver Kit，WDK）是一种完全集成的驱动程序开发系统，它包含 Windows Driver Device Kit（DDK），用于测试 Windows 驱动器的可靠性和稳定性。

WDK 目前已经更新到了 WDK 10，安装方法也更加人性化，并且从 WDK 8.1 开始 WDK 在安装过程中将自动与已安装的对应版本的 Visual Studio（VS）进行绑定（WDK 8.1 对应 VS 2013），安装完成后可以直接在 VS 中创建 NDIS 驱动项目。

本书使用 WDK 8.1 同时配合 VS 2013 集成开发环境进行 NDIS 驱动开发。注意，WDK 8.1 的安装一定要以 VS 2013 成功安装作为前置条件。

2. 创建 FilterDriver 项目与项目配置

（1）创建 Filter Driver 项目

成功安装 WDK 8.1 后，安装过程中 WDK 8.1 的安装包已经自行添加了系统环境变量，无须手动进行配置。打开 VS 2013，新建项目，在左侧已安装模板中选择 Visual C++→Windows Driver 选项，选择 Filter Driver : NDIS 即可创建一个 Filter Driver 项目，如图 6-5 所示。

新建 Filter Driver 项目中需要关注的几个文件见表 6-1。

图 6-5　创建一个 Filter Driver 项目

表 6-1　**Filter Driver** 项目中包含的文件列表

文 件 名	作　　用
filter.c	Filter Driver 驱动源码，包含驱动入口（Driver Entry）以及一些重要功能函数
filter.h	包含了 filter.c 所需要的所有原型与宏（以太网帧与 IP 数据包均在此定义）
flt_dbg_.h	驱动程序 Debug 测试配置文件
device.c	包含了所有为 Filter Driver 创建设备的例程
precomp.h	预编译头文件

（2）项目配置

为了避免代码编译过程中出现不必要的错误，需要对解决方案的配置进行修改。右击解决方案，选择"属性"命令，在弹出的对话框中进行相关项目的配置，如图 6-6 所示。

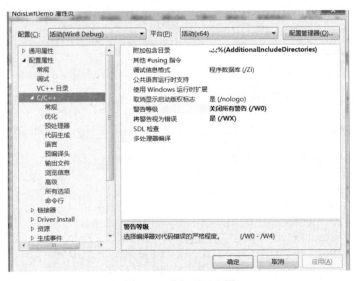

图 6-6　进行项目配置

3. 在 Filter Driver 中添加功能

（1）数据包获取

Filter Driver 可以监视和修改协议驱动程序和微端口驱动程序之间的交互。为了实现监视和修改，需要对每一个交互中的数据包进行分析，而分析数据包的前提条件是捕获该数据包的信息。

NDIS Filter 框架中采用以 NET_BUFFER_LIST（NBL）、NET_BUFFER（NB）、MDL 为主导的数据结构来存储网络数据，如图 6-7 所示。基本结构是一个由 NBL 结点组成的链表，每一个 NBL 结点是由一个或多个 NB 链表组成，而每一个 NB 结点由一个 MDL 链表组成。

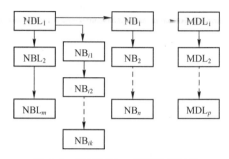

图 6-7　NDIS Filter 网络数据结构

Filter Driver 采用不同的方法来获取数据包。可以通过在 filter.c 文件中添加一个 GetNetBuffer 函数来获取一个 NBL 中的每个 NB。它的定义如下。

```
VOID GetNetBufferData(
    PNET_BUFFER          NetBuffer,
    PUCHAR               OutputBuffer,
    ULONG                OutputBufferSize,
    PULONG               OutputBytesCopied
    )
{
    PMDL     Mdl = NetBuffer->CurrentMdl;
    *OutputBytesCopied = 0;

    if (NetBuffer->DataLength > OutputBufferSize)
    {
#if DBG
        DbgPrint(">---GetNetBufferData---<");
        DbgPrint("Not enough output buffer space, in: %d, out : %d\n",
            NetBuffer->DataLength,
            OutputBufferSize);

#endif
        return;
    }

    //复制第一个 MDL 到 OutputBuffer
    NdisMoveMemory(OutputBuffer,
    (PUCHAR)MmGetSystemAddressForMdlSafe(Mdl, LowPagePriority) + NetBuffer->CurrentMdlOffset,
    Mdl->ByteCount - NetBuffer->CurrentMdlOffset);
    //Mdl->ByteCount - NetBuffer->CurrentMdlOffset 为单次内存转移的长度

    //加上内存转移长度获得下次转移的目的地址
    OutputBuffer += Mdl->ByteCount - NetBuffer->CurrentMdlOffset;
    *OutputBytesCopied += Mdl->ByteCount - NetBuffer->CurrentMdlOffset;
    //循环 MDL 链表，获取每一个结点的数据，数据被保存到 OutputBuffer 里面
    //OutputBuffer 的空间不断地扩大
    //当链表不为空，并且 OutputBuffer 的长度小于 1 个 NET_BUFFER 的总长度
    while ( ((Mdl = Mdl->Next)!=NULL) && (*OutputBytesCopied < NetBuffer->DataLength) )
```

```
        {
                NdisMoveMemory(OutputBuffer,
                        MmGetSystemAddressForMdlSafe(Mdl, LowPagePriority),
                        Mdl->ByteCount);

                OutputBuffer += Mdl->ByteCount;                    //数据被保存到 OutputBuffer 里面
                *OutputBytesCopied += Mdl->ByteCount;              //OutputBuffer 的空间不断地扩大
        }
        if (Mdl != NULL)
        {
                NdisMoveMemory(OutputBuffer,
                        MmGetSystemAddressForMdlSafe(Mdl, LowPagePriority),
                        NetBuffer->DataLength);
                OutputBuffer += Mdl->ByteCount;
                *OutputBytesCopied += Mdl->ByteCount;
        }
#if DBG
        DbgPrint("buffer copied: %d bytes\n", *OutputBytesCopied);
#endif
}
```

在 Filter Driver 的其他需要获得数据包并对数据包进行修改等处理的例程中，调用 GetNetBuffer 来获取数据包。例如，在 FilterSendNetBufferLists 例程中可以进行如下调用。

```
VOID
FilterSendNetBufferLists(
        NDIS_HANDLE             FilterModuleContext,
        PNET_BUFFER_LIST        NetBufferLists,
        NDIS_PORT_NUMBER        PortNumber,
        ULONG                   SendFlags
        )
{
        PMS_FILTER              pFilter = (PMS_FILTER)FilterModuleContext;
        PNET_BUFFER             NetBuffer;
        UCHAR                   TempBuffer[MAX_BUFFER_SIZE];
        ULONG                   BytesCopied;
        pEthHdr                 EthernetHeader;
        pIPHdr                  IpHeader;

#if DBG
        DbgPrint(">>> FilterSendNetBufferLists: %p\n", NetBufferLists);
#endif
        for (NetBuffer = NetBufferLists->FirstNetBuffer;
                NetBuffer!= NULL;
                NetBuffer = NetBuffer->Next)


        {

                GetNetBufferData(NetBuffer, TempBuffer, MAX_BUFFER_SIZE, &BytesCopied);
                //通过 TempBuffer 进行后续处理
```

（2）数据包解析

获得数据包后，对数据包进行解析，在 filter.h 文件末尾定义以太网头与 IP 头。

```
//下面定义以太网头
```

```
typedef struct _EthHdr
{
    char   DestMAC[6];
    char   SrcMAC[6];
    USHORT   Type;
}EthHdr, *pEthHdr;
//下面定义 IP 头
typedef     struct _IPHdr
{
    union
    {
        UCHAR    HdrLenVer;//IP 版本和 IP 头部长度
        struct
        {
            UCHAR    IPHdrLen : 4;
            UCHAR    IPVer : 4;
        };
    };

    UCHAR   TypeOfService;   //服务类型
    USHORT  TotalLength;      //总长度
    USHORT  Identification;   //认证
    union
    {
        USHORT   FragmentationSummary;      //标志和碎片偏移
        struct
        {
            USHORT    FragmentOffset1 : 5;
            USHORT    LastFragment : 1;
            USHORT    CannotFragment : 1;
            USHORT    reserved : 1;
            USHORT    FragmentOffset2 : 8;
        };
    };

    UCHAR           TTL;    //TTL 生存时间
    UCHAR           Protocol;      //协议类型
    USHORT          Checksum;   //校验和
    ULONG           SourceAddress;     //源 IP 地址
    ULONG           DestinationAddress;//目的 IP 地址

}IPHdr, *pIPHdr;
```

同时，对获取数据包的函数进行定义，并设置最大数据包长度。

```
#define          MAX_BUFFER_SIZE          1024*8
//在这里添加函数的定义，用来获取网络数据的函数
VOID GetNetBufferData(
    PNET_BUFFER          NetBuffer,
    PUCHAR               OutputBuffer,
    ULONG                OutputBufferSize,
    PULONG               OutputBytesCopied
    );
```

得到 IP 头部以后就可以根据 IP 头部的数据结构进行解析，并获取源 IP 地址，与过滤规则进行比较。若符合规则，则在函数中对这个数据包进行处理，并将之返回交给 NDIS；若不符合规则，直接将其交还给 NDIS。

（3）数据包处理

Filter Driver 通过入口函数 DriverEntry 向 NDIS 定义了一系列所需要的例程。前面已经提到了数据包的获取与解析。Filter Driver 框架中默认提供了 4 个函数来参与处理数据包，并在 DriverEntry 完成了对这 4 个函数的定义。

1）FilterSendNetBufferListsComplete 函数。NDIS 调用 FilterSendNetBufferListsComplete 函数把发送的结构和数据返还给 Filter Driver。NDIS 可以收集多次 NdisFSendNetBufferLists 函数发送的结构和数据，形成一个单链表传递给 FilterSendNetBufferListsComplete 函数，不过这个函数并不是开发简单防火墙的重点。

2）FilterSendNetBufferLists 函数。NDIS 调用一个 Filter Driver 的 FilterSendNetBufferLists 例程来过滤上层驱动的发送请求。对每一个提交到 FilterSendNetBufferLists 的 NDIS_BUFFER_LIST，可做下面的操作。

- 可以将缓冲区控制权通过 NdisFSendBufferLists 传递给下层驱动，NDIS 保证上下文空间对 Filter Driver 的有效性。Filter Driver 可以在发送前修改缓冲区中的内容。
- 可以调用 NdisFSendNetBufferListsComplete 函数拒绝传递这个包。
- 排列缓冲区中的内容到本地供以后处理。例如，要在一定超时后处理或要接收到特定包后才处理等。如果支持这种处理方式就要支持取消请求的操作。
- 可以复制缓冲区并引发一个发送请求。它类似自己引发一个发送请求，但必须先调用 NdisFSendNetBufferComplete 函数返回上层驱动的缓冲区。
- FilterSendNetBufferListsComplete 函数返回一个 NET_BUFFER_LIST 结构的单链表和发送请求的最终状态给上层的驱动。当 Filter Module 的 FilterSendNetBufferListsComplete 函数被调用完成后，NDIS 会调用引发发送请求的协议驱动的 ProtocolSendNetBufferLists Complete 函数。

3）FilterReturnNetBufferLists 函数。如果 Filter Driver 设置了 NdisFIndicateReceiveNetBufferLists 的状态为 NDIS_STATUS_SUCCESS，NDIS 通过驱动的 FilterReturnNetBufferLists 返回指示数据。Filter Driver 调用 NdisFIndicateNetBufferLists 函数传递接收指示给驱动栈上的上层驱动，如果上层驱动保留了对缓冲区 NET_BUFFER_LIST 的所有权，NDIS 会调用 Filter Driver 的 Filter-ReturnNetBufferLists 例程。

4）FilterReceiveNetBufferLists 函数。Filter Driver 调用 NdisFIndicateReceiveNetBufferLists 函数来指示发送数据。如果 Filter Driver 设置了 NdisFIndicateReceiveNetBufferLists 的状态为 NDIS_STATUS_SUCCESS，NDIS 通过驱动的 FilterReturnNetBufferLists 返回指示数据。在这种情况下，Filter Driver 失去了对 NET_BUFFER_LIST 的所有权直到 FilterReturnNetBufferLists 被调用。如果 Filter Driver 在调用时设置 ReceiveFlags 为 NDIS_RECEIVE_FLAGS_RESOURCES，在函数返回后 Filter Driver 会立即恢复对 NET_BUFFER_LIST 的所有权，这时 Filter Driver 必须处理这个 NET_BUFFER_LIST 的返回，因为 NDIS 在该情况下不会调用 FilterReturnNetBufferLists 返回 NET_BUFFER_LIST 结构。

NDIS Filter 框架提供的这 4 个函数默认的代码，都没有做任何操作，没有实质性质的功能，这 4 个函数原本默认的代码在实际任务中都是不需要的。在 NDIS Filter 工程中，需要修改这 4 个函数的功能，把它们替换成自己想要的功能。例如，在发送数据包或者接收数据包的时候，可能需要去拦截一部分数据包或者提取数据包中的某些数据，而 NDIS Filter 提供的原始代码是没有任何功能的。

本示例中主要在 FilterSendNetBufferLists 与 FilterReceiveNetBufferLists 两个函数中对主机发出的请求包与接收的数据包进行处理，读取请求包与接收包的 IP 地址等信息，打印数据包的源地址、目的地址、包大小、校验和等信息，同时拦截来自南京师范大学官网（IP 地址为 211.65.216.200，域名为 http://www.njnu.edu.cn/）的数据包。

本示例中这两个函数的主要代码如下。

```
//通过 FilterSendNetBufferLists 函数打印请求包的信息
VOID
FilterSendNetBufferLists(
    NDIS_HANDLE            FilterModuleContext,
    PNET_BUFFER_LIST      NetBufferLists,
    NDIS_PORT_NUMBER       PortNumber,
    ULONG                 SendFlags
    )
{
    PMS_FILTER            pFilter = (PMS_FILTER)FilterModuleContext;
    PNET_BUFFER           NetBuffer;
    UCHAR                 TempBuffer[MAX_BUFFER_SIZE];
    ULONG                 BytesCopied;
    pEthHdr               EthernetHeader;
    pIPHdr                IpHeader;

#if DBG
    DbgPrint(">>> FilterSendNetBufferLists: %p\n", NetBufferLists);
#endif
for (NetBuffer = NetBufferLists->FirstNetBuffer;
        NetBuffer != NULL;
        NetBuffer = NetBuffer->Next)

    {
        GetNetBufferData(NetBuffer, TempBuffer, MAX_BUFFER_SIZE, &BytesCopied);
        if (BytesCopied == 0)
        {
#if DBG
            DbgPrint("Net buffer catch error\n");
#endif
        }
        else
        {
            EthernetHeader = TempBuffer;
            if (TempBuffer[12] == 0x08 && TempBuffer[13] == 0x00)//以太网类型 IP 包
            {
                //IpHeader = EthernetHeader + sizeof(EthHdr); //去掉以太网头，取出 IP 头
                IpHeader = TempBuffer + IP_OFFSET;
                char DstIpBuff[48], SrcIpBuff[48];
                char outputBuff[255];
                int ip1, ip2, ip3, ip4;
```

```
                        ULONG lIpAddress = IpHeader->SourceAddress;
                        ip4 = lIpAddress >> 24;
                        ip3 = (lIpAddress & 0x00FFFFFF) >> 16;
                        ip2 = (lIpAddress & 0x0000FFFF) >> 8;
                        ip1 = lIpAddress & 0x000000FF;
                        RtlStringCbPrintfA(SrcIpBuff, 48, "%d.%d.%d.%d", ip1, ip2, ip3, ip4);
                        lIpAddress = IpHeader->DestinationAddress;
                        ip4 = lIpAddress >> 24;
                        ip3 = (lIpAddress & 0x00FFFFFF) >> 16;
                        ip2 = (lIpAddress & 0x0000FFFF) >> 8;
                        ip1 = lIpAddress & 0x000000FF;
                        RtlStringCbPrintfA(DstIpBuff, 48, "%d.%d.%d.%d", ip1, ip2, ip3, ip4);
#if DBG

                        DbgPrint("[IPp]############################");
                        DbgPrint("[IPp]Get a RTH-Ip packet(Request),its header is %p\n", TempBuffer);
                        DbgPrint("[IPp]TotalLength: %d\n", IpHeader->TotalLength);
                        DbgPrint("[IPp]SourceAddress: %s\n", SrcIpBuff);
                        DbgPrint("[IPp]DestinationAddress: %s\n", DstIpBuff);
                        DbgPrint("[IPp]Checksum: %d\n", IpHeader->Checksum);
#endif
                    }
                }

            }

        NdisFSendNetBufferLists(pFilter->FilterHandle, NetBufferLists, PortNumber, SendFlags);
}

//通过 FilterReceiveNetBufferLists 打印接收包的信息，同时拦截指定 IP 地址的包
VOID
FilterReceiveNetBufferLists(
    NDIS_HANDLE            FilterModuleContext,
    PNET_BUFFER_LIST       NetBufferLists,
    NDIS_PORT_NUMBER       PortNumber,
    ULONG                  NumberOfNetBufferLists,
    ULONG                  ReceiveFlags
    )
{
    PMS_FILTER                  pFilter = (PMS_FILTER)FilterModuleContext;
    PNET_BUFFER                 NetBuffer;
    UCHAR                       TempBuffer[MAX_BUFFER_SIZE];
    ULONG                       BytesCopied;
    pEthHdr                     EthernetHeader;
    pIPHdr                      IpHeader;
    ULONG                       ReturnFlags;
    PMDL                        pMdl = NULL;
    PUCHAR                      pData = NULL;
    int                         lDataLen = 0;
    int                         lOffset = 0;
    int                         lDataBufferLen = 0;
    int                         lBytesToCopy = 0;
    int                         lMdlOffset = 0;

#if DBG
```

```
                    DbgPrint(">>> FilterReceiveNetBufferLists: %p\n", NetBufferLists, ReceiveFlags, NumberOfNetBufferLists);
        #endif
            do
            {

                for (NetBuffer = NetBufferLists->FirstNetBuffer;
                    NetBuffer != NULL;
                    NetBuffer = NetBuffer->Next)

                {

                    GetNetBufferData(NetBuffer, TempBuffer, MAX_BUFFER_SIZE, &BytesCopied);
                    if (BytesCopied == 0)
                    {
        #if DBG
                        DbgPrint("Net buffer catch error\n");
        #endif
                    }
                    else
                    {
                        EthernetHeader = TempBuffer;
                        if (TempBuffer[12] == 0x08 && TempBuffer[13] == 0x00)//以太网类型 IP 包
                        {
                            //IpHeader = EthernetHeader + sizeof(EthHdr); //去掉以太网头，抓出 IP 头
                            IpHeader = TempBuffer + IP_OFFSET;
                            char DstIpBuff[48], SrcIpBuff[48];
                            char outputBuff[255];
                            int ip1, ip2, ip3, ip4;

                            ULONG lIpAddress = IpHeader->SourceAddress;
                            ip4 = lIpAddress >> 24;
                            ip3 = (lIpAddress & 0x00FFFFFF) >> 16;
                            ip2 = (lIpAddress & 0x0000FFFF) >> 8;
                            ip1 = lIpAddress & 0x000000FF;
                            RtlStringCbPrintfA(SrcIpBuff, 48, "%d.%d.%d.%d", ip1, ip2, ip3, ip4);

                            if (ip1 == 211 && ip2 == 65 && ip3 == 216 && ip4 == 200){
                                pMdl = NET_BUFFER_CURRENT_MDL(NetBuffer);

                                lMdlOffset = NET_BUFFER_CURRENT_MDL_OFFSET(NetBuffer);
                                lDataLen = NET_BUFFER_DATA_LENGTH(NetBuffer);
                                while (pMdl)
                                {//打印丢弃的 IP 包的数据
                                    NdisQueryMdl(pMdl, (PVOID*)&pData, &lDataBufferLen,
LowPagePriority);

                                    lBytesToCopy = lDataBufferLen - lMdlOffset;
                                    DEBUGPDUMP(DL_ERROR, pData + lMdlOffset, lDataLen >
lBytesToCopy ? lBytesToCopy : lDataLen);

                                    lMdlOffset = 0;
                                    DEBUGP(DL_ERROR, "MDL offset %u lBytesToCopy %d pMdl-
>ByteCount %u lDataLen %u \n", pMdl->ByteOffset, lBytesToCopy, pMdl->ByteCount, lDataLen);

                                    if (lDataLen > lBytesToCopy)
                                    {
                                        DEBUGP(DL_ERROR, "%u Byte to copy \n", lDataLen -
```

```
lBytesToCopy);
                                                lDataLen -= lBytesToCopy;
                                    }
                                    else
                                    {
                                            DEBUGP(DL_ERROR, "Data copy complete \n");
                                    }

                                    NdisGetNextMdl(pMdl, &pMdl); // pMdl = pMdl->Next;
                        }

            #if DBG
                                    DbgPrint("[IPp]#########################");
                                    DbgPrint("[IPp]Drop this packet from %s", SrcIpBuff);
                                    DbgPrint("[IPp]#########################");
            #endif

                                    return;
                        }
                        lIpAddress = IpHeader->DestinationAddress;
                        ip4 = lIpAddress >> 24;
                        ip3 = (lIpAddress & 0x00FFFFFF) >> 16;
                        ip2 = (lIpAddress & 0x0000FFFF) >> 8;
                        ip1 = lIpAddress & 0x000000FF;
                        RtlStringCbPrintfA(DstIpBuff, 48, "%d.%d.%d.%d", ip1, ip2, ip3, ip4);

            #if DBG

                        DbgPrint("[IPp]#########################");
                        DbgPrint("[IPp]Get a RTH-Ip packet(Receive),its header is %p\n", TempBuffer);
                        DbgPrint("[IPp]TotalLength: %d\n", IpHeader->TotalLength);
                        DbgPrint("[IPp]SourceAddress: %s\n", SrcIpBuff);
                        DbgPrint("[IPp]DestinationAddress: %s\n", DstIpBuff);
                        DbgPrint("[IPp]Checksum: %d\n", IpHeader->Checksum);
            #endif
                    }
                }
            }
} while (FALSE);

//调用 NdisFIndicateReceiveNetBufferLists 来指示发送数据
NdisFIndicateReceiveNetBufferLists(
        pFilter->FilterHandle,
        NetBufferLists,
        PortNumber,
        NumberOfNetBufferLists,
        ReceiveFlags);
}
```

4．Filter Driver 的编译、安装和测试

Filter Driver 的编译、安装和测试步骤如下。

（1）项目生成

完成 Filter Driver 的项目配置后，将目标解决方案设置为 Win8.1Debug，右击项目生成解决方案，如图 6-8 所示。

接着前往项目路径 x64\Win8Debug 目录下将.inf、.sys 文件复制到测试机的一个独立文件夹下。

图 6-8　生成解决方案

（2）项目安装

前往微软提供的开源 Windows 驱动开发代码库（https://github.com/Microsoft/Windows-driver-samples/tree/master/network/config/bindview）下载驱动安装工具 bindview 源码。

使用 VS 2013 进行编译获得 bindview 工具，如图 6-9 所示。

图 6-9　编译获得 bindview 工具

Windows 8.1 x64 系统在安装驱动程序时需要对驱动进行数字签名认证。可以在 Window 8.1 的系统设置中，通过高级启动项重启系统，并在启动过程中设置禁用驱动程序强制签名，如图 6-10 所示。

图 6-10　在启动过程中设置禁用驱动程序强制签名

重启成功后即可使用 bindview 进行 Filter 驱动的安装，如图 6-11 所示。

打开网络与共享中心，通过当前连接属性即可查看已安装的 Filter 驱动，如图 6-12 所示。

图 6-11　使用 bindview 进行 Filter 驱动的安装　　　图 6-12　查看已安装的 Filter 驱动

（3）项目测试

通过内核监视工具 DebugView 可以查看驱动打印的信息，如图 6-13 所示。

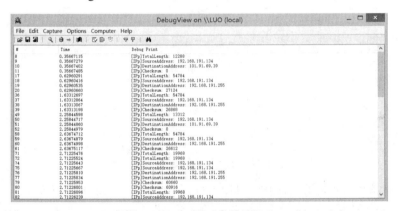

图 6-13　查看驱动打印的信息

DebugView 工具还可以设置信息过滤选项，过滤不重要的信息。本示例在 filter.c 文件中对重要的调试信息进行了标注，通过 DebugView 的过滤选项可以更精确地观察 NDIS 中数据包的交互，如图 6-14 所示。

图 6-14　设置 DebugView 的过滤选项

打开百度，进入百度贴吧，可以正常进入，如图 6-15 所示。

图 6-15　正常访问

但是在 FilterReceiveNetBufferLists 中加入拦截规则后，南京师范大学的官网就无法进入了，如图 6-16 所示。

图 6-16　加入拦截规则后无法访问

DebugView 显示拦截到了来自 IP：211.65.216.200 的包，如图 6-17 所示。

```
133    9.93563366    [IPp]#########################
134    9.93563461    [IPp]Drop this packet from 211.65.216.200
135    9.93563461    [IPp]#########################
146    11.62474346   [IPp]#########################
147    11.62474442   [IPp]Get a RTH-Ip packet(Request),its header is FFFFD000CC5D8850
148    11.62474537   [IPp]TotalLength: 12288
149    11.62474728   [IPp]SourceAddress: 192.168.191.134
150    11.62474918   [IPp]DestinationAddress: 211.65.216.200
151    11.62475014   [IPp]Checksum: 0
156    11.64567757   [IPp]#########################
157    11.64567947   [IPp]Get a RTH-Ip packet(Receive),its header is FFFFF803634BC290
158    11.64568043   [IPp]TotalLength: 10240
159    11.64568138   [IPp]SourceAddress: 216.58.200.237
160    11.64568329   [IPp]DestinationAddress: 192.168.191.134
161    11.64568520   [IPp]Checksum: 24102
```

图 6-17　显示拦截的数据包

📖 **拓展阅读**

读者要想了解更多基于 NDIS Filter 开发的细节，可以阅读以下书籍与资料。

[1]　陈香凝，王烨阳，陈婷婷，等. Windows 网络与通信程序设计 [M]. 3 版. 北京：人民邮电出版社，2017.

[2] lcz. NDIS Filter Drivers 指南 [EB/OL]. [2014-01-16]. https://bbs.pediy.com/thread-183801.htm.

[3] Microsoft. Roadmap for Developing NDIS Filter Drivers [EB/OL]. [2017-04-20]. https://github.
com/Microsoft/Windows-driver-samples/tree/master/network/config/bindview

6.3　思考与实践

一、简答题

1．简述 NDIS 的结构和作用。

2．简述基于 NDIS 的包过滤技术原理。

二、编程实验题

编程实现应用示例 6——基于 NDIS 的包过滤，并完善防火墙功能。

6.4　学习目标检验

请对照表 6-2 学习目标列表，自行检验达到情况。

表 6-2　第 6 章学习目标列表

	学习目标	达到情况
知识	了解 NDIS 的概念、结构及作用	
	了解 Filter Driver 及其在包过滤中的作用	
能力	能够进行基于 Filter Driver 的包过滤防火墙方案设计	
	能够基于 Filter Driver 实现包过滤编程	

第7章 基于WFP的简单防火墙实现

本章知识结构

本章介绍基于 Windows 过滤平台（Windows Filtering Platform，WFP）实现包过滤的方法。本章知识结构如图 7-1 所示。

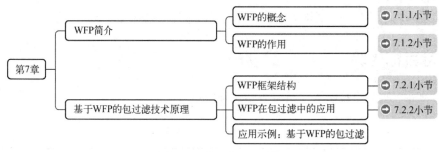

图 7-1　第 7 章知识结构

7.1　WFP 简介

本节介绍 WFP 的概念及其作用。

7.1.1　WFP 的概念

Windows 过滤平台（WFP）是微软从 Windows Vista 版本开始引入的一套应用程序接口（API）和服务，该平台为网络数据包过滤提供了框架支撑。所谓框架是指该过滤平台实现了特定应用领域通用完备功能的底层服务，使用这种框架的开发者可以在一个通用功能已经实现的基础上开始具体的系统开发。WFP 允许开发者编写代码与操作系统的网络协议栈交互，网络数据可以在到达目的地之前被过滤和修改。

推出 WFP 旨在取代之前的 Winsock LSP（分层服务提供者）、TDI（传输层驱动接口）以及 NDIS（网络驱动接口规范）Filter，并新增了以下新功能。

- L2 层过滤。提供了对 L2（MAC）层的访问权限，允许过滤该层的数据包。
- 虚拟交换机过滤。允许检测或修改穿过虚拟交换机的数据包，同时 WFP 过滤器和呼出接口可用于虚拟交换机的入口或出口。
- 应用容器管理。允许访问应用容器的信息。
- IPSec 更新。扩展的 IPSec 功能，包括连接状态监视、证书选择和密钥管理。

7.1.2　WFP 的作用

WFP 包含了用户层 API 和内核层 API，开发者可通过这两者处理网络数据包。

开发者使用 WFP 可以实现个人防火墙、入侵检测系统、防病毒程序、流量监控工具等安全防护软件。例如，在使用某应用软件时，为了阻止该软件自动升级影响后续使用，可使用该平台编写简单的防火墙，当该应用客户端申请访问外部网络时及时予以阻止。

WFP 集成了基于进程的防火墙控制功能，但是它自身并非是个防火墙，它只是个数据包过滤的开发框架。它能够帮助开发者集中精力于数据的处理上，而不是纠结于数据的来源和获取方法。

7.2　基于 WFP 的包过滤技术原理

本节首先介绍 WFP 框架结构，然后介绍基于 WFP 的包过滤技术原理。

7.2.1　WFP 框架结构

1．WFP 框架

如图 7-2 所示，WFP 框架被分为用户层（User Mode）和内核层（Kernel Mode，KM）两大部分，涉及用户层基础过滤引擎（Base Filtering Engine，BFE）和内核层过滤引擎（KM Filtering Engine，KMFE）。

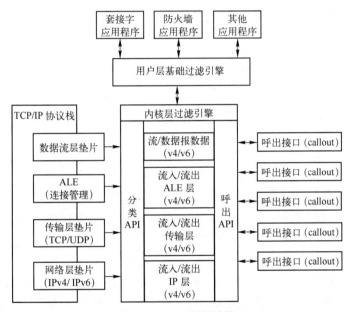

图 7-2　WFP 框架结构

（1）用户层基础过滤引擎

用户层基础过滤引擎部分对上提供 C 语言调用方式的 API（应用程序接口）以及 RPC（远程过程调用）接口，供用户层的程序调用，这些接口统一封装在 fwpuclnt.dll 模块中，开发者可以通过该模块的接口和过滤引擎进行交互，最终控制网络数据。

基础过滤引擎对下与内核层过滤引擎交互，同时受内核层过滤引擎的控制。

（2）内核层过滤引擎

内核层过滤引擎是整个 WFP 的核心，是整个过滤引擎的真正主体。它提供所有基于 TCP/IP 网络数据的过滤操作。内核层过滤引擎是通过与许多对象实体，如分层（Layer）、垫片（Shim）以及呼出接口（Callout）来发挥作用的。

内核层过滤引擎内部被划分为多个分层，每个不同的分层代表着 TCP/IP 协议栈特定的层。

在每一层中可以存在过滤器和子层，内核层过滤引擎会检查网络数据包是否命中过滤器的规则（Rule），对于命中规则的过滤器，过滤引擎则会执行这些过滤器中指定的一些动作（Action）。一般来说，这些动作会表现为 Permit、Block 或 Drop。

2. WFP 框架中的对象实体

（1）垫片（Shims）

如图 7-2 所示，内核层过滤引擎需要与系统网络协议栈交互，通过一种称为"垫片"的内核模块从网络协议栈中获取网络数据。

垫片是一种特殊的内核模块，被安插在系统网络协议栈的不同层次中，主要作用是获取网络协议栈的数据。垫片包括网络层垫片（IPv4/IPv6）以及传输层垫片（TCP/UDP）等。不同层次的垫片获取到的网络数据不同。当数据包、数据流或者事件流经网络协议栈的时候，垫片把它们转换为具体的可用于分类的条件或数值（如提取其中的 IP 地址、端口号等），通过内核层过滤引擎提供的分类 API，把数据传送到内核层过滤引擎的相应分层中。过滤引擎根据包的信息在特定的层执行特定的过滤规则。然后，垫片收集过滤的结果，最后对流做出最终的动作，如 Drop。

垫片对于开发者是透明的，开发者在 WFP 上开发时无须过多关注垫片。这种设计让开发者把精力放在网络数据包的处理上而不是对网络数据包的获取上。

（2）分层（Layer）

内核层过滤引擎被划分成了若干个分层。分层实质上是一个容器，里面包含了零个或多个过滤器。分层相当于把网络数据包进行了分类，开发者只需要根据自身需要和对应的分层进行交互即可。通过这些过滤层，网络数据被处理。如果一个过滤层的过滤器条件被满足，将对获得的数据包采取相应的动作。

（3）子层（Sub Layer）

分层是 WFP 已经划分好的，而子层是分层内部更小的一个层级。一个分层可以被划分成多个子层，并且这种划分是由开发者控制的。开发者划分子层的时候需要给新的子层分配一个权重，权重的值越大，表明其优先级越高。当相应的网络数据达到分层时，WFP 会按照分层的优先级顺序传递网络数据。也就是说，子层的权重越大越早获得数据。

（4）过滤器（Filter）

过滤器存在于 WFP 的分层中。WFP 内置了一部分过滤器给开发者使用，开发者也可以添加自己的过滤器，其本质上是一套规则（Rule）和动作（Action）的集合。规则指明了对哪些数据包感兴趣，即指明了需要过滤哪些数据包，实际上是过滤器里面的过滤条件。一个过滤器可以包含一个或多个过滤条件，当这些过滤条件全部被满足时，称为这个过滤器的规则被命中。过滤器还指明了动作，当过滤器的规则被命中时，过滤器里面制定的动作就会被 WFP 执行。

（5）呼出接口（Callout）

呼出接口是 WFP 中一种重要的数据结构，可以扩展过滤引擎的功能。呼出接口由不同的回调函数组成，当网络数据包命中某过滤器的规则并且过滤器指定一个呼出接口时，该呼出接口内的回调函数就会被调用。除了回调函数，呼出接口还包括一个全局唯一标识符（GUID），不同的回调函数实现的功能也不同。

7.2.2 WFP 在包过滤中的应用

通过 WFP 提供的 API 进行数据包的过滤可以总结为以下步骤。

1）定义一个呼出接口，向过滤引擎注册呼出接口，并向过滤引擎添加呼出接口。

2）定义一个或多个子层，把子层添加到分层中。

3）设计过滤器，把呼出接口、子层、分层和过滤器关联起来，向过滤引擎注册过滤器。

4）当有数据包经过时，数据包流入网络协议栈，网络协议栈寻找并调用垫片，在特定的分层上，垫片调用 classification 处理模块，在 classification 过程中，进行过滤规则的匹配，并确定相应的动作。如果某个呼出接口过滤规则被匹配，则调用相应的 callout 函数。

5）垫片执行最后的数据包处理动作。

【应用示例 6】 基于 WFP 的包过滤

本示例实现拦截 TCP 对外连接 80 端口的功能。可以选择使用 Visual Studio 2010 以上版本或 WDK 7600 编译软件进行实验。

本示例全部工程代码可以在本书提供下载的 WFP 示例文件夹下找到，文件夹中包含的内容如图 7-3 所示。通过对其中 WfpSample.c 的回调函数 Wfp_Sample_Established_ClassifyFn_V4 进行修改，实现相应的控制功能。

my_build.bat	Windows 批处理...	1 KB
my_clean.bat	Windows 批处理...	1 KB
readme.txt	文本文档	2 KB
Rule.c	C 文件	3 KB
Rule.h	C/C++ Header	1 KB
Sources	文件	1 KB
WfpSample.c	C 文件	12 KB
WfpSample.h	C/C++ Header	3 KB
WfpSample.vcproj	VC++ Project	3 KB
WfpSample.vcxproj	VC++ Project	4 KB
WfpSample.vcxproj.filters	VC++ Project Fil...	2 KB
WfpSample.vcxproj.user	Per-User Project...	1 KB
buildchk_win7_amd64.log	文本文档	5 KB

图 7-3　实验文件

1. 添加拦截功能代码

回调函数 Wfp_Sample_Established_ClassifyFn_V4 用于获取网络通信协议类型、网络数据包的通信方向以及远程端口号，检查 TCP 是否对外连接 80 端口，如果是则拦截数据包。为实现本示例功能，需要改写代码的部分内容，见下面代码中的标注。

```
VOID NTAPI Wfp_Sample_Established_ClassifyFn_V4(
    IN const FWPS_INCOMING_VALUES    *inFixedValues,
    IN const FWPS_INCOMING_METADATA_VALUES    *inMetaValues,
    IN OUT VOID    *layerData,
    IN OPTIONAL const void    *classifyContext,
    IN const FWPS_FILTER1    *filter,
    IN UINT64    flowContext,
    OUT FWPS_CLASSIFY_OUT    *classifyOut
    )
{

    WORD    wDirection= 0;
    WORD    wRemotePort= 0;
    WORD    wSrcPort = 0;
    WORD    wProtocol = 0;
    ULONG    ulSrcIPAddress = 0;
```

```
        ULONG    ulRemoteIPAddress = 0;
        if (!(classifyOut->rights & FWPS_RIGHT_ACTION_WRITE))
        {
            return;
        }
        //wDirection 表示数据包方向取值 FWP_DIRECTION_INBOUND/FWP_DIRECTION_OUTBOUND
        wDirection=inFixedValues-
>incomingValue[FWPS_FIELD_ALE_FLOW_ESTABLISHED_V4_DIRECTION].value.int8;

        //wSrcPort 表示本地端口，主机序
        wSrcPort=inFixedValues-
>incomingValue[FWPS_FIELD_ALE_FLOW_ESTABLISHED_V4_IP_LOCAL_PORT].value.uint16;

        //wRemotePort 表示远端端口，主机序
        wRemotePort=inFixedValues-
>incomingValue[FWPS_FIELD_ALE_FLOW_ESTABLISHED_V4_IP_REMOTE_PORT].value.uint16;

        //ulSrcIPAddress 表示源 IP
        ulSrcIPAddress=inFixedValues-
>incomingValue[FWPS_FIELD_ALE_FLOW_ESTABLISHED_V4_IP_LOCAL_ADDRESS].value.uint32;

        //ulRemoteIPAddress 表示远端 IP
        ulRemoteIPAddress=inFixedValues-
>incomingValue[FWPS_FIELD_ALE_FLOW_ESTABLISHED_V4_IP_REMOTE_ADDRESS].value.uint32;

        //wProtocol 表示网络协议，可以取值是 IPPROTO_ICMP/IPPROTO_UDP/IPPROTO_TCP
        wProtocol=inFixedValues-
>incomingValue[FWPS_FIELD_ALE_FLOW_ESTABLISHED_V4_IP_PROTOCOL].value.uint8;

        //默认"允许"(PERMIT)
        classifyOut->actionType = FWP_ACTION_PERMIT;

        if( IsHitRule(wRemotePort) )
        {
            classifyOut->actionType = FWP_ACTION_BLOCK;
        }
        //策略判断，读者可以根据自己的需求改写这一部分
        if( (wProtocol == IPPROTO_TCP) &&
            (wDirection == FWP_DIRECTION_OUTBOUND) &&
            (wRemotePort == HTTP_DEFAULT_PORT) )
        {
        //TCP 尝试发起 80 端口的访问，拦截(BLOCK)
            classifyOut->actionType = FWP_ACTION_BLOCK;
        }
        //清除 FWPS_RIGHT_ACTION_WRITE 标记
        if (filter->flags & FWPS_FILTER_FLAG_CLEAR_ACTION_RIGHT)
        {
            classifyOut->rights &= ~FWPS_RIGHT_ACTION_WRITE;
        }
        return ;
    }
```

2. 编译运行

运行 WDK 7600，用 build 命令将 WFP 文件夹下的 wfpsample.c 等编译为.sys 驱动及其附属

文件，并将编译完成的所有内容保存在无中文路径的文件夹下。使用 cmd 命令行创建一个新的 WFP 服务并启动该服务，运行即可执行 WFP 相关的检测与拦截功能。若发生安装或启动错误，请自行检查是否关闭计算机强制驱动签名验证或是否以管理员身份运行。具体的 cmd 启动代码格式及运行状态如图 7-4～图 7-6 所示。

```
C:\WinDDK\7600.16385.1>cd C:\WfpSample

C:\WfpSample>build
path contains nonexistant c:\windows\system32\openssh\, removing
BUILD: Compile and Link for AMD64
BUILD: Loading c:\winddk\7600.16385.1\build.dat...
BUILD: Computing Include file dependencies:
BUILD: Start time: Tue Sep 08 16:35:35 2020
BUILD: Examining c:\wfpsample directory for files to compile.
    c:\wfpsample Invalidating OACR warning log for 'root:amd64chk'
BUILD: Saving c:\winddk\7600.16385.1\build.dat...
BUILD: Compiling and Linking c:\wfpsample directory
Configuring OACR for 'root:amd64chk' - <OACR on>
Compiling - wfpsample.c
Compiling - rule.c
Linking Executable - objchk_win7_amd64\amd64\wfpsample.sys
BUILD: Finish time: Tue Sep 08 16:35:43 2020
BUILD: Done

    4 files compiled - 1 Warning - 582 LPS
    1 executable built

C:\WfpSample>
```

图 7-4　WDK 编译驱动文件

名称	类型	大小
WfpSample.pdb	Program Debug...	235 KB
WfpSample.sys	系统文件	9 KB
rule.obj	3D Object	68 KB
vc90.pdb	Program Debug...	148 KB
wfpsample.obj	3D Object	127 KB
_objects.mac	MAC 文件	1 KB

图 7-5　生成可执行驱动文件

```
管理员: 命令提示符
Microsoft Windows [版本 10.0.18363.1016]
(c) 2019 Microsoft Corporation。保留所有权利。

C:\Windows\system32>sc create WFP1 binpath= "C:\Wfp\WfpSample.sys" type= kernel start= demand
[SC] CreateService 成功

C:\Windows\system32>sc start WFP1

SERVICE_NAME: WFP1
        TYPE               : 1  KERNEL_DRIVER
        STATE              : 4  RUNNING
                              (STOPPABLE, NOT_PAUSABLE, IGNORES_SHUTDOWN)
        WIN32_EXIT_CODE    : 0  (0x0)
        SERVICE_EXIT_CODE  : 0  (0x0)
        CHECKPOINT         : 0x0
        WAIT_HINT          : 0x0
        PID                : 0
        FLAGS              :

C:\Windows\system32>
```

图 7-6　运行驱动文件

当出现如图 7-6 所示的界面后，表示驱动文件已经正常运行，各项服务正常开启。

本示例访问的服务器设置 HTTP 端口为默认 80 端口，而 HTTPS 端口设置为默认 443 端口。回调函数 Wfp_Sample_Established_ClassifyFn_V4 中对于 80 端口传来的 TCP 数据包均执行 Block 动作，即拦截数据包。实验过程中可以发现当访问 80 端口时页面无法显示，即被拦截，如图 7-7 所示，而当访问 443 端口时页面显示正常，如图 7-8 所示。

图 7-7　访问 80 端口被拦截

图 7-8　访问非 80 端口正常

📖 **拓展阅读**

读者要想了解更多基于 WFP 开发的细节，可以阅读以下书籍。

谭文，陈铭霖. Windows 内核编程 [M]. 北京：电子工业出版社，2020.

7.3　思考与实践

一、简答题

1. 简述 WFP 的概念和作用。

2. 简述 WFP 的框架结构，以及在包过滤中的应用方法。

二、编程实验题

编程实现应用示例 7——基于 WFP 的包过滤，并完善诸如添加过滤 IP 地址等功能。

7.4　学习目标检验

请对照表 7-1 学习目标列表，自行检验达到情况。

表 7-1　第 7 章学习目标列表

	学习目标	达到情况
知识	了解 WFP 的概念和作用	
	了解 WFP 的框架结构	
	了解 WFP 在包过滤中的应用方法	
能力	能够进行基于 WFP 的个人防火墙数据包过滤方案设计	
	能够基于 WFP 实现包过滤编程	

第4篇 防火墙应用

防火墙是网络信息安全不可或缺的一道屏障。选择一款合适的防火墙，并进行正确的配置才能发挥其应有的作用。

本篇第 8 章介绍 Windows 系统中个人防火墙的使用。包括 Windows 系统自带的 Windows Defender 防火墙和高级安全 Windows Defender 防火墙，以及第三方防火墙软件 ZoneAlarm Pro Firewall。使用系统自带的防火墙不需要额外的费用，同时对系统的资源占用相当低。不过，对于不满足于 Windows 防火墙的简单功能的个人用户或中小型企业用户，建议安装更友好的、专业的第三方网络防火墙软件。

第 9 章介绍开源操作系统 Linux 中的防火墙和开源 Web 应用防火墙的应用。Linux 中的防火墙介绍防火墙功能框架，涉及 iptables、firewalld 等防火墙功能的应用，并给出了 2 个应用示例。开源 Web 应用防火墙介绍开源 Web 应用防火墙的功能框架，以及主流开源 Web 应用防火墙 ModSecurity、Hihttps 和 Nasxi，并给出了 3 个应用示例。

第 10 章对国内外一些著名防火墙厂商的防火墙产品做了介绍，帮助读者对主流防火墙产品有基本的了解，还给出了网络安全等级保护 2.0 时代商业防火墙产品的选择原则和方法。为了使得本书的实践指导更具普适性，还介绍了基于 Cisco 公司发布的网络模拟环境 Packet Tracer 最新版和 Cisco 系统（IOS）模拟器 GNS3 最新版的 5 个仿真应用示例。

第8章 个人防火墙的应用

本章知识结构

本章以 Windows 10 操作系统为平台，介绍 Windows 系统自带个人防火墙和第三方个人防火墙软件 ZoneAlarm Pro 的设置与应用。本章知识结构如图 8-1 所示。

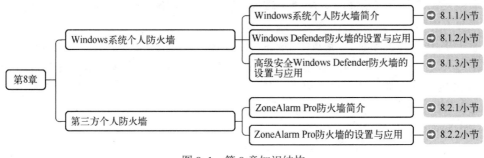

图 8-1 第 8 章知识结构

8.1 Windows 系统个人防火墙

本节介绍 Windows 10 系统自带的 Windows Defender 防火墙和高级安全 Windows Defender 防火墙的设置与应用方法。

8.1.1 Windows 系统个人防火墙简介

1．个人防火墙的重要性

一种错误的认识是，在网络环境下，由于已经在网络边界安装了防火墙，那么在局域网内部的计算机上就不用安装防火墙了，否则不仅影响速度，还可能会让某些应用程序的配置变得更加复杂。

网络边界防火墙确实能够有效地防护来自外部的攻击或是恶意代码的侵害，然而，如果内部网络通过其他途径被恶意代码感染和侵害，部署在网络边界的防火墙就无能为力了。在所有的客户端计算机上安装防火墙是很有必要的，就如同强调要在客户端计算机上安装反病毒软件一样。

《信息安全技术 主机安全等级保护配置要求》（GA/T 1141-2014）在"访问控制安全配置"中规定了"应对主机设置 TCP/IP 筛选、启用 Windows 防火墙或安装第三方个人防火墙，设置围栏地址、端口登录限制"等要求。

如果出于节约投资或者担心第三方个人防火墙影响网络速度的考虑，建议启用系统自带的防火墙，因为 Windows 自带的防火墙在购买 Windows 授权时已经包含了该防火墙的费用，同时，其对于系统的兼容性有着独一无二的优势。

2．Windows 中的个人防火墙

Windows 10 系统自带的个人防火墙包括"Windows Defender 防火墙"和"高级安全

Windows Defender 防火墙"。

Windows 自带的防火墙属于基于状态检测的防火墙，即只有在 Windows 防火墙确认这个数据包是由本机的某个程序请求的，或者是已经指定为允许通过的未请求的流量才会被允许通过。如果收到的数据包是没有经过本机运行的程序发起的，而是直接接收到的（这类连接被称作"未经主动请求的传入连接"），这时 Windows 防火墙会对用户进行询问。由此可见，Windows 防火墙可以拦截那些依赖未请求的传入流量来攻击计算机的恶意程序。

Windows Defender 防火墙通过对传入连接进行限制，也就是能对主动从网络向本机发起的网络连接进行限制，帮助用户抵御尝试通过因特网访问计算机的黑客、病毒和蠕虫程序的攻击。

Windows Defender 防火墙不直接对程序的网络访问进行控制，如无法禁止某个程序主动访问网络。对外连接进行访问控制的功能由"高级安全 Windows Defender 防火墙"通过，该防火墙可供配置的功能更多，当然，在使用上也更加复杂。此部分内容在第 8.1.3 小节详细介绍。

Windows 自带的个人防火墙虽然功能没有专业的防火墙强大，但是对于普通用户来说已经足够了，并且由于它是嵌入系统内核的，所以相对第三方防火墙软件来说，它的运行更加稳定，占用的系统资源更少。

⊠ 说明：

请注意 Windows 10（笔者当前为 1909 版本）中的"Windows Defender 防火墙"与"Windows 安全中心"的区别与联系。

Windows 10 还设有一个"Windows 安全中心"，在 Windows 10 的早期版本中，"Windows 安全中心"称为"Windows Defender 安全中心"。可以依次选择"开始"→"设置"→"更新与安全"→"Windows 安全中心"命令，打开"Windows 安全中心"主界面，如图 8-2 所示。

图 8-2　"Windows 安全中心"主界面

Windows 安全中心是 Windows 系统的一个安全综合控制面板，用以对相关的安全软件进行管理，并展示相关安全信息。

8.1.2　Windows Defender 防火墙的设置与应用

1．网络位置的选择

生活中常会遇到这样的应用场景：自己的一台笔记本式计算机，需要连接到单位的网络中办公，因为单位网络已经做好了充分的安全防护，同时为了工作需要，必须在单位网络中共享自己计算机上的文件，或是访问别人的共享，或是使用共享打印机。然而在出差时，可能需要使用这台笔记本式计算机在机场、宾馆等不安全的公共场所上网、收发邮件，为了安全起见，此时又需要关闭共享功能，同时提高防火墙的安全级别，以保护系统的安全。

为了避免用户完成上述烦琐的操作，微软从 Windows Vista 系统开始提供了一种叫作"网络位置"的功能，这种"傻瓜化"设置极大地方便了用户。

（1）网络位置及配置文件

Windows 将网络位置分为 3 种类型：专用网络、公用网络和域网络（域网络只有在计算机加入域后才能使用，本书不做讨论）。

- 专用网络是指家中或工作单位的网络，用户知道并信任网络上的人员和设备，并且其中的设备设置为可检测的。专用网络属于可信任网络，因此，Windows 防火墙的安全级别会低一些，同时 Windows 会自动在这个网络上启用网络共享和发现、打印机和文件共享等局域网中常用的服务。
- 公用网络是指公共场所（如机场或宾馆）中的网络，其中的设备设置为不可检测。公用网络属于不可信任网络，因此，Windows 防火墙的安全级别会相当高，不仅如此，这种网络上的各种非必要的服务都会被禁用，以便能增强安全性。在选择这种网络位置后，将看不到同一局域网的其他计算机，当然对方也看不到本机。

对于装有 Windows 10 系统的设备，当初次接入新的网络环境时，系统会自动帮助用户配置网络，并不询问用户，Windows 会将相应的配置信息保存起来。这样，下一次连接到同一网络的时候，系统会根据上次的设置直接应用相应的选项。如果有多个可用的网络连接，系统会分别选择适当的网络位置类型，并使用相应的防火墙配置文件。这样，不同的网络受到不同的保护，既可以保证安全性，也可以保证易用性。

如图 8-3 所示，可以在"Windows 安全中心"的"防火墙和网络保护"界面中看到 3 种网络位置。如图 8-4 所示，由于当前计算机没有加入域，所以在"控制面板"中的"Windows Defender 防火墙"主界面中只看到了"专用网络"和"来宾或公用网络"的连接信息。

（2）修改网络位置

用户可以自行修改网络位置。修改步骤：在屏幕桌面右下角的系统通知区域找到代表网络连接的图标 🖧，单击该图标，从弹出的菜单中选择"网络和 Internet 设置"命令，在弹出的"状态"窗口（见图 8-5）中单击"更改连接属性"文字链接，弹出图 8-6 所示的设置界面，然后在其中进行修改。

图 8-3 "防火墙和网络保护"界面

图 8-4 "Windows Defender 防火墙"主界面

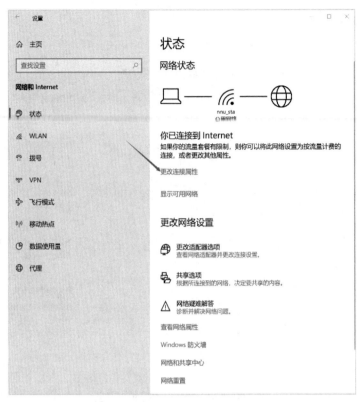

图 8-5 "状态"窗口

图 8-6 网络配置文件设置界面

2．启用或禁用 Windows 防火墙

启用或禁用 Windows 防火墙的设置方法是，在 Windows 10 系统中进入"控制面板"→"系统和安全"→"Windows Defender 防火墙"，打开图 8-7 所示的"Windows Defender 防火墙"主界面，单击左侧的"启用或关闭 Windows Defender 防火墙"文字链接，在弹出的图 8-8 所示的"自定义设置"对话框中，根据不同的网络类型决定 Windows 防火墙的启用和关闭。

图 8-7　"Windows Defender 防火墙"主界面

图 8-8　"自定义设置"对话框

通常在以下几种情况可以关闭 Windows Defender 防火墙。

● 准备安装第三方防火墙软件，以避免相互冲突。

● 使用家中或工作单位的专用网络时。

也可以在启用 Windows Defender 防火墙时，选择"阻止所有传入连接，包括位于允许应用列表中的应用"复选框。

所谓的"传入连接"是指，为了实现程序所需的功能，需要主动接收来自外界的数据包。通常情况下，必须首先由客户端发起通信。例如，要浏览网页，必须由客户端的浏览器主动联系 Web 服务器，服务器才能知道要浏览的页面地址，这种本机主动发起的通信不会受到

Windows 防火墙的限制。但在进行传入通信的过程中，相关的连接并非是本机请求的，而是外界主动发送的，虽然很多正常的程序需要这样做，但大部分病毒、蠕虫、网络攻击等也需要这样做，因此，需要 Windows 防火墙对未经主动请求的传入连接进行限制。

【例 8-1】 对传入连接的处理。

在使用某些程序（如 P2P 下载软件、语音/视频聊天软件）时，一旦这些程序需要接受传入连接，那么 Windows 防火墙会弹出图 8-9 所示的对话框提醒用户注意。

图 8-9 防火墙询问是否允许未经请求的传入连接

在图 8-9 所示的对话框中，显示需要传入连接的软件的名称、发布者、程序安装路径以及要访问的网络位置等信息，通过这些信息可以判断该连接是否是用户需要的。

如果确认该软件是用户自己正在使用的可信任的，那么应该单击"允许访问"按钮，使 Windows Defender 防火墙允许传入连接。这个选择对于该软件只需要进行一次，下次运行该软件，如果软件依然需要接受传入连接，Windows 防火墙将不再提示，而是直接允许。

如果用户没有运行该软件，但 Windows 防火墙突然弹出了这样的对话框，并且显示的程序信息都是很陌生的（程序信息这一点很重要，因为有时候 Windows 自身的某些功能也需要传入连接），很明显，这可能是系统中的某些间谍软件或者恶意程序需要访问网络。这时必须果断取消选中"允许×××在这些网络上通信"选项区域中的复选框。

3. 管理防火墙的"例外"

Windows Defender 防火墙中，除了指定的传入连接外，其他所有的传入连接都直接被拒绝。可以单独设置被允许的传入连接，也就是 Windows 防火墙中的"例外"。

在图 8-7 所示的"Windows Defender 防火墙"主界面上，单击左侧的"允许应用或功能通过 Windows Defender 防火墙"文字链接，可以弹出图 8-10 所示的"允许的应用"设置界面。

在程序列表中一般会显示很多"允许的应用和功能"条目，它们和计算机上安装的程序有关。其中还包括一些 Windows 自带的内容，对于这类内容，建议不要随便更改设置，以免影响 Windows 的正常运行。若要添加、更改或删除所允许的应用和功能，需要先单击"更改设置"按钮，然后进行相应的设置。

图 8-10　防火墙"允许的应用"设置界面

【例 8-2】 管理"例外"应用。

（1）启用例外条目

对于显示的所有例外条目，有些在名称前面有对勾标记，有些没有，有对勾标记的表示该例外是被启用的，而没有的表明该例外只是被创建，但没有启用。同时，这也是一种安全措施，一般情况下，对于那些偶尔使用，但是需要接受传入连接的程序，可以在不需要使用的时候将对应的例外条目禁用，需要使用的时候再启用。这样，也可以防范攻击者利用一些流行程序的固定端口发起攻击。

单击选中一条例外条目，并单击"详细信息"按钮，可以打开图 8-10 左下角所示的"编辑应用"对话框，在这里可以查看该条目对应的应用程序的名称和安装路径等信息，同时还可以查看该条目适用的配置文件。

（2）删除例外条目

如果用户确定不再需要某个例外条目，也可以单击将其选中，然后单击"删除"按钮将其彻底删除。

（3）创建例外条目

为特定的程序创建例外条目的步骤如下。

1）在图 8-10 所示的界面上单击"允许其他应用"按钮，随后会打开"添加应用"对话框。

2）可以在列出的系统中已经安装的全部应用程序列表中进行选择，或是单击"浏览"按钮查找未列出的程序。在这里主要是选择程序的主文件，通常是.exe 文件。

3）确定了要创建例外的程序后，还需要为规则选定应用到的配置文件。也就是说，该规则是应用于公用网络、专用网络，还是两种网络都应用。

4）设定好应用范围后，单击"添加"按钮即可。

8.1.3 高级安全 Windows Defender 防火墙的设置与应用

从 Windows Vista 和 Windows Server 2008 操作系统开始，Windows 防火墙和 IPSec 便组合成一个工具，即"高级安全 Windows 防火墙"，在 Windows 10 系统中改名为"高级安全 Windows Defender 防火墙"。这个防火墙主要针对企业网络，因此，该防火墙以组策略的形式存在，方便管理员集中配置和管理。使用高级安全 Windows Defender 防火墙并不需要禁用 Windows Defender 防火墙。

高级安全 Windows Defender 防火墙为计算机提供以下两项功能。

● 筛选进入或离开计算机的所有 IPv4 和 IPv6 流量。在默认情况下，阻止所有传入流量，除非是对计算机（请求的流量）以前传出请求的响应，或者被创建用于允许该流量的规则特别允许。在默认情况下，允许所有传出流量，但阻止标准服务以异常方式进行通信的服务强化规则除外。可以根据端口号、IPv4 或 IPv6 地址、计算机上运行的应用程序的名称和路径或服务的名称，或者其他条件选择允许流量。

● 通过使用 IPSec 协议验证网络流量的完整性，对发送和接收的计算机或用户的身份进行身份验证，以及有选择地加密流量以提供机密性，从而保护进入或离开计算机的网络流量。

✉ 说明：

1）以下的操作以 Windows 10 为例说明。

2）考虑到本书的适用范围，下面只介绍在单机和工作组环境下，针对一般用户的高级安全 Windows Defender 防火墙的使用方法。实际上，在域环境下高级安全 Windows Defender 防火墙的集中管理功能才能最大程度地发挥出来。

1. 打开"高级安全 Windows 防火墙"

在 Cortana 搜索栏输入"wf.msc"命令，可以快速打开"高级安全 Windows Defender 防火墙"主界面，如图 8-11 所示。

图 8-11 "高级安全 Windows Defender 防火墙"主界面

对于 Windows 10 专业版用户，也可以在 Cortana 搜索栏输入"secpol.msc"命令，打开本地安全策略控制台，然后从控制台窗口左侧的控制台树中依次进入"安全设置"→"高级安全 Windows Defender 防火墙"节点。

在图 8-11 所示的主界面左侧窗格的控制台树中有很多子节点，这些子节点分别可以查看和修改高级安全 Windows Defender 防火墙的各项功能。

- "入站规则"节点：可以看到所有控制传入连接的规则。
- "出站规则"节点：可以看到所有控制传出连接的规则。控制传出连接是高级安全 Windows Defender 防火墙和 Windows Defender 防火墙的最主要区别。
- "连接安全规则"节点：可以看到所有和 IPSec 有关的规则。
- "监视"节点：可以看到高级安全 Windows Defender 防火墙的各种工作状态。

中央的窗格中显示了高级安全 Windows Defender 防火墙的主要内容，随着在左侧的控制台树中选择不同的子节点，中央窗格中会显示对应的内容。

右侧的"操作"窗格则列出了当前选中的与节点有关的操作，随着选择的子节点的不同，这里提供的操作会有所变化。同时，操作窗格中显示的大部分选项还可以通过在子节点上右击，从弹出的右键菜单中看到。

2. 基本设置

在图 8-11 左侧窗格中控制台树"本地计算机上的高级安全 Windows Defender 防火墙"的节点上右击，选择"属性"命令，可以打开图 8-12 所示的"本地计算机上的高级安全 Windows Defender 防火墙 属性"对话框，在这里可以针对高级安全 Windows Defender 防火墙的一些常规选项进行设置。

首先，要注意该对话框提供的选项卡，每个选项卡对应了不同配置文件下的设置。例如，在单机和工作组环境下，可以分别针对专用网络和公用网络在"专用配置文件"和"公用配置文件"选项卡下进行配置。

对于前 3 个对应了不同配置文件的选项卡，其中的内容都是一样的。例如，可以使用"防火墙状态"下拉列表决定是否在当前配置文件中启用高级安全

图 8-12 "高级安全 Windows Defender 防火墙属性"对话框

Windows Defender 防火墙，同时可以在"入站连接"和"出站连接"下拉列表中选择对于不同类型的连接将会采取什么样的措施，可选的选项如下。

- 阻止。该选项将会阻止没有被列在例外列表中的所有符合条件的连接。
- 阻止所有连接。该选项将会阻止所有符合条件的连接，并且不考虑例外列表的内容（该选项仅适用于入站连接）。
- 允许。该选项将允许所有符合条件的连接。

单击"设置"选项区域中的"自定义"按钮，打开自定义配置文件的"设置"对话框，在这个对话框中可以设置一些高级选项。例如，通过"显示通知"下拉列表可以决定在防火墙阻止了入站连接后是否向用户发送通知；"允许单播响应"下拉列表决定了是否允许本机接收来自其他计算机的单播响应。一般情况下，没必要调整该选项的设置。

单击"日志"选项区域中的"自定义"按钮,可以打开自定义配置文件的"日志设置"对话框,在这里可以指定日志文件的保存位置、日志文件大小上限,以及日志文件的记录内容等信息。

"IPSec 设置"选项卡中的内容用于控制 IPSec,在接下来的部分进行介绍。

3.创建入站规则和出站规则

入站规则主要控制由网络上其他计算机主动发起的到本机的连接。通过创建入站规则,可以更有效地控制本机对来自外界的主动连接的响应情况。通常利用第 8.1.2 小节 Windows Defender 防火墙中介绍的方法直接针对程序或者端口创建入站规则。不过,在高级安全 Windows Defender 防火墙中直接创建入站规则,其规则的设置可以更加复杂和强大,通过组策略的形式进行配置也更加适用于需要集中管理的企业环境。

假设需要创建一个入站规则,允许某个程序只能接受来自特定网络地址的入站连接,可以按照下列步骤操作。

✉ 说明:

为了更具体地介绍创建规则过程中的一些选项,下面的操作使用了最复杂的步骤,实际使用的时候,可以根据具体情况通过选择 Windows 提供的现成选项简化操作。

1)在图 8-11 左侧窗格中"入站规则"节点上单击,将其激活,然后再右击,选择"新建规则"命令,打开图 8-13 所示的"新建入站规则向导"对话框。

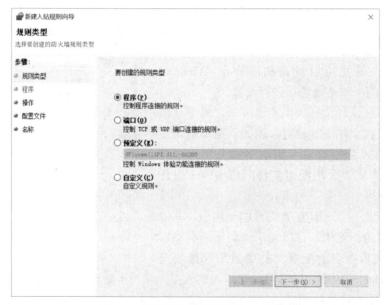

图 8-13 "新建入站规则向导"对话框

2)在其中可以创建 4 种不同类型的入站规则。这 4 种类型的规则用途分别如下。

● 程序:该选项可以为特定的程序创建入站规则。

● 端口:该选项可以为特定的端口创建入站规则。

● 预定义:该选项可以为一些预置的服务创建入站规则,选中该单选按钮后,可以从下拉列表框中选择该规则适用的服务。

● 自定义:该选项可以完全按照用户的需要创建出最合适的规则。当然,选中该单选按钮后,接下来需要配置的选项也是最多的。

这里选中"自定义"单选按钮，然后单击"下一步"按钮。

3）选择该规则适用的对象，可用的选项包括"所有程序"和"此程序路径"。因为需要针对特定程序使用该规则，因此，选择"此程序路径"选项，然后在下方的文本框中输入程序的完整路径（也可以单击"浏览"按钮定位程序）。

如果这个规则是为某个服务创建的，那么可以直接单击"自定义"按钮，并在随后出现的"自定义服务设置"对话框中选择目标服务，如图 8-14 所示。设置完成后，单击"下一步"按钮。

图 8-14 "自定义服务设置"对话框

4）进入设定规则适用的"协议和端口"界面，如图 8-15 所示。

图 8-15 "协议和端口"界面

首先在"协议类型"下拉列表中选择该规则需要对应的协议类型，在"Windows Defender 防火墙"中可选的类型只有 TCP 和 UDP 两种，而在"高级安全 Windows Defender 防火墙"中，支持的协议类型达到了 15 种之多。选择不同的协议类型，下方的"协议号"文本框中就会显示当前所选协议类型对应的协议号。如果需要使用的协议没有列出来，也可以在"协议类型”下拉列表中选择“自定义”选项，然后手工输入需要的协议所对应的协议号。

接下来，还需要设置本地端口和远程端口。“本地端口”下拉列表中提供了 5 种选项，可以根据实际需要进行选择。也可以选择“特定端口”选项，然后在下方的文本框中输入端口号。如果在上方的“协议类型”下拉列表中选择了和 ICMP 有关的协议，那么还可以单击“自定义”按钮对 ICMP 数据包的限制做进一步的设定。

设置好所有的选项后，单击“下一步”按钮。

5）接下来设置该规则适用的“作用域”，此时可以看到图 8-16 所示的界面。

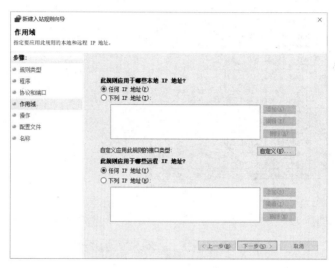

图 8-16 “作用域”界面

在“此规则应用于哪些本地 IP 地址？”选项区域下，可以指定对哪些本地地址范围应用该规则。单击“添加”按钮后可以添加地址。在添加的时候，可以指定某个特定的 IP 地址、某个 IP 地址段或者 IP 地址范围。

如果需要决定该规则可以适用于哪些类型接口的网络连接，则可单击“自定义”按钮进行选择。例如，可能会使用无线网卡连接到不同的网络中，那么就可以让这个规则应用于使用本机的无线网卡访问到的所有网络。

在“此规则应用于哪些远程 IP 地址？”选项区域下，可以指定对哪些远程地址范围应用该规则。单击“添加”按钮后可以添加地址，同时在添加地址的时候，可以像添加本地 IP 地址那样使用完全一样的选项来添加。

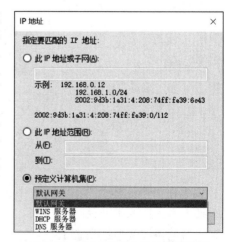

在设置远程地址时，还可以批量选择应用的计算机。例如，图 8-17 所示的就是添加远程 IP 地址的对话框，在这里可以通过“预定义计算机集”下拉列表将该规则应用于符合同一条件的所有计算机，如所有使用同一个 DHCP 服务器的计算机。

设置好之后，再次单击“下一步”按钮。

6）接下来要设置的是连接类型，此时可以看到图 8-18 所示的“操作”界面。

图 8-17 添加远程 IP 地址的对话框

图 8-18　"操作"界面

在这里可以决定对于符合上面设置条件的连接采取怎样的操作。如果希望允许符合上述条件的连接，可以在这里选中"允许连接"或"只允许安全连接"单选按钮；如果希望阻止符合上述规则的连接，可以选中"阻止连接"单选按钮。

还可以通过选中"只允许安全连接"单选按钮，进一步限制允许连接的类型。例如，选中该单选按钮后，只有使用 IPSec 进行过身份验证以及完整性保护的连接才会被允许。不仅如此，还可以通过"自定义"按钮对允许的安全连接进行更进一步的限制。

单击"自定义"按钮后，弹出图 8-19 所示的"自定义允许条件安全设置"对话框。其中提供的选项和作用如下。

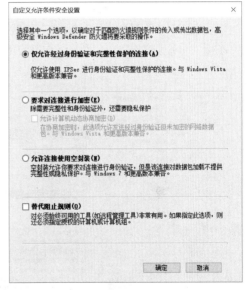

图 8-19　"自定义允许条件安全设置"对话框

- "仅允许经过身份验证和完整性保护的连接"单选按钮：选中该单选按钮，则只有使用 IPSec 进行了身份验证的计算机才能进行连接。
- "要求对连接进行加密"单选按钮：选中该单选按钮，高级安全 Windows Defender 防火墙将会要求所有的连接不仅要通过 IPSec 进行身份验证，同时还要对传输的数据进行加密。如果数据没有加密，连接就会被拒绝。
- "允许连接使用空封装"单选按钮：选中该单选按钮，则允许的连接只需要进行身份验证即可，可以不进行加密或签名。
- "替代阻止规则"单选按钮：选中该单选按钮，假设有一个连接，如果按照选中了这个选项的规则已经可以通过了，而按照其他规则不能通过，那么最终的高级安全 Windows Defender 防火墙将会对这个连接放行。

如果选择"仅允许通过身份验证和完整性保护的连接"单选按钮，那么将用到 IPSec 功能，这在单机或工作组环境下并不实用。因此，一般选中"允许连接使用空封装"或"替代阻止规则"单选按钮，然后单击"下一步"按钮继续。

7）接下来需要选择该规则应用的范围，可供选择的选项有"域""专用"及"公用"。简单来说，该选项决定了这条策略会被应用到哪个配置文件中，也就是说，通过该规则，可以决定哪些类型的网络将会被应用该规则。因此，可以根据实际情况来选择。

8）最后，为这条规则输入一个名称和描述，以方便将来能够通过描述知道有关该规则的大致信息。输入完成之后，单击"完成"按钮即可。

出站规则的创建步骤和入站规则的几乎完全一致，只不过，出站规则影响的是对外的主动连接。因此，详细的过程在此省略，请读者自行完成。

4．查看和管理规则

随着不同规则的创建，高级安全 Windows Defender 防火墙中可能会产生很多新的规则，在规则数量多到一定程度后，相互之间可能会产生冲突，或者带来安全隐患。因此，定期对规则进行管理也是保证系统安全的一个重要手段。高级安全 Windows Defender 防火墙中的很多功能都为规则的管理提供了方便。

（1）查看和管理规则

创建好一条规则后，该规则立刻就会被启用，此时，可以单击"入站规则""出站规则"和"连接安全规则"节点，直接查看相应的规则。例如，在进入"入站规则"节点后，可以看到图8-20 所示的内容。

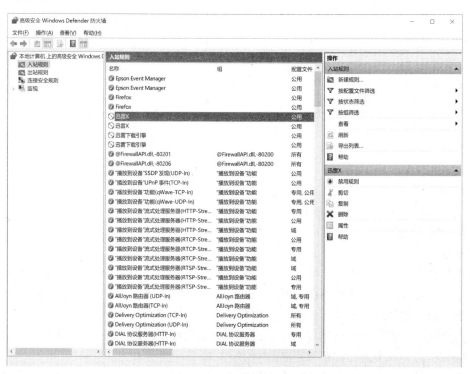

图 8-20　查看和管理不同的规则

所有规则的名称前面会看到绿色对号或红色禁止标记的图标，绿色对号表示该规则为"允许连接"，红色禁止标记表示该规则为"阻止连接"。在右侧的"操作"窗格中，随着单击选中一个规则后，就会出现相应的操作选项供设置。

如果觉得这里显示的规则太多，不便于管理，还可以使用筛选功能。在右侧"操作"窗格的上部有"按配置文件筛选""按状态筛选"以及"按组筛选"3个选项，单击这3个选项中的任何一个之后，就会弹出一个菜单，通常，菜单上的选项取决于具体的菜单内容。例如，单击"按配置文件筛选"选项后，弹出的菜单中就会列出3种不同的配置文件供选择。这些筛选条件还可以叠加，例如，可以首先按照配置文件筛选，然后按照状态筛选，最后按照组筛选。通过合理地利用筛选功能，很快能在众多规则中找到自己需要的。

如果需要编辑一条现有的规则，可以单击选中目标规则，然后单击右侧"操作"窗格中的"属性"选项，随后会打开该规则的"属性"对话框，可以在这个对话框中调整相应的属性。再次提醒，不建议编辑系统预设的规则。对于系统预设的规则，在"规则"属性对话框的"常规"选项卡顶部还会显示比较明显的提示信息，用于提醒用户注意。

✉ 说明：

Windows系统中默认情况下就已经有很多系统预置的防火墙规则了，对于这些规则，一般情况下不建议自己调整或者删除，因为有可能会影响到系统功能的正常使用。

（2）导入和导出规则

在域环境下，管理员通过活动目录可以将高级安全Windows Defender防火墙的设置批量应用给多台计算机。在单机或工作组环境下，高级安全Windows Defender防火墙也提供了导入和导出功能。

在一台模板计算机上创建并配置好所有的规则后，右击"本地计算机上的高级安全Windows Defender防火墙"节点，选择"导出策略"命令，弹出"另存为"对话框。在"另存为"对话框中为导出后的文件选择保存位置以及文件名，并单击"保存"按钮即可（注意，在选择保存位置的时候，请保持"保存类型"下拉列表中默认选中的文件类型不变）。

随后将导出的.wfw文件复制到其他所有需要应用同样防火墙设置的计算机上，运行"wf.msc"，打开高级安全Windows Defender防火墙的配置界面，并在"本地计算机上的高级安全Windows Defender防火墙"节点上右击，选择"导入策略"命令，Windows会提醒这样做会使本机当前的所有防火墙策略都被覆盖，并询问是否继续。单击"是"按钮，在弹出的"打开"对话框中选中复制过来的.wfw文件即可。

在导入了来自其他计算机上的策略后，应当对被导入的计算机进行仔细的测试，看是否能够正常工作。同时，为了便于恢复，在将其他计算机上的配置文件导入本机之前，最好将本机的配置文件先导出并备份，这样，一旦导入的配置文件出现了问题，利用之前的备份还可以轻松地还原。

5. 配置网络列表管理器策略

前面介绍过有关网络位置功能的使用。实际上，为了方便管理员对所有计算机的不同网络位置所用的防火墙配置文件进行统一的配置和管理，Windows 10专业版中还提供了网络列表管理器策略。

要使用这些策略，在Cortana搜索栏中输入"secpol.msc"命令，打开"本地安全策略"设置主界面，并在左侧树形列表中选择"网络列表管理器策略"节点，随后，相关内容就会显示在右侧窗格中，如图8-21所示。

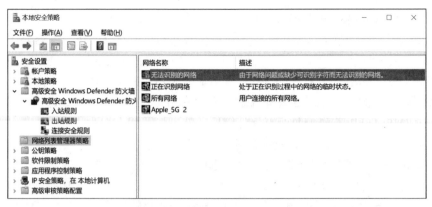

图 8-21 "本地安全策略"设置主界面

✉ 说明:

Windows 10 家庭版中不提供组策略功能。

对于这些策略,主要目的就是为了针对不同类型的网络设置要使用的防火墙配置文件,并决定是否允许用户修改这些文件。在该策略节点下,可以通过"无法识别的网络""正在识别网络"以及"所有网络"这 3 项决定对于计算机加入的其他网络采取怎样的配置。同时,计算机目前已经连接到的网络也会显示在这里。

对于工作组环境的普通用户,这些策略主要可用于这样一种情况:连接到某些陌生的网络时,因为某种原因导致网络无法被正确识别,甚至 Windows 可能根本不会询问该网络的位置类型。这种网络被 Windows 称为"无法识别的网络",而这样的网络可能根本无法正常使用,或者会遇到其他奇怪的问题。

对于这样的情况,可在图 8-21 所示的界面中双击"无法识别的网络"选项,打开图 8-22 所示的"无法识别的网络 属性"对话框,并为所有的此类网络手工指定要使用的防火墙配置文件。为了安全起见,建议使用"公用"位置类型。

在"用户权限"选项区域中,可以决定普通用户是否允许更改此类网络的位置。由于这类网络通常都是不可信任的,而且已经指定了使用公用配置文件。因此,通常建议用户不要更改此类网络的位置,以免危害到本机的安全性。

同时需要注意,这些修改将影响到所有符合条件的网络。例如,在本例中,经过上述修改,以后连接的每一个无法正确识别的网络都会应用相同的防火墙设置。因此,为了获得最大程度的安全,修改这些内容时要慎重,不要为了贪图一时的方便而威胁到日后的使用。

图 8-22 "无法识别的网络 属性"对话框

8.2 第三方个人防火墙

本节介绍第三方个人防火墙软件 ZoneAlarm Pro 的设置与应用。

8.2.1 ZoneAlarm Pro 防火墙简介

ZoneAlarm Pro Firewall 是 Check Point 公司推出的一个集成多种安全服务技术的个人计算机防火墙软件。它把防火墙、反病毒、反网络钓鱼、应用程序控制及域分配等有机地结合起来，为计算机提供全方位的安全保护。它也适用于中小型企业。

ZoneAlarm Pro Firewall 不但可以监视用户计算机中是否有危险软件在偷偷地运行，而且还可以防止木马程序破坏用户的计算机系统。该软件最大的特点就是使用简单、运行稳定、系统资源占用率极少。其主要的功能模块如下。

- 可以定义信任和不信任的网络或区域，定制高级防火墙规则。
- 应用程序控制，对应用程序访问网络、提供服务和发送邮件的行为进行控制。
- 反间谍，保护用户的计算机免受恶意软件的破坏。
- 反病毒软件监控，监控用户的计算机是否安装了反病毒软件及是否是最新的病毒库。
- 邮件保护，保护计算机免受邮件恶意代码和病毒的威胁。
- 隐私保护，可以控制 Cookie，过滤广告，防止恶意活动代码的威胁。
- ID 锁，保护敏感数据和隐私数据不被窃取和发送。
- 警报和日志，记录系统安全活动日志并提示安全状态。

8.2.2 ZoneAlarm Pro 防火墙的设置与应用

1. ZoneAlarm Pro 防火墙的安装

从官方网站 http://www.zonealarm.com 下载最新版的安装包。这里以 zapSetupWeb_158_109_18436.exe 为例。安装时要保持在线状态，因为此 Setup 程序仅是安装的启动程序，要通过它下载完整的安装包完成安装。

双击运行安装程序，即可开始安装。如图 8-23 所示，选择所要安装的方式。单击"QUICK INSTALL"按钮（一般用户选择快速安装即可），出现界面要求选择接受协议，接受协议后立即进行下载，下载完成后，进入安装界面，如图 8-24 所示。

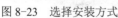

图 8-23　选择安装方式　　　　　　　　　图 8-24　安装界面

安装完成后出现图 8-25 所示的基本配置向导，程序可以自行完成一些基本配置。配置完成后要求输入 Email 地址，如图 8-26 所示，单击"FINISH"按钮结束整个安装过程。

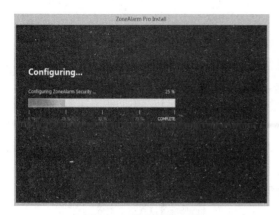

图 8-25　基本配置向导　　　　　　　　　　　图 8-26　安装完成界面

安装完成后，ZoneAlarm Pro 防火墙一般不需要再配置就已经开始工作了，系统托盘上会出现图标 Z。

2．ZoneAlarm Pro 防火墙控制中心

双击系统托盘上的图标 Z，进入软件的控制中心界面，如图 8-27 所示。控制中心界面展示了 ZoneAlarm Pro 防火墙的"ANTIVIRUS & FIREWALL"（反病毒&防火墙）、"WEB&PRIVACY"（Web&隐私）以及"MOBILITY&DATA"（移动&数据）3 个功能大项及其各自的子功能项。单击功能项将会显示该功能项的详细内容并可进行修改和设置。界面的右上方提供了该软件的额外服务选项及链接。单击左下角的"Check Point"文字链接，将会进入 ZoneAlarm 官方网站的一个页面，显示当前产品的功能。

图 8-27　软件控制中心界面

下面着重介绍 ANTIVIRUS & FIREWALL（反病毒&防火墙）功能项的设置与应用。

3．Advanced Firewall（高级防火墙）设置

单击图 8-27 中左侧"ANTIVIRUS & FIREWALL"功能项或是"View Detail"（查看细节）按钮，打开图 8-28 所示的反病毒&防火墙设置选项卡。

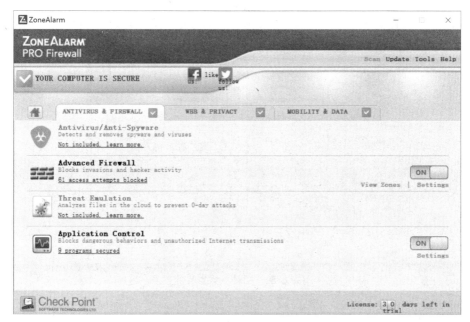

图 8-28　反病毒&防火墙选项卡

在图 8-28 所示的选项卡中单击"Advanced Firewall"选项区域中的蓝色文字链接"61 access attempts blocked"，则可看到当前防火墙阻止访问尝试的细节。

在图 8-28 所示的选项卡中单击"Advanced Firewall"（高级防火墙）文字链接，或是该选项区域右下角的"Settings"（设置）文字链接，将会显示防火墙的当前设置情况以及当前防火墙阻止访问尝试的数量，如图 8-29 所示。

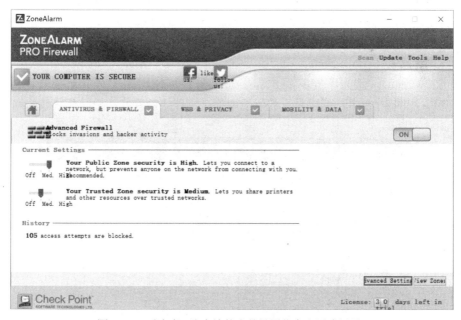

图 8-29　反病毒&防火墙的当前设置信息和历史记录

单击图 8-29 右下角的"Advanced Settings"按钮，进入"Firewall Settings"（防火墙设置）对话框，如图 8-30 所示。该对话框的左栏显示提供了 5 个设置功能项。

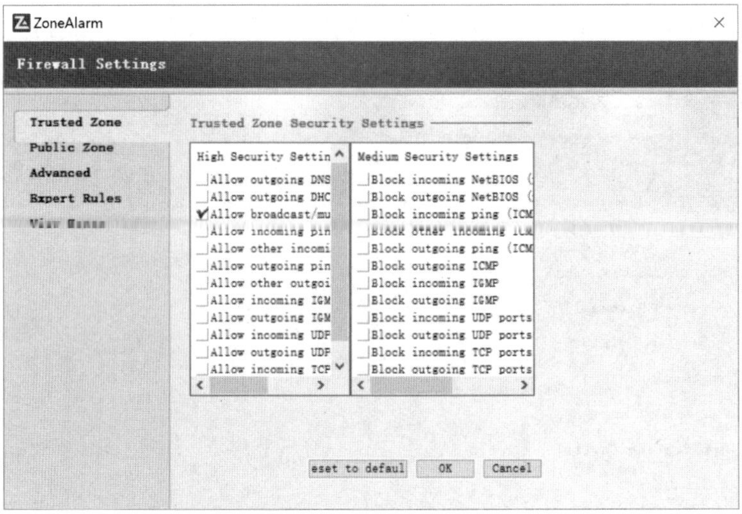

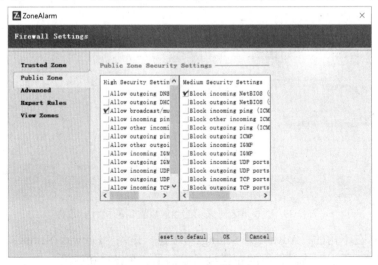

图 8-30　可信域设置界面

（1）可信域（Trusted Zone）设置

ZoneAlarm Pro 防火墙采用域（Zone）的管理方式，使得用户管理更简单，只需把对象简单地分成可信域（Trusted Zone）和公共域（Public Zone）。域里的对象可以是一个网段、一台主机或者一个网站等。

如图 8-29 所示，因为能够确定连接对象可信，因此可信域的默认设置为"Medium"（中），此时的计算机工作于可见（Visible）模式。此设置允许本地网络访问 Windows 服务、共享文件和驱动器。用户必须定义在本地区域中允许使用的资源，这些资源可以包括机器的适配器以及其他计算机。

具体的设置可在图 8-30 中右边"Trusted Zone Security Settings"列表框中选择相应条目进行操作。用户可以设置哪些操作允许，或哪些操作禁止。

（2）公共对象域（Public Zone）设置

如图 8-29 所示，因为不能够确定连接对象是否可信，因此公共对象域的默认设置为"High"（高）。在图 8-31 中，可以采用类似于可信对象域的设置方法进行公共域的细节设置。

图 8-31　公共域设置界面

（3）Advanced（高级）设置

在高级设置界面中，可进行阻止或允许网络数据包、服务器等对象网络连接的设置，如图 8-32 所示。

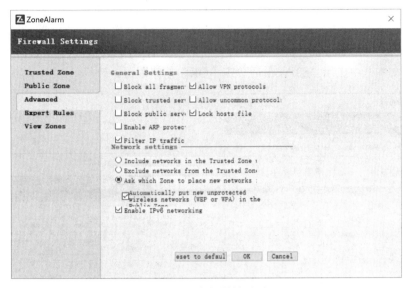

图 8-32　高级设置界面

（4）Expert Rules（专家规则）设置

还可以自定义专家防火墙规则。打开图 8-33 所示的专家规则设置界面。

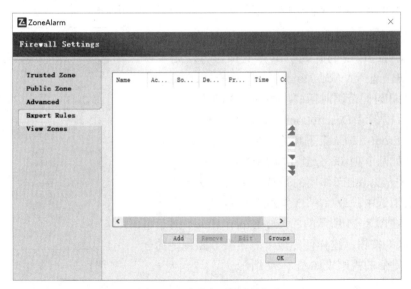

图 8-33　专家规则设置界面

图 8-33 显示当前防火墙并没有任何专家规则，若要增加规则，则单击"Add"按钮，弹出图 8-34 所示的"Add Expert Rule"（添加专家规则）对话框。

在该对话框的"General"选项区域中，可以输入程序名（如程序 1）、规则状态（如 Enabled）、动作（Allow 或 Block）、程序描述、以及跟踪记录（Alert and Log、None 和 Log）。

在"Sourcen"选项区域中，保持默认设置"Any"。

在"Destination"选项区域中，将目的地址设置为"Trusted Zone"。操作步骤是单击"Modify"按钮，选择"Add Location"→"Trusted Zone"选项即可。

在"Protocol"选项区域中，选择添加一个协议。具体操作是单击"Modify"按钮，选择"Add Protocol"→"Add Protocol"选项，弹出图8-35所示的对话框。在"Description"文本框中输入"New Protocol"，在"Protocol"下拉列表框中选择"TCP"选项，然后再在"Destination Port"和"Source Port"的下拉列表中设置端口，如分别选择"HTTP"选项，系统自动在其后的文本框中显示"80"，最后单击"OK"按钮即可。

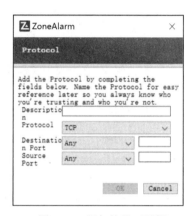

图 8-34　添加专家规则对话框　　　　　　　图 8-35　添加协议对话框

最后，在"Time"选项区域中设置该规则适合的时间范围，即该规则起作用的时间。具体的操作方法是单击"Modify"按钮，选择"Add Time"→"Day/Time Range"选项，弹出日期/时间范围对话框，如图8-36所示。

在该对话框的"Description"文本框中输入"Time Range"，在"From…To…"下拉列表框中选择该规则起作用的时间段（如从9时00分到17时00分），在"Days"选项区域中选择该规则起作用的日期，单击一次选中，若再单击一次取消选中。最后单击"OK"按钮完成设置。

最后，再在图8-34所示的"Add Expert Rule"对话框中，单击"OK"按钮，这样便完成了一条新专家规则的创建，创建新规则后的规则表如图8-37所示。

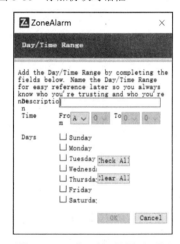

图 8-36　日期/时间范围对话框

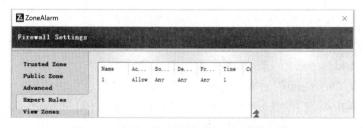

图 8-37　创建一条新的专家规则后的规则表

（5）View Zones（查看域）设置

查看域选项卡提供了查看域对象信息和管理域对象的功能，如图 8-38 所示。

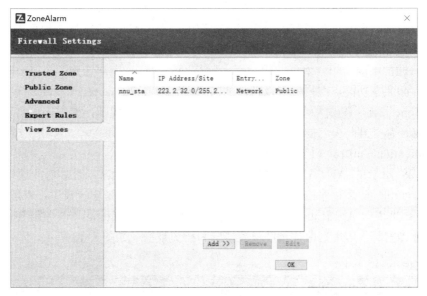

图 8-38　查看域设置界面

可以在域中添加可信或不可信对象。例如，把已知的恶意网站列入"Blocked Zone"中以实现屏蔽恶意网站功能的操作方法：在图 8-38 中单击"Add"按钮，选择"Host/Site"选项，打开图 8-39 所示的添加主机/站点名的对话框，在"Zone"下拉列表框中选择"Blocked"选项，在"Host name"文本框中输入恶意网站的网址，然后单击"OK"按钮即可。

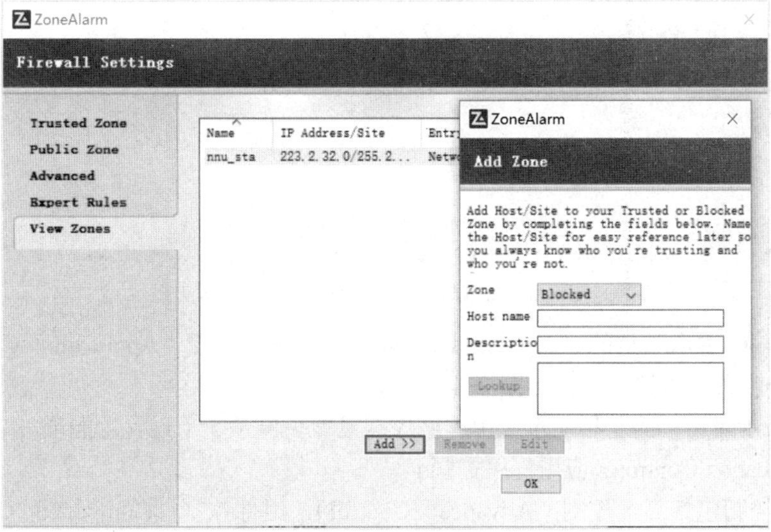

图 8-39　在域中添加可信或不可信对象

类似于阻止对象域的设置，在图 8-38 可信域设置界面，通过单击"Add"按钮，在打开的界面中还可以将指定的计算机或网络设置为信任主机或受保护的区域。可通过"IP Address"命令添加指定主机的 IP 地址，通过"IP Range"命令添加 IP 地址范围，或者添加子网掩码，让

ZoneAlarm Pro 防火墙把局域网和因特网分开管理。另外，如果需要取消已设置的信任主机或者受保护的网络区域，只需选中该目标，单击"Remove"按钮即可。

　　接下来，要做的事情就是编辑域成员和设置域的安全级别。域中成员角色的转换也很方便，而域安全级别的设置将对所有的域成员都起作用。ZoneAlarm Pro 核心的个人防火墙可以保护用户的计算机不受因特网上非法用户的入侵，同时还能够自动检测局域网络的设置，确保来自内部的网络通信不受影响。例如，用户在上因特网的同时，还需连接一个办公网，需要交流文件或实现打印共享功能，这样就可以把内部网络设置为"Trusted Zone"域，而把因特网设置为"Public Zone"域，该防火墙对不同的域设置不同的防火墙规则，这样便可实现上网、办公两不误，而且还都受到防火墙的保护。

　　4．Application Control（应用程序控制）设置

　　在图 8-28 所示的 ANTIVIRUS & FIREWALL（反病毒&防火墙）功能项中，还有一项 Application Control（应用程序控制）设置，它可以对应用程序的进出流量进行管理。

　　单击图 8-28 中"Application Control"选项区域右边的"Settings"文字链接，在打开的窗口中可以查看当前对于应用程序控制的设置情况和历史数据，如图 8-40 所示。

图 8-40　应用程序控制的当前设置信息和历史记录

　　单击图 8-40 中右下角的"Advanced Settings"按钮，打开"Application Control Settings"（应用程序控制设置）设置界面，如图 8-41 所示。

　　图 8-41 所示对话框的左栏显示应用程序控制设置提供了 5 个设置功能项。

　　（1）Application Control（应用程序控制）

　　应用程序控制包括高级控制（Advanced Control）、组件控制（Component Control）和服务控制（Services Control）3 个部分，可以通过选中复选框进行设置。

　　（2）OSFirewall（Operating System Firewall，系统防火墙）

　　系统防火墙功能能够从内核级别监视任何可疑软件、文件、系统活动，并中止任何试图越权的程序。这里只有 4 种系统保护内容，不能添加，只能修改保护状态。状态的设置有 4 种：Allow、Deny、Ask、Use Program Setting（使用程序设置）。

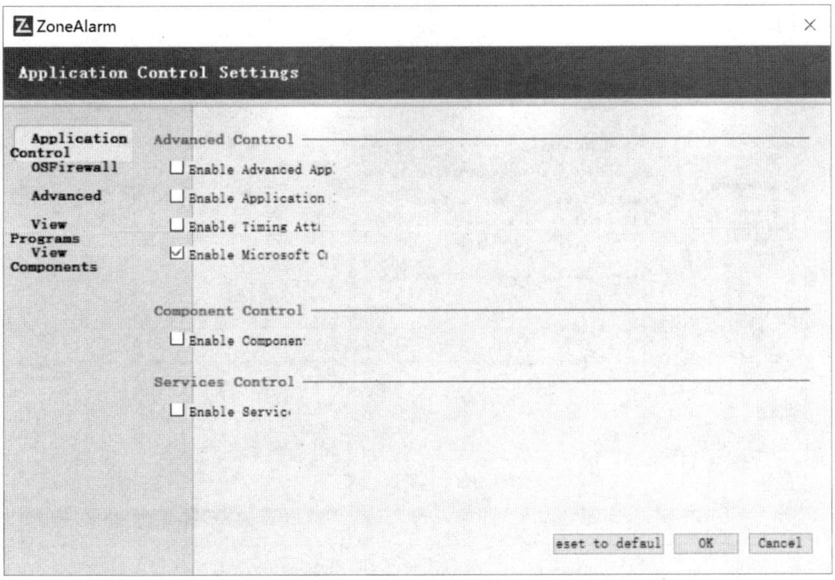

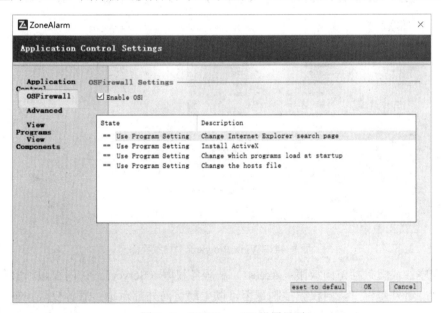

图 8-41 "Application Control"设置界面

如图 8-42 所示,修改 IE 首页设置为"Use Program Setting",对应的程序 rundll32.exe 的信任级别设置为 Trusted,则弹窗直接打开;如果设置为"Ask",则弹窗让用户自己选择。

图 8-42 "OSFirewall"设置界面

(3)Advanced(高级)

如图 8-43 所示,该设置提供了对于"Connection Attempts"(连接企图)、"Server Attempts"(服务器连接企图)和"Alerts & Functionality"(报警等功能)的设置选项。

(4)View Programs(查看程序)

如图 8-44 所示,"Programs"子窗格的程序列表中列出了所有可能访问网络的程序,并显示了程序名、可信级别、访问权限、服务权限以及是否允许发送邮件等控制信息,其中访问权限、服务权限又分为对可信区域的连接和对因特网的连接两种方式。

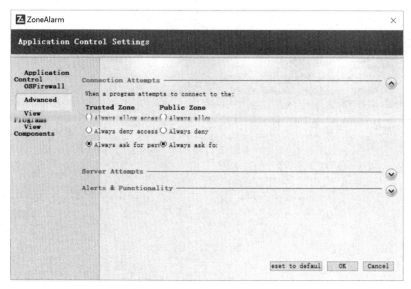

图 8-43　"Advanced"设置界面

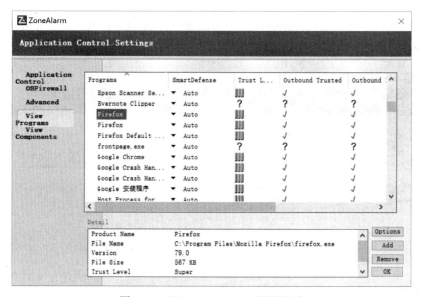

图 8-44　"View Programs"设置界面

应用程序的权限包括访问权限（Access）和服务权限（Server）。访问权限和服务权限的含义是不同的：对外而言，访问权限控制是否可以主动访问外部对象；服务权限控制是否允许开启服务端口，以提供给外部连接。

图 8-44 中绿色的"√"表示允许连接，红色的"×"表示禁止连接，"？"则表示在每次出现连接请求时都会先弹出询问对话框。

可以通过右下角的"Options""Add""Remove"等按钮对列表中的程序进行控制。

（5）View Components（查看组件）

类似地，在图 8-44 中还可以单击左侧的"View Components"（查看组件）选项卡进行组件的查看和设置。组件控制是禁止一个程序去控制另一个程序，因为有些程序可能利用动态链接库中的部分程序，使得用户浏览器可以启动其他程序，并发送数据。

☞ 小结

作为一款个人防火墙软件，ZoneAlarm Pro 的功能强大且丰富。对个人计算机安全性能要求较高的用户来说，ZoneAlarm Pro 不失为较好的选择。

8.3　思考与实践

一、简答题

1. Windows 防火墙与第三方防火墙的主要区别在哪里？

2. 什么是"传入连接"？对于未经请求的"传入连接"应用当如处理？如何设定允许通过的"传入连接"？

3. 什么是"网络位置"？Windows 防火墙提供哪几种网络位置？为什么说 Windows 系统提供的网络位置方便了用户的设置？

4. 请从目前使用的 Windows 10 的系统版本、功能、设置方法等方面比较"Windows Defender 防火墙"和"高级安全 Windows Defender 防火墙"。

5. 有些用户认为只要安装了防毒软件就足以保障系统安全，无须再安装防火墙。你对此怎么看？为什么？

二、操作实验题

1. 以 Windows 10 系统为例，在"高级安全 Windows Defender 防火墙"提供的功能中对本机上的一些应用程序设置出站规则。

2. 利用 ZoneAlarm Pro 防火墙完成如下内容。

1）对进出网络的行为进行访问控制。

2）对网络入侵行为进行检测和报警。

3）目前你使用的是哪一款防火墙？其与 ZoneAlarm Pro 有什么不同之处？ZoneAlarm Pro 防火墙具有哪些优点？

三、方案设计

访问网站 https://www.toptenreviews.com/best-antivirus-software，了解多种个人防火墙产品、防火墙功能和性能的一些评测指标。为一个小型个人网站推荐一款防火墙，并给出设计方案。

8.4　学习目标检验

请对照表 8-1 学习目标列表，自行检验达到情况。

表 8-1　第 8 章学习目标列表

	学　习　目　标	达　到　情　况
知识	了解 Windows 自带防火墙的主要功能和特点	
	了解第三方个人防火墙软件的主要功能和特点	
能力	Windows 自带防火墙的设置与应用	
	第三方个人防火墙的设置与应用	
	第三方个人防火墙的选择与应用方案设计	

第9章　开源防火墙的应用

本章知识结构

本章围绕开源操作系统 Linux 内置防火墙以及 WAF 开源防火墙展开。本章知识结构如图 9-1 所示。

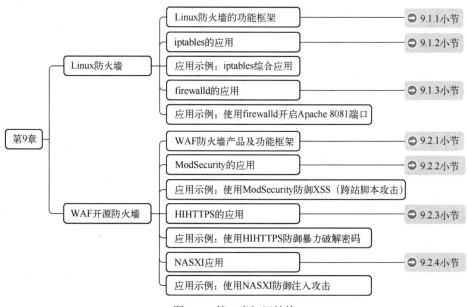

图 9-1　第 9 章知识结构

9.1　Linux 防火墙

Linux 操作系统因其健壮性、可靠性、灵活性以及可定制性而受到大家的欢迎。Linux 操作系统具有许多内置的功能，使得开发人员可以根据自己的需要定制其工具、行为和外观，而无须昂贵的第三方工具。Linux 防火墙就是其中一个值得称道的内置功能。

本节首先介绍 Linux 防火墙的功能组件 netfilter、iptables、firewalld 和 nftables，然后着重介绍 iptables 和 firewalld 的应用方法。

9.1.1　Linux 防火墙的功能框架

目前，Linux 内核中提供的防火墙功能框架涉及 netfilter、iptables、firewalld 和 nftables，其中前三者之间的关系如图 9-2 所示。

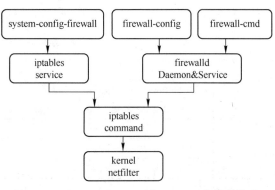

图 9-2　iptables、firewalld 与 netfilter 之间的关系

在 Linux 2.4 以后的内核中，防火墙功能框架由 netfilter 和 iptables 两个组件组成。在内核中真正实现防火墙功能的是 netfilter，iptables 只是防火墙的管理工具。随着 Linux 版本和功能的演进，后续有的 Linux 版本中出现了 firewalld 或是 nftables，以替代 iptables。但是，netfilter 目前仍是实现 Linux 防火墙的核心。

1．netfilter

（1）netfilter 的功能

netfilter 是 Linux 内核中真正实现防火墙功能的数据包处理及过滤框架。它提供了一整套的 Hook（钩子）函数管理机制，实现了以下 4 个主要安全功能。

- 包过滤（Packet Filtering）。netfilter 通过检查每个包的头部来决定如何处置包：丢弃、通过或者转发等。
- 网络地址转换（Network Address Translation，NAT）。netfilter 提供了两种不同的网络地址转换方式：源 NAT（SNAT）和目标 NAT（DNAT）。SNAT 是指修改包的源地址（改变连接的源 IP）。DNAT 是指修改包的目标地址（改变连接的目的 IP）。端口转发、负载均衡和透明代理都属于 DNAT。地址伪装（Masquerading）是 SNAT 的一种特殊形式。
- 连接跟踪（Connection Tracking）。netfilter 提供网络连接状态信息保持，能够将当前数据包及其状态信息与其前一时刻的数据包及其状态信息进行比较，从而控制数据包的处理。
- 包变换（Packet Mangling）。netfilter 可以改动数据包的内容，例如，设置或改变包的 TOS（服务类型）字段；改变包的 TTL（生存期）字段；在包中设置标志值，利用该标志可以进行带宽限制、分类查询。

（2）netfilter 的工作原理

netfilter 在内核中数据包经过的路径上放置了 5 个钩子，也就是 5 个 Hook（钩子）函数，这 5 个钩子函数向用户开放，用户可以通过命令工具 iptables 向其写入规则（Rule）。当数据包达到某个钩子时，其上的函数被调用，对数据包进行审查和处理，最后返回处理结果。

2．iptables

由于 netfilter 工作在内核空间，用户通常无法接触和修改内核，必须通过用户空间的软件去调用才可以使用。iptables 和 firewalld 等工具就是管理 netfilter 上规则的一个用户空间的工具。

通过使用用户空间的 iptables，用户可以定制自己的规则，这些规则存储在内核空间的数据包过滤表中。这些规则告诉内核对来自某些源、前往某些目的地或具有某些协议类型的数据包做些什么。

netfilter 组件是与 Linux 内核集成在一起的，所以只需要下载并安装 iptables 用户空间工具即可。目前，Red Hat Linux、Ubuntu 等新版本中已包含了 iptables，无须再下载安装。

3．firewalld

从 CentOS 7 开始，在原有的 netfilter/iptables 架构基础上又增加了 firewalld，将其作为默认的用户防火墙工具。但当用户使用 firewalld 编写防火墙规则时，firewalld 依然是调用了底层的 iptables 实现具体的功能，只是这个调用过程对用户是透明的。

两者的区别主要在于以下几点。

- 功能组件不同。如图 9-2 所示，firewalld 提供了一个 Daemon（守护进程）和 Service（服务进程），还有命令行（firewall-cmd）和图形界面（firewall-config）配置工具，它仅仅是替代了 iptables service 部分，其底层还是使用 iptables command 作为防火墙规则管理入口。
- 配置文件不同。iptables service 在/etc/sysconfig/iptables 中存储配置文件，而 firewalld 将配置文件存储在/usr/lib/firewalld/和/etc/firewalld/中的各种 XML 文件里。

- 防火墙规则处理模式不同。当用户将新的防火墙规则添加进配置文件，再执行命令 service iptables reload 使变更的规则生效时，iptables service 首先清空原有的所有防火墙规则，然后从/etc/sysconfig/iptables 中重新完整地加载所有新的防火墙规则，如果配置了需要 reload 内核模块的话，过程还会包含卸载和重新加载内核模块的动作。这样的处理对于当前网络连接有很大影响。而 firewalld 对于任何规则的变更都不需要对整个防火墙规则列表进行重新加载，只需要将变更部分保存并更新到运行中的 iptables 即可。
- 防火墙规则控制方法不同。iptables 通过控制端口来控制服务，而 firewalld 则是通过控制服务来控制端口。

4．nftables

开源世界中的每个主要发行版都在演进。诞生于 2008 年的新一代防火墙包过滤引擎 nftables 加入到了 Linux 3.13 内核中，以替代沿用多年的 iptables，"nf"代表"netfilter"。在 CentOS 8 以后的版本中，nftables 框架替代 iptables 框架作为默认的网络包过滤工具。

nftables 和 iptables 一样，由表（Table）、链（Chain）和规则（Rule）组成，其中表包含链，链包含规则，规则规定处理动作。与 iptables 相比，nftables 主要有以下几个变化。

- iptables 规则的布局是基于连续的大块内存的，即数组式布局；而 nftables 的规则采用链式布局。
- iptables 大部分工作在内核态完成，如果要添加新功能，只能重新编译内核；而 nftables 的大部分工作是在用户态完成的，添加新功能很便捷，不需要改内核。
- iptables 有内置的链，即使只需要一条链，其他的链也会跟着注册；而 nftables 不存在内置的链，用户可以按需注册。由于 iptables 内置了一个数据包计数器，所以即使这些内置的链是空的，也会带来性能损耗。
- 简化了 IPv4/IPv6 双栈管理。
- 原生支持集合、字典和映射。

✉ 说明：

鉴于 iptables 的基础性，本书还是以介绍 iptables 为主。

9.1.2　iptables 的应用

可以说 iptables 由 5 种规则表和 5 种链以及若干规则组成。

如图 9-3 所示，每个规则表（Tables）由若干规则链（Chains）组成，每个链中存放的规则（Rule）在这个链对应的地方被执行，每个链实际对应一个 netfilter 钩子。iptables 对数据包的安全控制依据各规则来进行。

1．5 种规则表

netfilter 的 5 种规则表如下。

- Mangle 表：用于对特定数据包进行修改。
- NAT 表：地址转换规则表，用于定义地址转换规则。
- Filter 表：过滤数据包策略表，根据预定义的规则，符合条件的数据包才允许或拒绝通行。
- Raw 表：关闭 NAT 表上启用的连接跟踪机制，加快封包穿越防火墙的速度。
- Security 表：用于强制访问控制（MAC）网络规则，由 Linux 安全模块（如 SELinux）实现。

5 种表的优先级由高到低为 Security>Raw>Mangle>NAT>Filter。最常用的是 Mangle 表、NAT 表和 Filter 表，它们与链的对应关系如图 9-3 所示。

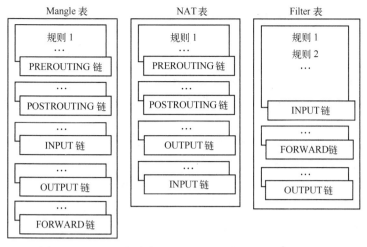

图 9-3   netfilter 中最常用的 3 张表与链和规则的对应关系

2．5 种链

netfilter 的 5 种链就是利用 5 类钩子函数实现控制功能的规则集。5 种链的功能如下。

- INPUT 链：用于处理目的地址是本地主机的数据包，与要进入 Linux 主机的数据包有关。
- OUTPUT 链：用于处理从本地主机发出的数据包，与 Linux 主机发出的数据包有关。
- FORWARD 链：用于处理数据包的转发，与 NAT 表相关，与 Linux 本机关系不大。
- PREROUTING 链：用于在包刚刚到达防火墙时改变其目的地址。
- POSTROUTING 链：用于在包离开防火墙之前改变其源地址。

默认情况下，任何链中都没有规则。用户可以向链中添加想要的规则。链的默认规则通常设置为 ACCEPT，如果想要确保任何包都不能通过规则集，那么可以重置为 DROP。默认的规则总是在一条链的最后生效，所以在默认规则生效前数据包需要通过所有存在的规则。用户可以加入自己定义的链，从而使规则集更有效并且易于修改。

3．包处理流程

了解了表和链的对应关系，下面介绍数据包处理流程。

如图 9-4 所示，当一个数据包进入运行 Linux 的计算机时，首先数据包到达本机防火墙的网卡，内核根据数据包的目的 IP 判断是否需要转送出去，在路由之前数据包要通过 Mangle、NAT 这两张表中的规则才能决定到底是到本机还是通过本机转发到其他计算机。

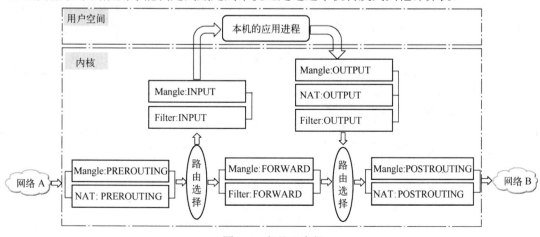

图 9-4   包处理流程

如果是到本机的，则数据包会经过 PREROUTING 链来到 INPUT 链。数据包要通过 INPUT 链上的所有规则，才可以访问本机用户空间的进程。

用户空间进程接收到远端用户请求的数据包后，响应包会来到 OUTPUT 链上，这个链主要检查由本机发出的数据包，只有数据包满足出站规则后，它才能通过 OUTPUT。

接着，数据包会经过路由来到 POSTROUTING 链，出站包满足匹配策略 POSTROUTING 链会放行或拒绝。

如果数据包不是发往本机，则数据包会经过 PREROUTING 链来到 FORWARD 链上，在 FORWARD 链上也有规则决定通过或不通过。如果数据包符合了 FORWARD 链上的所有规则，会再次经过路由来到 POSTROUTING 链。同理，它需要通过 POSTROUTING 上的所有规则后才能到达下一个网络，从而实现数据包的转发。

图 9-4 中展示了数据包以下 3 种流向及处理方式。

1）来自外部，目的地是本机。流入本机的数据包处理过程是 PREROUTING 链→INPUT 链→用户空间进程。

2）流出本机，目的地是外部。流出本机的数据包处理过程是用户空间进程→OUTPUT→POSTROUTING。

3）来自外部，经由本机转发。经本机转发出去的数据包处理阶段是 PREROUTING→FORWARD→POSTROUTING。

4．iptables 命令

在 netfilter/iptables 防火墙中，使用 iptables 命令建立数据包过滤的规则，并将其添加到内核空间的特定数据包过滤表内的链中。

iptables 命令的一般格式及含义如下。

	[指定规则表]	<指定操作命令>	[指定链]	[指定匹配规则]	[指定目标动作]
iptables	[-t table]	<command>	[chains]	[rule-matcher]	[-j target]

⊠ 说明：

<>括起来的为必选项，[]括起来的为可选项。iptables 指令要求严格区分大小写。

1）可使用[-t 表名]来设置对哪张规则表进行操作。也可省略-t 参数，默认对 filter 表进行操作。

2）command 是必选项，它告诉 iptables 命令做什么，如插入规则、将规则添加到链的末尾或是删除规则。常用的 command 参数见表 9-1。

表 9-1　常用的 command 参数

参　　数	功　　能
-A 或--append	在所选的链尾加入一条或多条规则
-D 或--delete	从所选的链中删除一条或多条匹配的规则
-F 或--flush	清除指定链和表中的全部规则。若未指定链，则所有链都将被清除
-L 或--list	列出指定链的全部规则。若未指定链，则列出所有链的全部规则
-N 或--new-chain	用命令中指定的名称创建一个新链
-X 或--delete-chain	删除指定的用户自定义链，必须保证链中的规则不再使用才能删除。若未指定链，则删除所有用户自定义链
-P 或--policy	为链设置默认策略，与链中任何规则都不匹配的数据将被强制使用此策略。用户自定义链没有默认规则，其默认规则是规则链中的最后一条规则，用-L 命令时它显示在第一行

3）常用的 chains 参数见表 9-2。

表 9-2　常用的 chains 参数

参　数	功　能
INPUT	处理输入包的规则链
OUTPUT	处理输出包的规则链
FORWARD	处理转发包的规则链
PREROUTING	对到达且未经路由判断之前的包进行处理的规则链
POSTROUTING	对发出且经过路由判断之后的包进行处理的规则链
用户自定义链	是由 filter 表内置链来调用的，它是针对调用链获取的数据包进行处理的规则链

4）rule-matcher（匹配规则）选项用于指定数据包与规则匹配所应具有的特征（如源地址和目的地址、协议等）。匹配分为通用匹配和特定于协议的匹配。常用的一些通用匹配规则参数见表 9-3。

表 9-3　常用的匹配规则参数

参　数	功　能
-s 或--source [!] address[/mask]	指定匹配规则的源主机名称、源 IP 地址或源 IP 地址范围。可以使用!符号表示不与该项匹配
--sport 或--source -port [!] port[:port]	指定匹配规则的源端口或源端口范围、可用端口号，端口范围格式 xxx:yyy
-d 或--destination [!]address[/mask]	指定匹配规则的目的地址或目的地址范围
--dport 或--destination -port [!] port[:port]	指定匹配规则的目的端口或目的端口范围、可用端口号，端口范围格式 xxx:yyy
-p 或--protocol [!] protocol	指定匹配规则的通信协议，如 tcp、udp、icmp、all。若未指定，则匹配所有通信协议
-i 或--in-interface [!]interface name[+]	指定匹配规则的对内网络接口名，默认则符合所有接口。可指定暂未工作的接口，待其工作后才起作用。该选项只对 INPUT、FROWARD 和 PREROUTING 链是合法的
-o 或--out-interface [!]interface name[+]	指定匹配规则的对外网络接口名，默认则符合所有接口。可指定暂未工作的接口，待其工作后才起作用。该选项只对 OUTPUT、FROWARD 和 POSTROUTING 链是合法的

5）target 选项用于指定与规则匹配的数据包所要执行的目标动作，要执行的目标动作以-j 参数标识。常用的目标动作参数见表 9-4。

表 9-4　常用的目标动作参数

表	参　数	注　释
filter	ACCEPT	允许数据包通过
	DROP	丢弃数据包
nat	SNAT	修改数据包的源地址
	MASQUERADE	修改数据包的源地址，只用于动态分配 IP 地址的情况
	DNAT	修改数据包的目的地址
	REDIRECT	将包重定向到进入系统时网络接口的 IP 地址，目的端口改为指定端口
mangle	TTL	用于设置生存周期 TTL 字段的值。TTL 每经过一个路由器将减 1，可以设置--ttl-inc 1，这样经过防火墙后 TTL 的值不变，可以避免防火墙被 traceroute 发现
	TOS	用于设置 IP 表头中 8 位长度的 TOS 字段的值，此选项只在使用 Mangle Tables 时才有效
	MARK	对数据包进行标记，供其他规则或数据包处理程序使用，此选项只在 Mangle 表中使用
扩展	REJECT	丢弃数据包的同时返回给发送者一个可配置的错误信息
	LOG	将匹配的数据包信息传递给 syslog()进行记录
	RETURN	表示跳离这条链的匹配。如果是用户自定义链，就会返回原链的下一个规则处继续检查；如果是内置链，则使用该链的默认策略处理数据包

5．iptables 命令典型用法

安装好 iptables 后，就可以直接在 Linux 系统提示符状态下，输入相应的 iptables 命令，设置防火墙规则了。

（1）规则的增加和删除

1）添加一条规则到 INPUT 链的末尾。

```
iptables -A INPUT -s 192.168.1.1 -j ACCEPT
```

2）从 INPUT 链中删除一条规则。

```
iptables -D INPUT --dport 80 -j DROP
```

3）从 OUTPUT 链中删除编号为 3 的规则。

```
iptables -D OUTPUT 3
```

4）删除 FORWARD 链中的所有规则。

```
iptables -F FORWARD
```

5）删除所有链中的所有规则。

```
iptables -F
```

（2）简单规则的设置

1）指定源地址和目的地址的规则。

iptables 命令中，以--source、--src 或-s 来指定源地址，用--destination、--dst 或-d 来指定目的地址。如添加一条规则到 filter 表 INPUT 链的末尾，源地址为 192.168.1.1 的数据包允许通过，命令如下。

```
iptables -A INPUT -s 192.168.1.1 -j ACCEPT
```

可以使用 iptables -L 命令查看规则的具体内容，如图 9-5 所示。

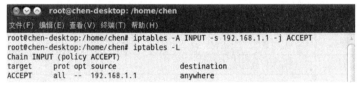

图 9-5　指定源地址的规则设置及查看规则的具体内容

在-s 后可用 4 种方法指定 IP 地址。

● 直接使用 IP 地址，如"192.168.1.1"。

● 使用完整的域名，如"www.sina.com.cn"。

● 用 x.x.x.x/x.x.x.x 指定一个网段，如"192.168.1.0/255.255.255.0"。

● 用 x.x.x.x/x 指定一个网络地址，如"192.168.1.0/24"，这里的 24 表明了子网掩码的有效位数，默认的子网掩码数是 32，也就是说指定 192.168.1.1 等效于 192.168.1.1/32。

还可使用-d 指定目的地址，如添加一条规则到 OUTPUT 链的末尾，目的地址为 192.168.1.1 的数据包被拒绝，命令如下。

```
iptables -A OUTPUT -d 192.168.1.1 -j DROP
```

添加规则：源地址为 192.168.1.0/24，目的地址为 192.168.2.100 的数据包允许通过。

```
iptables -A FORWARD -s 192.168.1.0/24 -d 192.168.2.100 -j ACCEPT
```

2）指定端口的规则。

如添加规则：源地址为 192.168.1.0/24，目的地址为 192.168.2.100，目的端口为 80 的数据包允许通过。

```
iptables -A FORWARD -s 192.168.1.0/24 -d 192.168.2.100 --dport 80 -j ACCEPT
```

3）指定协议的规则。

如添加规则：源地址为 192.168.1.0/24，目的地址为 192.168.2.100，目的端口为 80 的所有 TCP 数据包允许通过。

```
iptables -A FORWARD -p tcp -s 192.168.1.0/24 -d 192.168.2.100 --dport 80 -j ACCEPT
```

4）指定网络接口的规则。

如添加规则：假设 iptables 防火墙的对外的网络接口是 ppp0，则该规则可用于禁止外网访问内网。

```
iptables -A INPUT -i ppp0 -p tcp --syn -j DROP
```

TCP 模块有 3 个参数："--dport"（TCP 扩展模块中的目的端口）、"--sport"（扩展模块中的源端口）、"--tcp-flags"（匹配 TCP 报头标志位）。其中，"--tcp-flags"参数有两个部分：一部分是需要匹配的标志位列表（可以是 SYN、ACK、FIN、RST、URG、PSH 的组合）；另一部分是标志位值为 1 的标志。

在这里需要用到 TCP 匹配扩展模块中的"--tcp-flags"参数。可将"--tcp-flags SYN"简写为--syn。

5）指定服务的规则。

如添加规则：禁止 IP 地址为 200.200.200.1 的机器访问 Telnet 服务。

```
iptables -A INPUT -s 200.200.200.1 -p tcp --destination -port telnet -j DROP
```

（3）规则默认策略的设置

如添加规则：将 INPUT 链的默认策略指定为 DROP，即丢弃所有与 INPUT 链中任何规则都不匹配的数据包。

```
iptables -P INPUT DROP
```

（4）IP 碎片规则设置

在 TCP/IP 通信过程中，每一个网络接口都有一个最大传输单元（MTU），这个参数定义了可以通过的数据包的最大大小。如果一个数据包大于这个参数值时，系统会将其划分成更小的数据包（称为 IP 碎片）来传输，而接收方则对这些 IP 碎片再进行重组以还原整个包。但是，假如有这样一条规则：

```
iptables -A FORWARD -p tcp -s 192.168.1.0/24 -d 192.168.2.100 --dport 80 -j ACCEPT
```

在进行包过滤的时候，IP 碎片会导致这样一个问题：当系统将大数据包划分成 IP 碎片传送时，第一个碎片含有完整的包头信息，可以满足该规则的条件，这时系统会让第一个 IP 碎片通过，但是后续的碎片因为包头信息不完整而无法满足规则定义的条件，因而无法通过。

为了解决这个问题，iptables 可以通过--fragment/-f 选项来指定第二个及其以后的 IP 碎片，以上面的例子为例，则需要再加上这样一条规则来解决这个问题：

```
iptables -A FORWARD -f -s 192.168.1.0/24 -d 192.168.2.100 -j ACCEPT
```

（5）TCP 匹配扩展规则设置

通过使用--tcp-flags（或简写成--syn）选项可以根据 TCP 包的标志位进行过滤。例如，如果要过滤掉所有 SYN 标志位为 1 的 TCP 包，可以使用以下规则。

```
iptables -A FORWARD -p tcp --tcp-flags ALL SYN -j DROP
```

也可将 "--tcp-flags SYN" 简写为 "--syn"。

（6）limit 扩展规则设置

在 iptables 配置中，limit 扩展是一个非常有用的匹配扩展。使用-m limit 来指定，其后可以有两个参数。

1）--limit avg：指定单位时间内允许通过的数据包的个数。单位时间可以是/second、/minute、/hour、/day，或使用第一个字母，如 5/second 和 5/s 是一样的，都是表示每秒可以通过 5 个数据包。默认值是 3/hour。

2）--limit-burst number：指定触发时间的阈值，默认值是 5。

例如，SYN Flood 攻击防护配置如下。

```
iptables -A FORWAED -p tcp --syn -m limit --limit 1/s -j ACCEPT
```

（7）mac 匹配扩展规则设置

在 iptables 配置中，可以使用-m 选项来扩展匹配内容。使用--match mac/-m mac 匹配扩展可以用来检查 IP 数据包的源 MAC 地址。只要在--mac-source 后面跟上 MAC 地址就可以了。

```
iptables -A FORWARD -m mac --mac-source 00:00:BA:A5:7D:12 -j DROP
```

注意：一个 IP 数据包在经过路由器转发后，其源 MAC 地址已经变成了路由器的 MAC 地址。

（8）目的端口转发规则设置

假设需要把目的地址是 1.2.3.4、端口号是 8080 的 TCP 数据包重定向到目的地址是192.168.1.1、端口号是 80，则 iptables 配置规则如下。

```
iptables -A PREROUTING -t nat -p tcp -d 1.2.3.4 --dport 8080 -j DNAT --to 192.168.1.1:80
```

（9）地址伪装（MASQUERADE）规则设置

假设对外的动态网络接口是 ppp0，则 iptables 配置规则如下。

```
iptables -t nat -A POSTROUTING -o ppp0 -j MASQUERADE
```

（10）SNAT 规则设置

SNAT 是指修改包的源地址（改变连接的源 IP）。典型应用举例如下。

1）假设需要把接收到的源 IP 地址为 192.168.1.100 的数据包进行源 NAT（SNAT）为202.110.123.100，则 iptables 的配置如下。

```
iptables -A POSTROUTING -o eth0 -s 192.168.1.100 -j SNAT --to 202.110.123.100
```

2）将源地址转换为 1.2.3.4，则 iptables 的配置如下。

> iptables -t nat -A POSTROUTING -o eth0 -j SNAT --to 1.2.3.4

3）将源地址转换为 1.2.3.4、1.2.3.5 或 1.2.3.6，则 iptables 的配置如下。

> iptables -t nat -A POSTROUTING -o eth0 -j SNAT --to 1.2.3.4-1.2.3.6

4）将源地址转换为 1.2.3.4，端口号为 1～1023，则 iptables 的配置如下。

> iptables -t nat -A POSTROUTING -p tcp -o eth0 -j SNAT --to 1.2.3.4:1-1023

（11）DNAT 规则设置

DNAT 是指修改包的目的地址（改变连接的目的 IP）。典型应用法举例如下。

1）假设需要把接收到的目的 IP 为 202.110.123.100 的所有数据包进行目的 NAT（DNAT）到内网中主机 192.168.1.100，则 iptables 的配置如下。

> iptables -A POSTROUTING -i eth0 -d 202.110.123.100 -j DNAT --to 192.168.1.100

2）转换目的地址为 5.6.7.8，则 iptables 的配置如下。

> ## Change destination addresses to 5.6.7.8
> iptables -t nat -A PREROUTING -i eth0 -j DNAT --to 5.6.7.8

3）转换目的地址为 5.6.7.8、5.6.7.9 或 5.6.7.10，则 iptables 的配置如下。

> iptables -t nat -A PREROUTING -i eth0 -j DNAT --to 5.6.7.8-5.6.7.10

4）将 Web 数据包的目的地址转换为 5.6.7.8，端口号是 8080，则 iptables 的配置如下。

> iptables -t nat -A PREROUTING -p tcp --dport 80 -i eth0 -j DNAT --to 5.6.7.8:8080

（12）常见攻击阻断规则设置

1）防止同步风暴（SYN Flood）攻击。

> iptables -A FORWARD -p tcp -- syn -m limit --limit 1/s -j ACCEPT

2）端口扫描（Port Scanner）防护。

> iptables -A FORWARD -p tcp --tcp-flags SYN,ACK,FIN,RST RST -m limit --limit 1/s -j ACCEPT

3）Ping of Death 防护。

> iptables -A FORWARD -p icmp --icmp-type echo-request -m limit --limit 1/s -j ACCEPT

【应用示例7】 iptables 综合应用

1. 应用场景

假设某企业网段地址是 192.168.80.0/24，企业网络环境如图 9-6 所示。内部网中存在以下服务器。

1）Web 服务器：www.test.com（192.168.80.11）。

2）FTP 服务器：ftp.test.com（192.168.80.12）。

3）Email 服务器：mail.test.com（192.168.80.13）。

该企业选择一台具有双网卡的 Linux 服务器（本示例使用的系统为 Ubuntu 20）作为防火墙。连接外部网络网卡 eth0 的 IP 地址为 198.199.37.254，连接内部网络网卡 eth1 的 IP 地址为

198.168.80.254，两个接口的掩码均为 255.255.255.0。

要求：只对外开放有限的几个端口，同时保证内部用户对互联网的访问，并且对 IP 碎片攻击和 ICMP 的 Ping of Death 提供有效的防护。

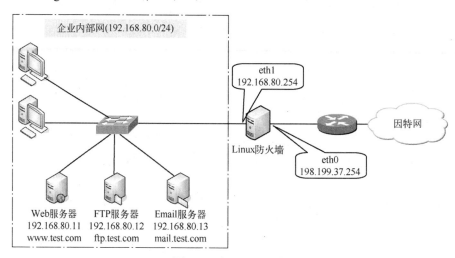

图 9-6　企业网络环境

2. 所用规则分析

根据上述网络环境和要求，下面逐个分析所需要的过滤规则。

（1）刷新所有链的规则

```
iptables -F
```

（2）禁止转发任何包

创建过滤规则最基本的原则是"先拒绝所有的数据包，然后再允许需要的"。因此，首先将防火墙默认转发策略设置为 DROP，然后再一步步地设置允许通过的包。

```
iptables -P FORWARD DROP
```

（3）设置服务器的包过滤规则

1）Web 服务。Web 服务端口为 80，采用 TCP，只允许外部用户访问目的为 Web 服务器的包通过防火墙。

```
iptables -A FORWARD -p tcp -d 198.168.80.11 --dport 80 -i eth0 -j ACCEPT
```

2）FTP 服务。FTP 服务需要两个端口，因为 FTP 有命令通道和数据通道。其中，命令端口为 21，数据端口为 20，并且有主动和被动两种服务模式，其被动模式连接过程：FTP 客户端首先向 FTP 服务器发起连接请求，三次握手后建立命令通道，然后由 FTP 服务器建立数据通道，成功后开始传输数据。现在大多数 FTP 客户端均支持被动模式，因为这种模式可以提高安全性。FTP 服务采用 TCP。只允许外部用户访问目的为 FTP 服务器的包通过防火墙。

```
iptables -A FORWARD -p tcp -d 198.168.80.12 -- dport 21 -i eth0 -j ACCEPT
```

3）Email 服务。Email 服务包含两个协议：SMTP 和 POP3。SMTP 负责发送邮件，而 POP3 则负责接收邮件。出于安全性考虑，通常只提供对内的 POP3 服务，故此处只考虑针对 SMTP 的安全性问题。SMTP 端口为 25，采用 TCP。假设 eth0 是 SMTP 服务的网络接口，只允许访问目的为 SMTP 服务器的包通过防火墙，即仅允许目的为 Email 服务器的 SMTP 请求通过防火墙，则 iptables 的规则配置如下。

```
iptables -A FORWARD -p tcp -d 198.168.80.13 -- dport 25 -i eth0 -j ACCEPT
```

（4）设置针对 Intranet 用户的过滤规则

本示例中防火墙主要是防止来自 Internet 的攻击，不考虑防止来自 Intranet 的攻击。对于 Internet 对 Intranet 用户的返回包，定义以下规则。

```
iptables -A FORWARD -p tcp -s 0/0 -- sport 21 -d 198.168.80.0/24 -i eth0 -j ACCEPT
iptables -A FORWARD -p tcp -d 198.168.80.0/24 ! -syn -i eth0 -j ACCEPT
iptables -A FORWARD -p udp -d 198.168.80.0/24 -i eth0 -j ACCEPT
```

第一条表示允许 Intranet 客户端采用被动模式访问 Internet 的 FTP 服务器；第二条表示接受来自 Internet 的非连接请求 TCP 包；最后一条表示接受所有的 UDP 包，主要是针对使用 UDP 的服务。

（5）设置来自 Intranet 数据包的过滤规则

```
iptables -A FORWARD -s 198.168.80.0/24 -i eth1 -j ACCEPT
```

（6）防止 IP 碎片攻击配置

接收所有的 IP 碎片，但采用 limit 匹配扩展对其单位时间可以通过的 IP 碎片数量进行限制，以防止 IP 碎片攻击。

```
iptables -A FORWARD -f -m limit -- limit 100/s -- limit-burst 100 -j ACCEPT
```

对不管来自哪里的 IP 碎片都进行限制，允许每秒通过 100 个 IP 碎片，该限制的条件是 100 个 IP 碎片。

（7）设置 icmp 包过滤

icmp 包通常用于网络测试等，故允许所有的 icmp 包通过。但是黑客常常采用 icmp 进行攻击，如 Ping of Death 等，故采用 limit 匹配扩展加以限制。

```
iptables -A FORWARD -p icmp -m limit --limit 1/s -- limit-burst 10 -j ACCEPT
```

对不管来自哪里的 icmp 包都进行限制，允许每秒通过 1 个包，该限制的条件是 10 个包。

3. 建立防火墙脚本文件

可以建立相应的防火墙脚本文件，一方面保存相关规则方便使用，另一方面可以在系统启动时就运行防火墙规则脚本，完成相关设置。建立脚本文件的步骤如下。

1）在/etc/init.d/目录下用编辑命令建立名为 firewall 的防火墙规则脚本文件。文件内容如下。

```
#! /bin/sh
echo "Starting iptables rules"
# Refrush all chains
iptables -F
iptables -P FFORWARD DROP
iptables -A FORWARD -p tcp -d 198.168.80.11 -- dport 80 -i eth0 -j ACCEPT
iptables -A FORWARD -p tcp -d 198.168.80.12 -- dport 21 -i eth0 -j ACCEPT
iptables -A FORWARD -p tcp -d 198.168.80.13 -- dport 25 -i eth0 -j ACCEPT
iptables -A FORWARD -p tcp -s 0/0 -- sport 21 -d 198.168.80.0/24 -i eth0 -j ACCEPT
iptables -A FORWARD -p tcp -d 198.168.80.0/24 ! -syn -i eth0 -j ACCEPT
```

```
iptables -A FORWARD -p udp -d 198.168.80.0/24 -i eth0 -j ACCEPT
iptables -A FORWARD -s 198.168.80.0/24 -i eth1 -j ACCEPT
iptables -A FORWARD -f -m limit -- limit 100/s -- limit-burst 100 -j ACCEPT
iptables -A FORWARD -p icmp -m limit --limit 1/s -- limit-burst 10 -j ACCEPT
```

2）执行 chmod u+x firewall 命令以更改 firewall 文件属性，以添加可执行权限。

3）编辑/etc/init.d/rc.local 文件，在末尾加上如下语句，以确保开机时能自动执行防火墙脚本文件。

```
/etc/init.d/firewall
```

至此，就建立了一个防火墙规则文件。当系统启动时，便会自动执行防火墙脚本文件，设置各条规则。

9.1.3 firewalld 的应用

CentOS 7 默认的防火墙是 firewalld，替代了以前的 iptables。本小节以 CentOS 7 为例讲解 firewalld 的应用。

1. firewalld 中的域和服务

（1）域

firewalld 将网卡对应到不同的域（Zone），默认共有 9 个域，各域的介绍见表 9-5。

表 9-5 firewalld 中的域

域 名	描 述
block	所有进入的网络连接都会被拒绝。对于 IPv4，回复 icmp-host-prohibited 消息。对于 IPv6，回复 icmp6-adm-prohibited 消息。只有由内部发起的网络连接可以通行
dmz	对于在非军事区域的服务器，外部网络可以在受限制的情况下进入内网，只有特定的网络连接请求被接受
drop	所有进入的网络包都会被丢掉，并且没有任何的回应。只有发起连接的请求包可以被放行
external	在为路由器启用了伪装功能的外部网络使用。不信任网络上的其他计算机，只有特定的网络连接请求被接受
home	在家使用，信任网络上的大多数计算机。只有特定的网络连接请求被接受
internal	在内部网络使用，信任当前网络下其他的计算机。只有特定的网络连接请求被接受
public	在公共网络使用，不信任网络上的其他计算机。只有特定的网络连接请求被接受
trusted	所有的网络连接都会被接受
work	在工作网络中使用，信任网络上的其他计算机。只有特定的网络连接请求被接受

在 CentOS 7 系统中，默认区域被设置为 public。

不同区域之间的差异是其对待数据包的默认行为不同，根据区域名字可以很直观地知道该区域的特征。

对应 9 个域，firewalld 默认提供了 9 个域配置文件：block.xml、dmz.xml、drop.xml、external.xml、home.xml、internal.xml、public.xml、trusted.xml 和 work.xml。它们都保存在"/usr/lib/firewalld/zones/"目录下。

默认情况下，在/etc/firewalld/zones 下面只有一个 public.xml。如果给另外一个域做一些改动，并永久保存，那么会自动生成对应的配置文件。例如，给"work"域增加一个端口：

```
firewall-cmd --permanent --zone=work --add-port=1000/tcp
```

此时，就会生成一个 work.xml 的配置文件。

查看 XX 区域的永久配置文件命令是:

```
cat /etc/firewalld/zones/XX.xml
```

（2）服务

在/usr/lib/firewalld/services/目录中，还保存了另外一类配置文件，每个文件对应一项具体的网络服务，如 ssh 服务等。与之对应的配置文件中记录了各项服务所使用的 TCP/UDP 端口。在最新版本的 firewalld 中默认已经定义了 70 多种服务供用户使用。当默认提供的服务不够用或者需要自定义某项服务的端口时，需要将服务配置文件放置在/etc/firewalld/services/目录中。每加载一项服务配置就意味着开放了对应的端口访问。

服务配置的优点显而易见：第一，通过服务名字来管理规则更加人性化；第二，通过服务来组织端口分组的模式更加高效，如果一个服务使用了若干个网络端口，则服务的配置文件就相当于提供了到这些端口的规则管理的批量操作快捷方式。

2. 安装与应用 firewalld

（1）安装 firewalld

```
# yum install firewalld firewall-config
```

部分系统自带 firewalld 组件，如在 CentOS 中无须安装，可以在应用软件列表中找到防火墙图标，如图 9-7 所示。

图 9-7 安装完成后的防火墙图标

（2）管理 firewalld

firewall 与 iptables 一样都是服务，所以可以使用 systemctl 服务管理工具来操作。操作命令见表 9-6。

表 9-6 firewalld 服务使用的命令

目 的	命 令
查看防火墙状态	systemctl status firewalld
关闭防火墙，停止 firewall 服务	systemctl stop firewalld
开启防火墙，启动 firewall 服务	systemctl start firewalld
重启防火墙，重启 firewall 服务	systemctl restart firewalld
查看 firewall 服务是否开机启动	systemctl is-enabled firewalld
开机时自动启动 firewall 服务	systemctl enable firewalld.service
开机时自动禁用 firewall 服务	systemctl disable firewalld.service

启动后可以查看 firewalld 的相应信息，如图 9-8 所示。

```
[root@VM-0-7-centos root111]# systemctl status firewalld
● firewalld.service - firewalld - dynamic firewall daemon
   Loaded: loaded (/usr/lib/systemd/system/firewalld.service; disabled; vendor p
reset: enabled)
   Active: active (running) since 日 2020-08-30 10:50:30 CST; 22min ago
     Docs: man:firewalld(1)
 Main PID: 2915 (firewalld)
    Tasks: 2
   CGroup: /system.slice/firewalld.service
           └─2915 /usr/bin/python2 -Es /usr/sbin/firewalld --nofork --nopid
```

图 9-8 查看 firewalld 信息

（3）firewalld 的 3 种使用方法

1）firewall-config（图形化配置工具）。

2）firewall-cmd（命令行工具）。

3）直接编辑.xml 文件。

下面分别介绍这 3 种使用方法。

3．firewall-cmd 常用命令

firewalld 提供了许多可用的命令行，其中常用的命令介绍如下。

1）查看 firewalld 版本。

```
firewall-cmd --version
```

2）查看 firewalld 用法。

```
firewall-cmd --help
```

3）重载 firewalld（当前已经生效的连接不中断）。

```
firewall-cmd --reload
```

4）重载 firewalld（当前连接中断）。

```
firewall-cmd --complete-reload
```

5）列出当前正在生效的服务。

```
firewall-cmd --get-services
```

6）在 public 区域的永久配置中启用 SMTP 服务。

```
firewall-cmd --permanent --zone=public --add-service=smtp
```

7）在 public 区域的永久配置中移除 SMTP 服务。

```
firewall-cmd --permanent --zone=public --remove-service-smtp
```

8）列出 public 区域中已经启用的端口号。

```
firewall-cmd --zone=public --list-ports
```

9）在 public 区域的永久配置中启用 8080 端口。

```
firewall-cmd --permanent --zone=public --add-port=8080/tcp
```

10）在 public 区域的永久配置中移除 8080 端口。

```
firewall-cmd --permanent --zone=public --remove-port=8080/tcp
```

11）将本机的 80 端口流量转发到 90 端口，区域为 public。

```
firewall-cmd --zone=public --add-forward-port=port=80:proto=tcp:toport=90
```

12）查看所有可用区域。

```
firewall-cmd --get-zones
```

13）查看当前活动的区域。

```
firewall-cmd --get-active-zones
```

14）列出所有区域的所有配置。

```
firewall-cmd --list-all-zones
```

15）列出指定区域（如 work 区域）的所有配置。

```
firewall-cmd --zone=work --list-all
```

16）查看默认区域。

```
firewall-cmd --get-default-zone
```

17）设定默认区域。

```
firewall-cmd --set-default-zone=public
```

18）设定某一网段为内网段（然后可以创建策略为只允许内网访问）。

```
firewall-cmd --permanent --zone=internal --add-source=192.168.122.0/24
```

19）移除内网某一网段。

```
firewall-cmd --permanent --zone=internal --remove-source=192.168.122.0/24
```

4．firewalld-config 图形界面管理

除了使用命令行配置 firewalld 的相关信息，firewalld 还提供了较为大众化的图形化界面进行配置。使用"firewall-config"命令或单击图 9-7 中的"防火墙"图标即可进入 firewalld 的图形化界面，如图 9-9 所示。

图 9-9　firewalld 的图形化界面

☒ 说明：

请先保证已经开启 firewalld 的服务，否则图形化界面无法成功连接上防火墙。

5．通过配置文件来使用 firewalld

firewalld 默认配置文件有两个：

- /usr/lib/firewalld/ （系统配置文件，尽量不要修改）。
- /etc/firewalld/ （用户配置地址）。

系统本身已经内置了一些常用服务的防火墙规则，存放在/usr/lib/firewalld/services/目录下，该目录下的文件不可以被编辑，只有/etc/firewalld/services 中的文件可以被编辑。

可以复制相应的文件到 /etc/firewalld/services 的目录下进行编辑。可以尝试直接修改其中的配置文件来配置防火墙的相关设置。

【例 9-1】 通过配置文件来使 firewalld 开放 HTTP 服务。

firewalld 在初始状态时很多服务功能是没有开启的，这样在用户访问服务器或是搭建试验环境时会产生不必要的麻烦，除了上面所说的通过图形化的界面或是命令行修改 firewalld 的配置，还可以直接在根目录的文件中修改相应的配置。

在/etc/firewalld/zones 文件夹下找到 public.xml 文件，之所以修改/etc 文件夹下的内容而不是/usr/lib 文件夹下的内容，是因为系统的默认读取顺序是先访问/etc 里面的文件再去读取/usr/lib 文件夹下的内容，因此可以将/usr/lib 文件夹下的一些.xml 文件复制到/etc 对应的目录下，方便进行修改。

修改配置文件的步骤如下。

1）复制/usr/lib/firewalld/services 文件夹下的 public.xml 文件到/etc/firewalld/services/。

```
cp /usr/lib/firewalld/services/http.xml /etc/firewalld/services/
```

2）修改/etc/firewalld//zones/public.xml 的内容，如图 9-10 所示，在其中加入 http 服务。

```
<?xml version="1.0" encoding="utf-8"?>
<zone>
  <short>Public</short>
  <description>For use in public areas. You do not trust the other computers on networks to not harm your
computer. Only selected incoming connections are accepted.</description>
  <service name="dhcpv6-client"/>
  <service name="ssh"/>
  <service name="http"/>

</zone>
```

图 9-10　修改 public.xml 试验文件

3）添加完毕后保存，重启 firewall 后，http 服务已经被开启。可以在图形化界面上很方便地看到 http 服务已被勾选，如图 9-11 所示。

图 9-11　http 服务被开启

【应用示例 8】 使用 **firewalld** 开启 **Apache 8081** 端口

本示例应用环境为 CentOS 7.2+Apache。对 Apache 服务的相应配置限于篇幅这里不做介绍，主要介绍 firewalld 中的操作。

由于开启 firewalld 后默认是不开启任何端口的，所以外部流量是无法访问 Apache 服务器的，如图 9-12 所示。因此，本示例修改 firewalld 打开 8081 端口实现外部对服务器的正常访问。

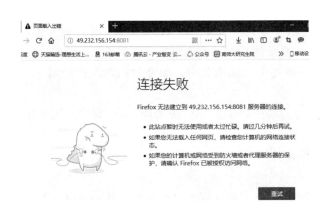

图 9-12 外部访问被拦截

为了在 firewalld 防火墙上开启 8081 端口，区域选择直接放到 public 区域，开启的模式选择永久开启，重载防火墙使其生效。相应的命令及执行结果如图 9-13 所示。

```
[root@VM-0-7-centos root111]# firewall-cmd --permanent --zone=public --add-port=
8081/tcp
success
[root@VM-0-7-centos root111]# firewall-cmd --reload
success
```

图 9-13 添加 8081 端口放行

添加完端口之后再次访问 8081 端口，可以发现访问正常，如图 9-14 所示。

Firewalld 8081 Tcp open!

图 9-14 8081 端口可以正常访问

同时打开 firewalld 的图形化界面查看端口的信息，可以发现，在 public 选项卡的"端口"选项中已经增加了 8081/tcp 选项，如图 9-15 所示。

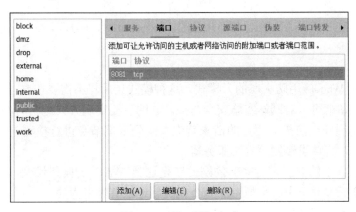

图 9-15 端口添加完成

📖 拓展阅读

读者要想了解更多 Linux 防火墙的原理与应用技术，可以阅读以下书籍，或是使用命令"man iptables"了解每个选项的详细说明。

[1]　杜文亮. 计算机安全导论：深度实践 [M]. 北京：高等教育出版社，2020.

[2]　丁明一. Linux 运维之道 [M]. 2 版. 北京：电子工业出版社，2016.

[3]　胥峰. Linux 系统安全：纵深防御、安全扫描与入侵检测 [M]. 北京：机械工业出版社，2019.

[4]　苏哈林. Linux 防火墙：第 4 版[M]. 王文烨，译. 北京：人民邮电出版社，2016.

9.2　WAF 开源防火墙

本节首先介绍 Web 应用防火墙（Web Application Firewall，WAF）的产品形态及功能框架，然后介绍 3 款开源 WAF——Modsecurity、HIHTTPS 和 NASXI 的使用。

9.2.1　WAF 防火墙产品及功能框架

本书第 2 章中介绍了 WAF 部署于 Web 服务器前端，根据预先定义的安全防护规则，对流经的 HTTP/HTTPS 访问和响应数据进行解析，具备 Web 应用的访问控制及安全防护功能的网络安全产品。

1. WAF 的产品形态

从产品形态上来划分，WAF 主要分为以下 3 大类。

（1）硬件 WAF

目前安全市场上大多数的 WAF 都属于此类。它们以一个独立的硬件设备的形态存在，支持以多种方式（如透明桥接模式、旁路模式、反向代理等）部署到网络中，为后端的 Web 应用提供安全防护。

相对于软件产品类的 WAF，硬件 WAF 的优点是性能好、功能全面、支持多种模式部署等，但价格通常比较贵。国内的绿盟、安恒、启明星辰等厂商生产的 WAF 都属于此类。

（2）软件 WAF

这种类型的 WAF 采用纯软件的方式实现，优点是安装简单、容易使用、成本低。

软件 WAF 由于必须安装在 Web 应用服务器上，除了性能受到限制外，还可能会存在兼容性、安全性等问题。这类 WAF 的代表有开源的 ModSecurity、HIHTTPS、NAXSI，以及商业软件——网站安全狗等。

（3）云 WAF

云 WAF 也称 Web 应用防火墙的云模式。这种模式让用户不需要在自己的网络中安装软件程序或部署硬件设备就可以对网站实施安全防护。它的主要实现方式是利用 DNS 技术，通过移交域名解析权来实现安全防护。用户的请求首先发送到云端节点进行检测，若存在异常请求，则进行拦截；否则，将请求转发至真实服务器。

国内创新工场旗下的安全宝、360 的网站宝是这类 WAF 的典型代表。它的优点是快速部署、零维护、成本低。对于中、小型企业和个人网站是很有吸引力的。

2. WAF 产品的一般功能框架

目前，不论是硬件 WAF，还是软件 WAF 或云 WAF，其核心功能模块都包含 HTTP 解析模块、规则检测模块、防御动作模块及日志模块。下面着重介绍一下规则检测和防御动作模块原理。

（1）规则

WAF 规则是定义对符合某种条件的 HTTP 请求执行指定动作的条例。一条 WAF 规则一般包含 id、解码器、过滤条件、阶段、动作、日志格式和严重级别。

1）id。主要用于审计追溯。虽然 WAF 规则的 id 可用于审计，但却无法追溯是由哪个消息触发的，规则对消息处理的顺序是怎样的。所以，一个稳妥的规则引擎，应当在 HTTP 消息接收时，在头部增加一个消息 id，当消息离开 WAF 前，删除这个消息 id。通过这种方式可以很好地追溯到每条消息会触发哪些规则，触发结果是怎样的。当出现误判时，也可以立刻知道是哪些规则有问题，顺序是怎样的，规则定义是否合理。

2）解码器。由于 HTTP 消息在传输过程中会对数据进行某种编码，所以，WAF 规则往往需要定义解码器。

3）过滤条件。使用正则表达式定义防护规则。

4）阶段。WAF 处理 HTTP 一般分为 4 个阶段，即请求头部、请求内容、响应头部、响应内容。

5）动作。WAF 每条规则都会配置动作，对命中规则的请求进行对应的处理。每个 WAF 产品对动作的定义不尽相同。例如，ModSecurity 定义了如下动作。

- allow。匹配了某条规则后直接让请求通过，通常用于白名单。
- block。它的行为取决于配置的默认动作，如果默认动作更新，使用 block 的规则行为也随即改变。通常用于批量更新规则动作。
- deny。中断规则处理，拦截请求/响应。从客户端的角度来说，这个动作会返回 4xx 或 5xx 的状态码（取决于规则定义 status)，但并没有中断当前的连接。
- drop。对当前 TCP 连接进行关闭操作。它与 deny 不同，deny 之后，客户端仍然可以提交请求；但 drop 后，客户端只有重新连接才可以访问。这个动作可以节省服务器的连接数。
- pass。如果匹配某条规则，则继续匹配下一条规则。
- pause。匹配某条规则，对当前事务暂停指定的毫秒。一般用于防止登录爆破。如果遭受 DDOS 攻击，会恶化整个 Web 服务的响应速度。
- proxy。把匹配规则的请求转发到另外一个 Web 服务去。这个功能类似反向代理。由于它对客户端而言完全是无感知的，可以用它将请求导向蜜罐系统。
- redirect。当规则被匹配时，将返回一个重定向，指示浏览器访问另外一个 URL。它与 proxy 的区别在于，它对客户端而言是有感知的。该动作可用于配置新上线接口或屏蔽某些有问题的接口。

6）日志格式。指明日志的格式。

7）严重级别。违反规则的严重程度。

（2）规则检测

WAF 的规则检测重点是过滤有害请求和伪装响应。出于性能考虑，过滤有害请求又分两层进行，即网络层和应用层，且任何请求应该先在网络层过滤再到应用层过滤。因此，规则引擎分为两块，对请求过滤和对响应过滤，而对请求过滤分为两步，网络层过滤和应用层过滤。基本原理如图 9-16 所示。

1）对请求的过滤。

① 网络层。

- 检查白名单。通过白名单，可以标识特定的 IP 地址是可信的。这样可以将可信的源 IP 和目的 IP 列入白名单，从而直接放行指定 IP 的访问请求，以提高性能。

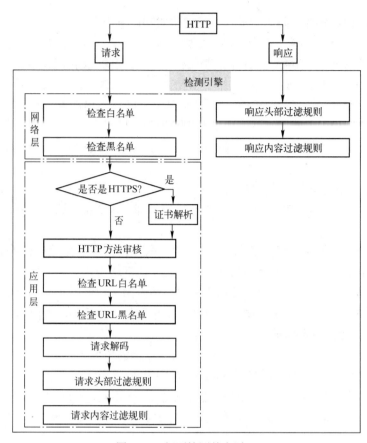

图 9-16 规则检测基本原理

- 检查黑名单。对于已知有害的来源 IP，将其列入黑名单直接进行拦截。由于过滤应用层规则所花费的时间是网络层规则的几十倍，且对于已知有害的来源 IP 是越早拦截越好，因此从性能方面考虑，黑名单拦截功能紧跟在白名单之后，而且放在网络层。

② 应用层。

- 证书解析。随着 HTTPS 越来越普及，WAF 需要对 HTTPS 请求和响应进行检测和过滤。对于 HTTPS，WAF 支持使用证书对 HTTPS 内容进行拆解。

- HTTP 方法审核。如果网站的配置有问题，会造成 HTTP 方法有安全风险。因此，需要对 HTTP 请求中的方法进行审核以过滤不安全的 HTTP 方法。通常会拦截除了 HEAD、GET、POST 之外的其他方法，以减少网站被攻击的风险。

- 检查 URL 白名单。由于 URL（如请求某些静态资源）并不会存在漏洞，因此没必要对这些 URL 进行规则过滤，将其存在入 URL 白名单即可。

- 检查 URL 黑名单。由于某些接口的实现可能会涉及大量运算，需要对该 URL 的访问进行次数限制，因此需要存在一个 URL 和访问次数的黑名单。

- 请求解码。HTTP 请求很多时候会对头部和内容的数据进行编码用于传输二进制数据，如 URL 编码、HTML 编码、JS 编码，十六制编码、Base64 编码等，为防止攻击者利用编码绕过检测，需要对数据进行解码，才能知道真实的原始载荷。

- 请求头部过滤规则。HTTP 请求报文由请求行、请求头部、空行和请求内容四部分组成。其中，请求行由方法字段、URL 字段和 HTTP 版本字段三部分组成。而 GET 方法的参数和对应的值是附加在 URL 后面的，因此在请求行就可以进行过滤。请求头部以"关键字:值"对组成，每行一对，这样的组织方式使得解析速度较快，因此从性能考虑，也应该先对请求头部进行过滤。

- 请求内容过滤规则。POST 方法的参数基本都是放在请求内容里，因此需要对请求内容进行过滤。

2）对响应的过滤。

- 响应头部过滤规则。例如，对泄露网站服务器的关键信息进行屏蔽或伪装。
- 响应内容过滤规则。例如，对服务器返回给客户端的可能造成信息泄露的文本信息进行过滤或伪装，以降低安全风险。

3．WAF 检测方法的发展

目前，WAF 主要依赖规则和黑白名单的方式来进行 Web 攻击检测。即 WAF 对接收到的数据包进行正则匹配过滤，如果正则匹配到与现有漏洞知识库的攻击模式相同，则进行阻断。该方法需要及时更新漏洞库，而漏洞库的建立过分依赖安全人员的知识广度，且无法检测出未知攻击类型。即使是已知的攻击类型，由于正则表达式天生的局限性，以及 SHELL、PHP 等语言极其灵活的语法，理论上是可以绕过检测规则的，因此误报和漏报是该方法的先天缺陷。为了提高正则准确性，就必须添加更多精细化正则，但由此会陷入一个永无止境的打补丁过程，从而严重影响 WAF 的整体性能。

针对上述问题，目前主流安全厂商的研究方向主要有两类：语义解析和 AI 识别。

- 语义解析是从 HTTP 载荷中提取的疑似可执行代码段，然后用沙箱去解析，看是否可以执行。语义解析理论上可以解决部分正则漏报误报问题。
- AI 识别是指利用 AI 技术构造出的具有区分能力的特征并进行数学表达，然后通过训练学习模型使之具备区分好坏的能力。AI 技术可以解决未知攻击类型的检测问题。

9.2.2 ModSecurity 的应用

1．ModSecurity

（1）ModSecurity 简介

ModSecurity 最开始是一个 Apache 的安全模块，后来发展成为开源的、跨平台的 Web 应用防火墙。它可以通过检查 Web 服务接收到的数据以及发送出去的数据来对网站进行安全防护。著名安全社区 OWASP 开发和维护着一套免费的应用程序保护规则，这就是所谓 OWASP 的 ModSecurity 的核心规则集（CRS），几乎覆盖了如 SQL 注入、XSS 跨站攻击脚本、DOS 等几十种常见 Web 攻击方法。ModSecurity 的官方主页是https://www.modsecurity.org，中文社区主页是 http://www.modsecurity.cn，如图 9-17 所示。

（2）ModSecurity 规则

OWASP ModSecurity 核心规则集（Core Rule Set，CRS）是一组用于 ModSecurity 或兼容的 Web 应用程序防火墙的通用攻击检测规则。CRS 旨在保护 Web 应用程序免受各种攻击，包括 OWASP 十大攻击，并提供最少的虚假警报。

可以从 ModSecurity 中文社区主页http://www.modsecurity.cn下载核心规则文件，也可以在 OWASP CRS 项目主页https://owasp.org/www-project-modsecurity-core-rule-set了解更多信息。

图 9-17　ModSecurity 中文社区主页

以一条 ModSecurity 规则为例：

```
    SecRule  REQUEST_FILENAME|ARGS_NAMES|ARGS|XML:/* "\bsys\.user_catalog\b" \ "phase:2,rev:
'2.1.3',capture,t:none,t:urlDecodeUni,t:htmlEntityDecode,t:lowercase,t:replaceComments,t:compressWhiteSpace,ctl:audit
LogParts=+E, \ block,msg:'Blind  SQL  Injection  Attack',id:'959517',tag:'WEB_ATTACK/SQL_INJECTION',tag:
'WASCTC/WASC-19',tag:'OWASP_TOP_10/A1',tag:'OWASP_AppSensor/CIE1', \ tag:'PCI/6.5.2',logdata:'%{TX.0}',
severity:'2',setvar:'tx.msg=%{rule.msg}',setvar:tx.sql_injection_score=+%{tx.critical_anomaly_score}, \ setvar:tx.anomaly_
score=+%{tx.critical_anomaly_score},setvar:tx.%{rule.id}-WEB_ATTACK/SQL_INJECTION-
%{matched_var_name}=%{tx.0}"
```

将该规则翻译成 XML 就是：

```
<rule>//规则详情
    <id>959517</id>   //该条规则的编号
    <version>2.1.3</version> //版本号
    <description></description>
    <severity>2</severity> //攻击的严重程度，共分为 8 级
    <phase>2</phase> //规则的处理阶段
    <decoder>none,
urlDecodeUni,htmlEntityDecode,lowercase,replaceComments,compressWhiteSpace</decoder> //解码方式
    <condition>
        <field>REQUEST_FILENAME|ARGS_NAMES|ARGS|XML:/*</field>//需要被检查的变量位置
        <operator>regex</operator> //正则匹配
        <pattern>\bsys\.user_catalog\b</pattern>
    </condition>
    <action>block</action> //执行定义的阻断性动作
    <tags></tags>
    <log>
        <format></format>
        <variables></variables>
    </log>
</rule>
```

本小节接下来介绍 ModSecurity 在 CentOS+Apache 环境下的安装、WAF 规则文件配置以及防御效果的验证，对于 Apache 仅进行简单化安装。

实验环境如下。

1）服务器操作系统：CentOS 7 64 位。

2）Apache 全套 Linux 安装包：libapr、libapr-util、libpcre。

3）ModSecurity v2.9.3，所需环境：

● Apache 2.0.x 或以上版本，同时需开启 mod_unique_id 模块。

● libxml2。

● liblua v5.x.x。

● libcurl v7.15.1 或更高。

2．CentOS+Apache 环境搭建

主要步骤如下。

1）从 http://www.modsecurity.cn/practice/files/apache+modsecurity.rar 下载软件包合集。下载完成后上传至服务器中/usr/local 目录下解压。

2）安装相关的依赖工具。具体的命令和步骤如下。

```
yum install -y readline-devel curl-devel gcc gcc-c++ python-devel yajl-devel
cd /usr/local
mkdir apr apr-util pcre apache libxml2
```

3）安装 Lua，命令如下。

```
//如果系统中已经自带 Lua，建议跳过此步直接 yum install lua-devel
cd /usr/local
tar -zxvf lua-5.3.5.tar.gz
cd lua-5.3.5
//由于是 64 位操作系统，需要编辑/usr/local/lua-5.3.5/src/Makefile，将
//CFLAGS= -O2 -Wall -Wextra -DLUA_COMPAT_5_2 $(SYSCFLAGS) $(MYCFLAGS 改为
//CFLAGS= -O2 -Wall -fPIC -Wextra -DLUA_COMPAT_5_2 $(SYSCFLAGS) $(MYCFLAGS)
make linux test
make install
```

📂拓展知识：**Lua**

Lua 是一种轻量小巧的脚本语言，用标准 C 语言编写并以源代码形式开放。其设计目的是为了嵌入应用程序中，从而为应用程序提供灵活的扩展和定制功能。

Lua 应用场景包括以下几种。

● 游戏开发。

● 独立应用脚本。

● Web 应用脚本。

● 扩展数据库插件，如 MySQL Proxy 和 MySQL WorkBench。

● 安全系统，如入侵检测系统。

4）安装 APR（Apache Portable Run-time libraries，Apache 可移植运行库）。APR 主要为上层的应用程序提供一个可以跨越多操作系统平台使用的底层支持接口库。

```
cd /usr/local
tar -zxvf apr-1.5.2.tar.gz
```

```
cd    apr-1.5.2
./configure --prefix=/usr/local/apr
//结尾会提示 rm: cannot remove 'libtoolT': No such file or directory，无须处理
make
make install
```

5）安装 apr-util。

```
cd /usr/local
tar -zxvf apr-util-1.5.4.tar.gz
cd apr-util-1.5.4
./configure --prefix=/usr/local/apr-util -with-apr=/usr/local/apr/bin/apr-1-config
make
make install
```

6）安装 pcre。

```
cd /usr/local
#tar -zxvf pcre-8.43.tar.gz
#cd pcre-8.43
#./configure --prefix=/usr/local/pcre
#make
#make install
#中间会出现两次警告，不影响最终效果，因此暂不处理
```

7）安装 libxml2。

```
cd /usr/local
tar -zxvf libxml2-2.9.9.tar.gz
cd libxml2-2.9.9
./configure --prefix=/usr/local/libxml2
make
make install
//中间会出现一次警告，libtool: warning: relinking 'libxml2mod.la'，不影响最终效果，因此暂不处理
```

8）安装 Apache。

```
cd /usr/local
tar -zxvf httpd-2.4.41.tar.gz
cd httpd-2.4.41
./configure --prefix=/usr/local/apache  --with-apr=/usr/local/apr  --with-apr-util=/usr/local/apr-util/  --with-
pcre=/usr/local/pcre
make
make install
```

9）最后，修改 httpd.conf 配置文件，将"#ServerName www.example.com:80"改为"ServerName localhost:80"后启动 Apache。由于笔者计算机的 80 端口被占用，故采用 8081 端口，读者可以根据自己的实际情况在 httpd.conf 里面配置。重启命令如下。

```
/usr/local/apache/bin/apachectl start
```

3．安装 ModSecurity
安装 ModSecurity 模块来保护 Web 服务器抵御外部威胁。安装命令如下。

```
//停止 Apache
/usr/local/apache/bin/apachectl stop
```

```
cd /usr/lib64/
ln -s libexpat.so.1.6.0 libexpat.so
//防止 make 时报错/usr/bin/ld: cannot find -lexpat
cd /usr/local
tar -zxvf modsecurity-2.9.3.tar.gz
cd modsecurity-2.9.3
./configure
make
make install
```

4．规则文件配置

1）安装完 ModSecurity 之后，需要创建一个用于存放规则文件的文件夹，复制需要用到的 ModSecurity 相关文件。命令如下。

```
mkdir -p /usr/local/apache/conf/modsecurity/rules
cp /usr/local/modsecurity-2.9.3/modsecurity.conf-recommended /usr/local/apache/conf/modsecurity/
modsecurity.conf
cp /usr/local/modsecurity-2.9.3/unicode.mapping /usr/local/apache/conf/modsecurity/unicode.mapping
```

将 owasp-modsecurity-crs 解压后的 crs-setup.conf.example 复制到/usr/local/apache/conf/modsecurity/下，并重命名为 crs-setup.conf。

将 owasp-modsecurity-crs 解压后的 rules 文件夹内的所有文件复制到/usr/local/apache/conf/modsecurity/rules/base 下，同时修改 REQUEST-900-EXCLUSION-RULES-BEFORE-CRS.conf.example 与 RESPONSE-999-EXCLUSION-RULES-AFTER-CRS.conf.example 两个文件的文件名，将 ".example" 删除。可将自己写的规则放置于此两个文件中。

2）编辑 httpd.conf，去掉#LoadModule unique_id_module modules/mod_unique_id.so 前的注释符，并添加以下内容。

```
LoadModule security2_module modules/mod_security2.so
<IfModule security2_module>
Include conf/modsecurity/modsecurity.conf
Include conf/modsecurity/crs-setup.conf
Include conf/modsecurity/rules/base/*.conf
</IfModule>
```

3）最后，编辑 modsecurity.conf，将 SecRuleEngine DetectionOnly 改为 SecRuleEngine On，重启 Apache。

【应用示例 9】 使用 ModSecurity 防御 XSS（跨站脚本攻击）

在 Apache 服务安装完成后，可以在浏览器中输入服务器 IP，并模拟一次 Web 攻击。例如输入如下命令，进行 XSS 攻击测试。

http://服务器 IP/?param=%22%3E%3Cscript%3Ealert(1);%3C/script%3E

如图 9-18 所示，系统安装的 Apache 服务对于 Web 攻击没有启用任何防御手段。

图 9-18　模拟 Web 攻击时网页的显示效果

安装完成 ModSecurity 后，为了验证防御效果，再模拟一次 Web 攻击。例如，输入同样的命令，进行 XSS 攻击测试。

http://服务器 IP/?param=%22%3E%3Cscript%3Ealert(1);%3C/script%3E

如图 9-19 所示，页面显示攻击被拦截。

图 9-19　模拟攻击被拦截

9.2.3　HIHTTPS 的应用

1．HIHTTPS 简介

HIHTTPS 是一款开源的 Web 应用防火墙，支持传统的安全规则检测，商业版提供机器学习和 Web 管理。HIHTTPS 的官方主页是 http://www.hihttps.com，开源项目主页是https://gitee.com/hihttps/hihttps。

开源版提供基础防护功能，具体包括恶意 Web 漏洞扫描、数据库 SQL 注入、跨站脚本攻击（XSS）、URL 黑白名单、危险文件上传检测、非法 URL/文件访问、支持 HTTP 1.1 所有的 SSL Web 服务器、HTTP 错误检测、可以扩展的日志、兼容 OWASP 的 ModSecurity 正则规则、epoll 模型单核超 3 万并发连接请求。

下面以 CentOS 7 为例介绍 HIHTTPS 的应用。

2．安装

首先需要安装 OpenSSL 和 libpcre 两个开发库，OpenSSL 是一个开放源代码的软件库，帮助用户实现保密性、完整性和可认证性等安全功能。libpcre 是一个用 C 语言编写的正则表达式函数库。安装命令如下，安装过程如图 9-20 所示。

```
yum install openssl openssl-devel
yum install -y pcre pcre-devel
```

```
验证中          : libss-1.42.9-7.el7.x86_64                                    28/29
验证中          : pcre-8.32-15.el7_2.1.i686                                    29/29

已安装:
  openssl-devel.x86_64 1:1.0.2k-19.el7

作为依赖被安装:
  keyutils-libs-devel.x86_64 0:1.5.8-3.el7   krb5-devel.x86_64 0:1.15.1-46.el7
  libcom_err-devel.x86_64 0:1.42.9-17.el7    libselinux-devel.x86_64 0:2.5-15.el7
  libsepol-devel.x86_64 0:2.5-10.el7         libverto-devel.x86_64 0:0.2.5-4.el7
  pcre-devel.x86_64 0:8.32-17.el7            zlib-devel.x86_64 0:1.2.7-18.el7

更新完毕:
  openssl.x86_64 1:1.0.2k-19.el7

作为依赖被升级:
  e2fsprogs.x86_64 0:1.42.9-17.el7           e2fsprogs-libs.x86_64 0:1.42.9-17.el7
  libcom_err.x86_64 0:1.42.9-17.el7          libss.x86_64 0:1.42.9-17.el7
  openssl-libs.x86_64 1:1.0.2k-19.el7        pcre.i686 0:8.32-17.el7
  pcre.x86_64 0:8.32-17.el7                  zlib.i686 0:1.2.7-18.el7
  zlib.x86_64 0:1.2.7-18.el7

完毕!
```

图 9-20　安装 OpenSSL 和 libpcre

接着，在 HIHTTPS 官网或者 GitHub 下载最新的软件安装包，参考地址为https://github.com/qq4108863/hihttps 或 https://gitee.com/hihttps/hihttps。安装包下载后解压至/usr/locate/文件夹下（读者可以自行选择任意目录），在该目录下直接使用 make 命令即可生成可执行文件 hihttps。

3．配置端口

打开 config.cfg 文件，通常是 HIHTTPS 前端运行 443（https）端口，后端反向代理 80 端口。所以，如果 Web 服务器已经占用了 443 端口，请停用或者修改为其他端口。

设置如下。

```
//前端 SSL 绑定的端口，默认 443，注意不要冲突了
frontend = {
    host = "*"
    port = "443"
}
backend = "[127.0.0.1]:80"    //后端默认反向连接 80 端口
//证书文件，建议设置绝对路径
pem-file = "../../hihttps.conf/server.pem"
```

【应用示例 10】 使用 HIHTTPS 防御暴力破解密码

HIHTTPS 应用的重点是访问控制规则的设置。规则放在和 HIHTTPS 同一级的 rules 目录即可，注意扩展名是.conf 或者.rule。

本示例实现对暴力破解密码攻击的防御。

1．规则加载

HIHTTPS 安装配置完成后，默认已经开启了 DDOS&CC 以及暴力破解密码防御规则，打开 REQUEST-20-APPLICATION-CC-DDOS.conf 这个文件，找到如下规则。

```
SecRule DDOS "@rx login" \
"id:20,\
phase:2,\
block,\
capture,\
t:none,t:urlDecodeUni,t:lowercase,\
msg:'LOGIN Brute Force Password test',\
logdata:'MatchedData:%{TX.0}foundwithin %{MATCHED_VAR_NAME}:%{MATCHED_VAR}',\
tag:'application-multi',\
tag:'language-php',\
tag:'platform-multi',\
tag:'attack-injection-php',\
tag:'OWASP_CRS/WEB_ATTACK/PHP_INJECTION',\
tag:'OWASP_TOP_10/A1',\
ctl:auditLogParts=+E,\
ver:'OWASP_CRS/3.1.0',\
severity:'CRITICAL',\
setvar:'ddos_burst_time_slice=10,ddos_counter_threshold=3,ddos_block_timeout=60',\
setvar:'tx.php_injection_score=+%{tx.critical_anomaly_score}',\
setvar:'tx.anomaly_score_pl1=+%{tx.critical_anomaly_score}',\setvar:'tx.%{rule.id}OWASP_CRS/WEB_ATTACK/PHP_INJECTION-%{MATCHED_VAR_NAME}=%{tx.0}'"
```

上面规则的基本含义：任何 URL 中正则匹配到了 login 这个关键字，同一 IP 在 10s 内超过 3 次访问，认为是在暴力破解密码，直接封锁其 IP 地址 60s。因为正常用户在登录的时候，即使错误输入

了密码，也不会在 10s 内超过 3 次请求。如果要修改频率，直接改规则里面的时间即可。

setvar:'ddos_burst_time_slice=10,ddos_counter_threshold=3,ddos_block_timeout=60',

2. 运行 HIHTTPS

在当前文件夹下直接运行./hihttps 即可。默认读取当前目录下的 confg.cfg 文件，或者./hihttps -- config /dir/config.cfg。

如果成功打印加载了 rules 目录下的规则，代表运行成功，如图 9-21 所示。

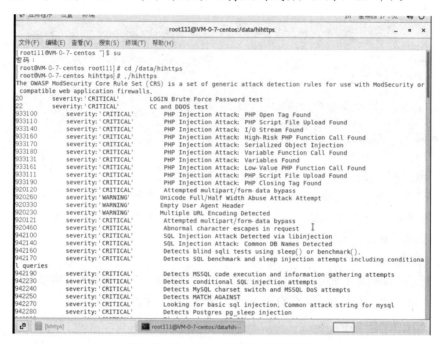

图 9-21　HIHTTPS 运行成功显示内容

3. 攻击防护结果

在浏览器中多次访问 https://server_ip/login.html?testsql=delete * from test。如果 HIHTTPS 产生了报警记录，如图 9-22 所示，则表明 HIHTTPS 成功防御了暴力破解网站密码攻击。

图 9-22　产生报警记录

9.2.4 NASXI 的应用

1．NAXSI 简介

（1）NAXSI 名称的含义

NAXSI 是 Nginx 服务器上常见的开源 Web 应用防火墙。NAXSI 表示"Nginx Anti XSS & SQL Injection"（Nginx 防御跨站脚本和 SQL 注入攻击）。从技术上讲，NAXSI 是 Nginx 的第三方模块，可作为许多类 UNIX 的平台的软件包使用。NAXSI 开源项目的主页是 https://github.com/nbs-system/naxsi。

> 📂**拓展知识：Nginx**
>
> Nginx（读成"Engine X"）是一个高性能的 HTTP 和反向代理 Web 服务器软件，同时它还提供 IMAP/POP3/SMTP 服务。Nginx 可以在大多数 UNIX、Linux 操作系统上编译运行，并有 Windows 移植版。其特点是占有内存少，并发能力强。事实上，Nginx 的并发能力在同类型的网页服务器中表现较好，许多大型网站均在使用。

（2）NAXSI 的工作原理

Nginx 为开发者提供了反向代理这一功能，配置完成后，可以让访问后端 Web 服务器的所有流量均从 Nginx 反向代理服务器中经过，此时增加部署 NAXSI 模块，起到 WAF 的作用，并检测经过 Nginx 的流量，将攻击流量根据相关配置进行阻断，从而使得后端 Web 服务器免于流量攻击。其工作原理如图 9-23 和图 9-24 所示。

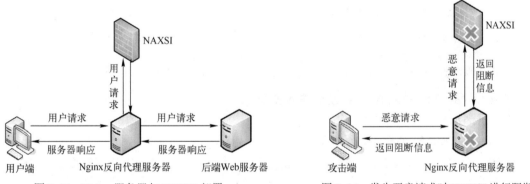

图 9-23　Nginx 服务器与 NAXSI 部署　　　图 9-24　发生恶意请求时 NAXSI 进行阻断

NAXSI 使用默认拒绝的方式来最大化保障 Web 安全，因此，应用 NAXSI 的任务是添加必需的 ACCEPT 规则以使目标网站正常运行，也就是添加白名单的特定规则允许合法行为通过。可以通过分析 NAXSI 的错误日志来手动添加白名单，也可以通过自学习来自动生成有关网站行为的白名单规则。

NAXSI 也可采用黑名单模式，通过对 HTTP 请求中出现的所有恶意字符设置分值并求和，达到一定阈值则以拒绝请求的方式来实现安全防御。

【例 9-2】 NAXSI 规则及应用。

NAXSI 核心规则集下载地址是 https://github.com/nbs-system/naxsi/blob/master/naxsi_config/naxsi_core.rules。其中的两条规则如下。

```
MainRule "str:\"" "msg:double quote" "mz:BODY|URL|ARGS|$HEADERS_VAR:Cookie" "s:$SQL:8,
$XSS:8" id:1001;
```

```
MainRule "str:"" "msg:simple quote" "mz:ARGS|BODY|URL|$HEADERS_VAR:Cookie" "s:$SQL:4, $XSS:
8" id:1013;
```

id 为 1001 的规则表示，如果在请求体（BODY）、统一资源定位器（URL）、请求参数（ARGS）、请求头部（Cookie）的任何位置出现了双引号（"），则把该请求可能是 SQL 注入、跨站脚本攻击的判断值设为 8。

id 为 1013 的规则表示，如果在请求参数（ARGS）、请求体（BODY）、统一资源定位器（URL）、请求头部（Cookie）的任何位置出现了单引号（'），则把该请求可能是 SQL 注入的判断值设为 4，并把该请求可能跨站脚本攻击的判断值设为 8。

通过在 Nginx 配置文件中加入以下语句，可以根据每条规则得出的判断值之和设置控制（如 BLOCK 或 ACCEPT）。

```
CheckRule "$SQL >=8" BLOCK;
CheckRule "$XSS >=8" BLOCK;
CheckRule "$TRAVERSAL >=4" BLOCK;
CheckRule "$RFI >=8" BLOCK;
```

下面来介绍 NAXSI 的安装与使用。

2．配置 NAXSI 及 Nginx 调试

（1）下载 NAXSI

```
wget https://github.com/nbs-system/naxsi/archive/x.xx.x.tar.gz //读者可以自由选择
tar xvzf naxsi-x.xx.tar.gz //解压缩
```

（2）重新编译 Nginx，加入 NAXSI 模块

```
cd nginx-x.x.xx //切换到 nginx 目录下
./configure --add-module=../naxsi-core- x.xx.x /naxsi_src
make && make install
```

【应用示例 11】　使用 NASXI 防御注入攻击

1．规则加载

（1）复制 NAXSI 的核心配置规则库

```
cp naxis_core.rules /usr/local/nginx/conf/naxsi)core.rules
```

（2）编辑 nginx.conf，在 http 部分加入如下的配置

```
include /usr/loacte/nginx/conf/naxsi_core.rules;
```

（3）nginx.conf 中 server 部分配置

```
server {
listen 80 default;
access_log /wwwlogs/access_nginx.log combined;
root /www/site;
index index.html index.htm index.php;
location ~ [^/]\.php(/|$) {
    SecRulesEnabled;
    #LearningMode;
    DeniedUrl "/RequestDenied";
    CheckRule "$SQL >= 8" BLOCK;
    CheckRule "$RFI >= 8" BLOCK;
    CheckRule "$TRAVERSAL >= 4" BLOCK;
```

```
        CheckRule "$EVADE >= 4" BLOCK;
        CheckRule "$XSS >= 8" BLOCK;
        error_log /wwwlogs/foo.log;
        fastcgi_pass unix:/dev/shm/php-cgi.sock;
        fastcgi_index index.php;
        include fastcgi.conf;
    }
    location /RequestDenied {
        return 403;
    }
    location ~ .*\.(gif|jpg|jpeg|png|bmp|swf|flv|ico)$ {
        expires 30d;
        access_log off;
        }
    location ~ .*\.(js|css)?$ {
        expires 7d;
        access_log off;
        }
    }
```

2. 重启 Nginx

```
/nginx/sbin/nginx -t        //测试 Nginx 是否正常
service nginx restart        //重启 Nginx
```

3. 攻击防御验证

在浏览器地址栏分别输入两个访问链接，一条含有条件注入，一条则含有特殊字符。

http://服务器 ip/test.php?name=40/**/and/**/1=1

http://服务器 ip/test.php?name=%28%29

第 1 个链接请求因含有条件注入，第 2 个链接请求因含有特殊字符，所以都会与 NAXSI 中的规则相匹配从而被拦截。显示的拦截信息如图 9-25 所示。

图 9-25　NAXSI 显示拦截信息

📖 **拓展阅读**

读者要想了解更多 Web 防火墙的原理与应用技术，可以阅读以下书籍。

[1] 张博. 从实践中学习 Web 防火墙构建[M]. 北京：机械工业出版社，2020.

[2] 杨东晓，王嘉，程洋，等. Web 应用防火墙技术及应用[M]. 北京：清华大学出版社，2019.

9.3　思考与实践

一、填空题

1. iptables 是_____系统的一个管理内核包过滤的工具，是从版本号_____开始支持的。

2．iptables 最常用的 3 类表是_____表、_____表和_____表。

3．iptables 清除一个链中所有规则的命令选项是_____。

4．iptables 指定表的命令选项是_____。

5．iptables 源地址转换的命令选项是_____，目的地址转换的命令选项是_____。

6．从产品形态上来划分，WAF 主要分为 3 大类，分别是_____、_____和_____。

7．WAF 产品的核心功能模块一般包含_____、_____、_____和_____。

8．常见的允许数据包通过的动作命令有_____，阻止数据包通过的动作命令有_____，丢弃数据包的动作命令有_____。

二、简答题

1．netfilter 与 iptables、firewalld 和 nftables 的关系是什么？

2．iptables 能够实现防火墙的哪些主要功能？

3．iptables 对网络数据包的处理由哪些安全控制环节组成？

4．如果防火墙允许周边网络上的主机访问内部网络上任何基于 TCP 的服务，而禁止外部网络访问周边网络上任何基于 TCP 的服务。请给出实现这一要求的思路。

三、知识拓展题

访问以下链接，了解 nftables 的技术细节。

[1] ArchLinux 社区主页：https://wiki.archlinux.org/index.php/Nftables_ (%E7%AE%80%E4%BD%93%E4%B8%AD%E6%96%87)。

[2] Nftables Wiki：https://farkasity.gitbooks.io/nftables-howto-zh/content/index.html。

四、操作实验题

1．使用 iptables 设计防火墙规则并实现如下功能。

1）增加阻止来自某个特定 IP 范围内的数据包。

2）允许本机使用有限的 Internet 服务，如收/发电子邮件、上网浏览网页和聊天功能。

3）查看联机帮助，采用 limit 匹配扩展，设置指定单位时间内允许通过的 IP 碎片的数量或者 ICMP 数据包的数量，指定触发事件的阈值等规则，以防止 IP 碎片攻击和 ICMP 攻击。

2．firewalld 防火墙应用实验。完成以下实验内容，并撰写实验报告。

1）firewalld 的安装和启动。

2）验证应用示例 8。

3）firewalld 其他安全防护功能的验证。

3．ModSecurity 防火墙应用实验。完成以下实验内容，并撰写实验报告。

1）访问 OWASP 规则的官方 Github 下载地址（https://github.com/coreruleset/coreruleset），或至 OWASP CRS 主页（https://coreruleset.org），下载 OWASP 规则集并了解更多信息。

2）ModSecurity OWASP 核心规则集的配置。

3）防护效果测试。

4．HIHTTPS 防火墙应用实验。完成以下实验内容，并完成实验报告。

1）HIHTTPS 的安装和配置。

2）验证应用示例 10。

3）HIHTTPS 其他安全防护功能验证。

5．NASXI 防火墙应用实验。完成以下实验内容，并完成实验报告。

1）在 Nginx 中加入 NASXI 模块。

2）验证应用示例 11。

3）学习了解 NASXI 中的规则，并使用 nxapi / nxtool 生成规则。

五、编程实验题

使用 netfilter 框架实现一个简单的数据包过滤器，要求阻止所有发往端口 23 的 TCP 数据包，也就是阻止用户使用 Telnet 连接到其他计算机。

9.4 学习目标检验

请对照表 9-7 学习目标列表，自行检验达到情况。

表 9-7 第 9 章学习目标列表

	学 习 目 标	达 到 情 况
知识	了解 Linux 防火墙的功能框架，以及 netfilter 与 iptables、firewalld 和 nftables 之间的关系	
	了解 iptables 的基本原理及应用	
	了解 firewalld 的基本原理及应用	
	了解 WAF 防火墙的产品形态和功能框架	
	了解 ModSecurity 的基本原理及应用	
	了解 HiHTTPS 的基本原理及应用	
	了解 NASXI 的基本原理及应用	
能力	能够使用 iptables 进行防火墙的设置和应用	
	能够使用 firewalld 进行防火墙的设置和应用	
	能够使用开源 WAF 进行防火墙的设置和应用	

第 10 章　商业防火墙的选择与仿真应用

本章知识结构

本章围绕商业防火墙产品的选择和应用展开。本章知识结构如图 10-1 所示。

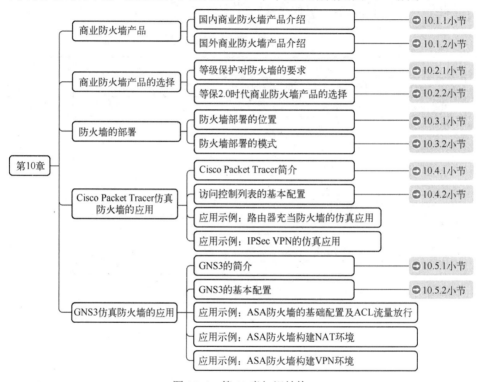

图 10-1　第 10 章知识结构

10.1　商业防火墙产品

目前市场上的防火墙产品可谓是琳琅满目，国内外安全厂商都在不断推出适合各种应用的防火墙系列产品。根据国际权威分析机构 Gartner 的网络防火墙魔力象限（Magic Quadrant for Network Firewalls）报告以及国际著名独立安全研究和评测机构 NSS Lab 的安全价值图（NGFW Security Value Map），本节介绍 6 款国内和 4 款国外有代表性的防火墙产品，帮助读者对主流防火墙产品有基本的了解。

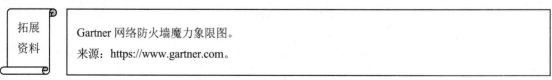

拓展资料	Gartner 网络防火墙魔力象限图。 来源：https://www.gartner.com。

10.1.1 国内商业防火墙产品介绍

本小节介绍国内的华为、新华三、山石网科、天融信、深信服和启明星辰 6 个安全公司的防火墙系列产品及其代表性产品的功能和特色。

1. 华为防火墙

华为在 2001 年便发布了首款防火墙插卡，而后根据网络的发展及技术的需求，推出了一代又一代防火墙及安全系列产品。

华为防火墙产品线包括下一代防火墙（USG6000 系列）、统一威胁管理（USG2000 和 USG5000 系列）和高端防火墙产品（USG9500 系列）。具体介绍如下。

- USG2000 系列。这是针对中小企业及连锁机构、SOHO（Small Office，Home Office）企业等发布的防火墙设备，其功能涵盖防火墙、UTM、VPN、路由、无线等。该系列产品具有性能高、可靠性高、配置方便等特性，而且价格相比较低，支持多种 VPN 组网方式。
- USG6600 系列。这是面向下一代网络环境的防火墙产品，适用于大中型企业及数据中心等网络环境，具有访问控制精准、防护范围全面、安全管理简单、防护性能高等特点，可进行企业网边界防护、互联网出口防护、云数据中心边界防护、VPN 远程互联等组网应用。华为 USG6600E 系列 AI 防火墙如图 10-2 所示。

图 10-2　华为 USG6600E 系列 AI 防火墙

- USG9500 系列。该系列适用于云服务提供商、大型数据中心、大型企业园区网络等。它拥有精准的访问控制、实用的 NGFW 特性，领先的"NP+多核+分布式"构架及丰富的虚拟化功能，可用于大型数据中心边界防护、广电和二级运营商网络出口安全防护、教育网出口安全防护等网络场景。2019 年，华为发布了业界首个 T 级 AI 防火墙——HiSecEngine USG12000 系列，加载华为昇腾 AI 芯片实现智能检测能力的大幅度提升，为企业提供智能化的网络边界防护。能够应对 5G 时代大流量、多业务安全防御威胁防御场景，整机最高可达 4.8Tbit/s，单槽位接口密度最高可达 18×100GE。

华为 USG6600E 系列 AI 防火墙的主要技术特点如下。

（1）卓越性能

防火墙内置转发、加密、模式匹配 3 大协处理引擎，IPS、AV 业务性能以及 IPSec 业务性能提升 2 倍。内置 AI 芯片，具备 8TOPS 16 位浮点数算力，能有效支撑高级威胁防御模型加速。

（2）智能防御

防火墙内置 NGE、CDE 和 AIE 这 3 大威胁防御引擎。

- NGE（Next Generation Engine）作为 NGFW 检测引擎，提供 IPS、反病毒和 URL 过滤等内容安全相关的功能，有效保证内网服务器和用户免受威胁的侵害。
- CDE（Content-based Detection Engine）可提供数据深度分析，暴露威胁的细节，快速检

测恶意文件，有效提高威胁检出率。

- AIE 作为 APT 威胁检测引擎，针对暴力破解、C&C 异常流量、DGA 恶意域名和加密威胁流量进行检测，有效解决威胁快速变化、变种频繁、传统升级特征库检测响应慢以及加密攻击检测难度大等问题，构建"普惠式"AI，帮助客户做到更全面的网络风险评估，有效应对攻击链上的网络威胁，真正实现攻击防御"智"能化。

（3）极简运维

融合云管理方案，即插即用，实现极速简易开局。全新的 Web UI 2.0（Website User Interface 2.0），以威胁可视化定义新安全界面，大幅加强易用性，简化运维。

（4）安全丰富的 IPv6 能力

防火墙提供安全丰富的 IPv6 网络切换能力、策略管控能力、安全防护能力以及业务可视能力，有效帮助政府、媒资、运营商、互联网和金融等行业进行 IPv6 改造建设。

（5）智能选路

防火墙提供基于多出口链路的动/静态智能选路功能，根据管理员设置的链路带宽、权重、优先级或者自动探测到的链路质量动态地选择出接口，按照不同的选路方式转发流量到各条链路上，并根据各条链路的实时状态动态调整分配结果，以此提高链路资源的利用率和用户体验。

读者可浏览华为官方网站主页 https://e.huawei.com/cn/products/enterprise-networking/security，了解更多华为防火墙产品信息。

2．新华三防火墙

紫光旗下新华三集团（H3C）提供的防火墙产品线很丰富，包括防火墙（H3C SecPath F 系列）、Web 应用防火墙（H3C SecPath W 系列）、多业务网关（H3C SecPath M 系列）、统一威胁管理（H3C SecPath U 系列）和专用防火墙（H3C SecBlade 系列）等。

H3C SecPath F50X0 系列防火墙是新华三公司针对大型企业园区网、运营商和数据中心市场推出的全新下一代高性能万兆防火墙产品。图 10-3 所示为 H3C SecPath F5010/F5020/F5040 防火墙。

图 10-3　H3C SecPath F5010/F5020/F5040 防火墙

H3C SecPath F50X0 系列防火墙的主要功能与技术特点如下。

（1）高性能的软、硬件处理平台

采用了先进的 64 位多核高性能处理器和高速存储器。

（2）电信级设备高可靠性

- 采用 H3C 公司拥有自主知识产权的软、硬件平台。产品应用从电信运营商到中小企业用户，经历了多年的市场考验。
- 支持 H3C SCF 虚拟化技术，可将多台设备虚拟化为一台逻辑设备，完成业务备份同时提高系统整体性能。

（3）强大的安全防护功能

- 支持丰富的攻击防范功能。包括 Land、Smurf、Fraggle、Ping of Death、Tear Drop、IP Spoofing、IP 分片报文、ARP 欺骗、ARP 主动反向查询、TCP 报文标志位不合法、超大 ICMP 报文、地址扫描、端口扫描等攻击防范，还包括针对 SYN Flood、UPD Flood、ICMP Flood、DNS Flood 等常见 DDoS 攻击的检测防御。
- 支持 SOP 1:N 完全虚拟化。可在 H3C SecPath F50X0 系列模块上划分多个逻辑的虚拟防火墙，基于容器化的虚拟化技术使得虚拟系统与实际物理系统特性一致，并且可以基于虚拟系统进行吞吐、并发、新建、策略等性能分配。

- 支持安全区域管理。可基于接口、VLAN 划分安全区域。
- 支持包过滤。通过在安全区域间使用标准或扩展访问控制规则，借助报文中 UDP 或 TCP 端口等信息实现对数据包的过滤。此外，还可以按照时间段进行过滤。
- 支持应用层状态包过滤（ASPF）功能。通过检查应用层协议信息（如 FTP、HTTP、SMTP、RTSP 及其他基于 TCP/UDP 的应用层协议）监控基于连接的应用层协议状态，动态地决定数据包是被允许通过防火墙或者是被丢弃。
- 支持验证、授权和记账（AAA）服务。包括基于 RADIUS/HWTACACS+、CHAP、PAP、LDAP 等的认证。
- 支持静态和动态黑名单。
- 支持 NAT 和 NAT 多实例。
- 支持 VPN 功能。包括支持 L2TP、IPSec/IKE、GRE、SSL 等，并实现与智能终端对接。
- 支持丰富的路由协议。支持静态路由、策略路由，以及 RIP、OSPF 等动态路由协议。
- 支持安全日志。
- 支持流量监控统计、管理。

（4）灵活、可扩展的一体化深度安全

- 是与基础安全防护高度集成的一体化安全业务处理平台。
- 全面的应用层流量识别与管理。通过 H3C 长期积累的状态机检测、流量交互检测技术，能精确检测 Thunder/Web Thunder（迅雷/Web 迅雷）、BitTorrent、eMule（电骡）/eDonkey（电驴）、微信、微博、QQ、MSN、PPLive 等 P2P/IM/网络游戏/炒股/网络视频/网络多媒体等应用；支持 P2P 流量控制功能，通过对流量采用深度检测的方法，即通过将网络报文与 P2P 报文特征进行匹配，可以精确地识别 P2P 流量，以达到对 P2P 流量进行管理的目的，同时可提供不同的控制策略，实现灵活的 P2P 流量控制。
- 高精度、高效率的入侵检测引擎。采用 H3C 公司自主知识产权的 FIRST（Full Inspection with Rigorous State Test，基于精确状态的全面检测）引擎。FIRST 引擎集成了多项检测技术，实现了基于精确状态的全面检测，具有极高的入侵检测精度。同时，FIRST 引擎采用了并行检测技术，软、硬件可灵活适配，大大提高了入侵检测的效率。
- 实时的病毒防护功能。采用流引擎查毒技术，可迅速、准确地查杀网络流量中的病毒等恶意代码。
- 海量 URL 分类过滤。支持本地+云端方式，139 个分类库，超 2000 万条 URL 规则。
- 全面、及时的安全特征库。通过多年经营与积累，H3C 拥有业界资深的攻击特征库团队，同时配有专业的攻防实验室，紧跟网络安全领域的最新动态，从而保证特征库能及时、准确更新。

（5）支持 IPv4/IPv6

- 支持 IPv6 状态防火墙。真正意义上实现 IPv6 条件下的防火墙功能，同时完成 IPv6 的攻击防范。
- 支持 IPv4/IPv6 双协议栈，并支持 IPv6 数据报文转发、静态路由、动态路由及组播路由等功能。
- 支持 IPv6 各种过渡技术，包括 NAT-PT、IPv6 Over IPv4 GRE 隧道、手工隧道、6to4 隧

道、IPv4 兼容 IPv6 自动隧道、ISATAP 隧道、NAT444 和 DS-Lite 等。

- 支持 IPv6 ACL、Radius 等安全技术。

（6）下一代多业务特性

- 集成链路负载均衡特性。通过链路状态检测、链路繁忙保护等技术，有效地实现企业互联网出口的多链路自动均衡和自动切换。
- 一体化集成 SSL VPN 特性。满足移动办公、员工出差的安全访问需求，不仅可结合 USB-Key、短信进行移动用户的身份认证，还可与企业原有认证系统相结合，实现一体化的认证接入。
- 数据防泄漏（DLP），支持邮件过滤，提供 SMTP 邮件地址、标题、附件和内容过滤；支持网页过滤，提供 HTTP URL 和内容过滤；支持网络传输协议的文件过滤；支持应用层过滤，提供 Java/ActiveX Blocking 和 SQL 注入攻击防范。
- 入侵防御（IPS）。支持 Web 攻击识别和防护，如跨站脚本攻击、SQL 注入攻击等。
- 防病毒（AV）。具有高性能病毒引擎，可防护 500 万种以上的病毒和木马，病毒特征库每日更新。
- 未知威胁防御。借助态势感知平台，NGFW 可以快速发现攻击、定位问题，确保一旦单点受到攻击，全网实施策略升级及综合预警、响应。

（7）专业的智能管理

- 支持智能安全策略。一体化安全策略、实现策略冗余检测、策略匹配优化建议、动态检测内网业务动态生成安全策略。
- 支持标准网管 SNMPv3，并且兼容 SNMP v1 和 SNMP v2。
- 提供图形化界面，实现简单易用的 Web 管理。
- 可通过命令行界面进行设备管理与防火墙功能配置，满足专业管理和大批量配置需求。
- 通过 H3C IMC SSM 安全管理中心实现统一管理。集安全信息与事件收集、分析、响应等功能为一体，解决了网络与安全设备相互孤立、网络安全状况不直观、安全事件响应慢、网络故障定位困难等问题，使 IT 及安全管理员脱离烦琐的管理工作，极大地提高了工作效率，能够集中精力关注核心业务。
- 基于先进的深度挖掘及分析技术。采用主动收集、被动接收等方式，为用户提供集中化的日志管理功能，并对不同类型格式（Syslog、二进制流日志等）的日志进行归一化处理。同时，采用高聚合压缩技术对海量事件进行存储，并可通过自动压缩、加密和保存日志文件到 DAS、NAS 或 SAN 等外部存储系统，避免重要安全事件的丢失。
- 提供丰富的报表。主要包括基于应用的报表、基于网流的分析报表等。
- 支持以 PDF、HTML、WORD 和 TXT 等多种格式输出。
- 可通过 Web 界面进行报告定制。定制内容包括数据的时间范围、数据的来源设备、生成周期以及输出类型等。

（8）安全服务链

- 支持基于 SDN 网络的部署模式，支持对数据流进行服务链 VXLAN（Virtual Extensible LAN）封装转发。
- 通过集中的控制器将需要进行安全防护的业务流量引流到安全能力中心进行防护，并且根据业务需求编排安全业务的防护顺序，也就是通常所说的服务链。由于实现了物理拓扑的解耦，所以能够很好地支持安全能力的弹性扩展及多业务能力共享。

读者可浏览新华三官方主页 http://www.h3c.com/cn/Products___Technology/Products/IP_Security/FW_VPN，了解更多新华三防火墙产品信息。

3．山石网科防火墙

山石网科防火墙产品线包括下一代防火墙 SG-6000 产品系列（通用型号 E 系列和国产芯片下一代防火墙 K 系列）、数据中心防火墙（X 系列）、智能下一代防火墙（T 系列）等。

山石网科 X 系列数据中心防火墙（见图 10-4）适用于数据中心级网络安全防护，为满足高性能、高扩展性、高可靠性以及虚拟化等要求而设计，可广泛部署于运营商、大型企业和政府机构的高速互联网出口及数据中心等场景，帮助用户应对新型安全挑战。

该产品基于创新的全分布式架构全面实现防火墙超高的吞吐量、并发连接数量和新建连接速率。山石网科 X 系列还支持大容量虚拟防火墙，为虚拟化环境提供灵活的安全服务，并具有应用识别、流量管理、入侵防御和攻击防护等功能，全面保障数据中心网络安全。

图 10-4　山石网科 X 系列数据中心防火墙

X 系列数据中心防火墙的主要技术特点如下。

（1）基于全分布式架构的高性能优势

针对爆炸式流量增长趋势，数据中心防火墙需要具备处理大流量、海量访问的强大能力，并可有效应对海量用户突发访问的情形，所以数据中心防火墙不仅要具有超高的吞吐量，而且要具备超高的并发连接和新建连接处理能力。

该防火墙采用创新的全分布式架构，通过智能流量分配算法实现业务流量在业务模块（SSM）和接口模块（IOM）上的分布式高速处理；并通过专利的资源管理算法充分发挥分布式多核处理器平台的潜力，进一步提升防火墙并发连接、每秒新建连接的能力，实现系统性能的全面线性扩展。

X 系列数据中心防火墙处理能力最高可达 1Tbit/s，每秒新建连接最高可达 1000 万，并发会话连接数最大可达 4.8 亿，设备可提供多达 44 个 100GE 接口、88 个万兆接口或 22 个 40GE 接口、132 个万兆接口。同时，数据包转发时延低于 10μs，能够充分满足数据中心对实时业务转发的需求。

（2）电信级可靠性保障

X 系列数据中心防火墙的硬件和软件均采用高可靠设计，实现 99.999% 的电信级可靠性。可支持主-主或主-备模式的冗余部署方案，保证单台故障时业务不中断；整个系统采用模块化设计，支持主控模块冗余、业务模块冗余、接口模块冗余、交换板冗余，同时，所有模块均可实现热插拔。

X 系列数据中心防火墙支持多模和单模光口 Bypass 模块，当在设备断电等特殊状态下，系统将启动 Bypass 模式，保证业务的不间断运行；还提供电源冗余、风扇冗余等关键部件的可靠性保证。

防火墙孪生模式有效地解决了双活数据中心非对称流量的问题。防火墙孪生模式是建立在设备双机备份之上的一种高可靠组网方式。通过专用的数据链接和控制链将两个数据中心与主-备状态的防火墙连接在一起。这两组设备相互之间同步会话信息和配置信息。

（3）领先的虚拟防火墙技术

虚拟化技术在数据中心被越来越广泛的应用。X 系列数据中心防火墙针对数据中心的虚拟化需求，可将一台物理防火墙在逻辑上划分成多达 1000 个虚拟防火墙，为数据中心提供大容量的虚拟防火墙支持能力。同时，用户可根据实际业务情况，动态设置每个虚拟防火墙的资源配额，如 CPU、会话、策略数、端口等，保障了虚拟化环境中业务流量的弹性变化。X 系列数据中心防火墙的每个虚拟防火墙系统不但拥有独立的系统资源，还可独立精细化管理，为不同的业务或用户提供可视化的独立安全管理平面。

（4）精细化应用管控与全面安全防护

X 系列数据中心防火墙采用先进的深度应用识别技术，可根据协议特征、行为特征及关联分析等，准确识别数千种网络应用，其中包括百余种移动应用以及加密的 P2P 应用，并可为用户提供精细而灵活的应用安全管控功能。

X 系列数据中心防火墙提供了基于深度应用、协议检测和攻击原理分析的入侵防御技术，可有效过滤木马、蠕虫、间谍软件、漏洞攻击、逃逸攻击等安全威胁，为用户提供 L2～L7 层网络安全防护。其中，专业的 Web 攻击防护能够满足用户 Web 服务器深层次安全防护需求；高效的 Botnet 过滤功能可以保障内网主机免受感染威胁。

X 系列数据中心防火墙的智能带宽管理基于深度应用识别和用户识别，结合业务应用优先级，可根据策略对流量进行两层八级的细粒度划分控制，并提供弹性 QoS 功能；与会话限制、策略路由、链路负载均衡、服务器负载均衡等功能配合使用，可以为用户提供更为灵活的流量管理解决方案。

X 系列数据中心防火墙支持千万级 URL 特征库的 URL 过滤功能。可帮助管理员轻松实现网页浏览访问控制，避免恶意 URL 带来的威胁渗入。

（5）强大的网络适应性

X 系列数据中心防火墙完全支持下一代互联网部署技术（包括双栈、隧道、DNS64/NAT64 等多种过渡技术），同时具备成熟的 NAT444 功能，支持外网地址固定端口块向内网地址的静态映射，能够基于 Session 生成日志，并可基于用户生成日志，方便溯源。同时，增强的 NAT 功能（Full-cone NAT 和端口复用等）能够充分适应目前运营商网络的特点，降低用户网络建设成本。

X 系列数据中心防火墙提供完全兼容标准的 IPSec VPN 功能，集成第三代 SSL VPN，为用户提供高性能、高容量的全面 VPN 解决方案。同时，其独特的即插即用 VPN 大大简化了配置和维护难度，为用户提供方便、快捷的远程安全接入服务。

读者可浏览山石网科官方主页 https://www.hillstonenet.com.cn，了解更多山石网科防火墙产品信息。

4．天融信防火墙

天融信公司的防火墙产品线包括天融信下一代防火墙猎豹六系列（见图 2-4）和天融信 Web 应用安全防护系统（TopWAF）。

猎豹六系列产品的主要功能如下。

- 可以部署在企业网边界，配置防火墙访问控制功能，在网络关键位置建立安全控制点，对非法访问进行控制。
- 通过配置多位访问控制和安全防护策略，对各安全域之间的通信流量执行深度威胁检测，实时阻断众多安全威胁，提供边界综合安全防护功能，阻止威胁蔓延。
- 基于安全域、IP、用户、应用、时间建立 QoS 策略，保障关键核心业务优先处理。
- 通过数据过滤和文件过滤功能，保障企业关键信息不被泄露。

猎豹六系列产品主要技术特点如下。

（1）高性能架构

采用自主研发的 64 位多核多平台并行安全操作系统 NGTOS。NGTOS 系统能够充分利用多核 CPU 的计算资源，支持多路多核的全功能并行业务处理，在系统上层引擎的设计中，采用了特有的用户态协议栈，不但具有更高的执行效率，还原生并且完整支持 IPv4/IPv6 双栈。同时，通过采用基于多元组的一体化流检测机制，一次检查同时覆盖多个安全引擎的检查需要，无须多个引擎多次检查，保证在处理复杂网络流量和安全威胁的同时能够保持快速高效的处理效果。

（2）深度识别管控

防火墙的应用识别引擎综合运用单包特征识别、多包特征识别、统计特征识别等多种识别方式进行细粒度、深层次的应用和协议识别；同时，采用多层匹配模式与多级过滤架构及基于专利的加密流量识别方法，实现对应用层协议和应用程序的精准识别。

（3）异常流量清洗

内置流量检测清洗引擎，支持基于 IP、ICMP、TCP、UDP、DNS、HTTP、NTP 等众多协议类型的防护策略，能够检测与防御流量型 DDoS 攻击（如 UDP Flood、TCP SYN Flood 等）、应用型 DDoS 攻击（如 CC、DNS Flood、慢速连接耗尽等）、DoS 攻击（如 Land、Teardrop、Smurf 等）、非法协议攻击（如 IP 流、TCP 无标记、无确认 FIN 等）4 大类拒绝服务攻击。采用多种防御机制，通过流量业务预警、比例抽样分析、源认证、源限速、步进式协议分析、模式过滤、业务应用防护、强制保护等多种技术手段，精准、快速地阻断攻击流量，保障客户业务网络通畅。

（4）未知威胁防御

支持基于异常行为分析和 APT 联动的未知威胁防御。异常行为分析功能内置统计智能学习算法，基于特定 IP、子网等对象对新建连接数、并发连接数、流量等数据智能学习，形成一定周期内的正常业务基线，与实时数据比对分析，发现异常及时告警。

（5）安全资源虚拟化

支持 1∶N 虚拟防火墙功能，能为每个虚拟系统分配固定的系统资源，支持资源对象、网络管理、访问控制、用户管理、带宽管理、流量控制、会话管理、应用识别、病毒防御、入侵防御、Web 分类过滤、内容过滤、审计报表等多种功能虚拟化。虚拟系统之间互相隔离，既能使得系统管理、配置管理更加清晰、简便，又能避免因为一个虚拟系统的故障或业务繁忙等原因而影响其他虚拟系统。

（6）安全可视化

具有专门的监控和数据中心功能模块，管理员通过监控面板可以快速地查看设备的流量统计信息并了解设备当前的运行情况。可以根据接口、应用、用户、用户组、服务器、IPSec VPN 查看设备的流量统计信息，查看设备受到的威胁信息，查看设备的 IPv4 和 IPv6 连接信息，查看在线的用户信息。数据中心主要实现对安全防护平台中的信息做统计，包括对网络事件的汇总和归档，相关数据的管理和日志的查看，并根据需要实现报告的生成和数据导出。另外，还内置审计系统，可以对设定用户的上网行为、上网流量、上网时长等进行数据审计，如针对相关关键字的网页访问情况、针对固定格式数据和文件的上传下载行为等，帮助客户多种角度、多维度地了解网络使用情况。

读者可浏览天融信官方主页 http://www.topsec.com.cn，了解更多天融信防火墙产品信息。

5. 深信服防火墙

深信服公司防火墙产品线名为深信服下一代应用防火墙（NGAF）。提供物理设备和虚拟设备这两种款式，主要适用于中小型企业。虚拟设备可以在 AWS（Amazon Web Service）和阿里云上作为自带许可（Bring Your Own License，BYOL）模式使用。

深信服对下一代防火墙 NGAF 赋予了风险预知、深度安全防护、检测响应的功能，最终形成了全程保护、全程可视的融合安全体系。

融合不是单纯的功能叠加，而是依照业务开展过程中会遇到的各类风险，所提供的对应安全技术手段的融合，能够为业务提供全流程的保护。融合安全包括从事前的资产风险发现、策略有效性检测，到事中所应具备的各类安全防御手段以及事后的持续检测和快速响应机制，并将这一过程中所有的相关信息通过多种方式呈现给用户。

（1）事前预知：资产/脆弱性/策略有效性

深信服 NGAF 能够在事前对内部的服务器进行自动识别，并且还能自动识别服务器上开放端口和存在的漏洞、弱密码等风险；同时，还能判断识别出资产是否有对应的安全防护策略以及是否生效。

（2）事中防御：完整的防御体系+安全联动+威胁情报

深信服 NGAF 在事中防御层面融合了多种安全技术，提供了 L2～L7 层完整的安全防御体系，确保安全防护不存在短板，同时还能通过安全联动功能加强防御体系的时效性和有效性，包括模块间的联动封锁，同云端安全联动，策略的智能联动等。此外，深信服 NGAF 还与第三方安全机构开展广泛合作，通过国家漏洞信息库，谷歌 VirusTotal 恶意链接库等多来源威胁情报的输入，帮助用户能够在安全事件爆发之前就提前做好防御的准备。

（3）事后检测和响应：威胁行为的持续检测+快速响应

传统安全建设主要集中在边界安全防御，缺乏对绕过安全防御措施后的检测及响应能力。如果能做好事后的检测及响应措施，可以极大程度地降低安全事件产生的影响。深信服 NGAF 融合了事后检测及快速响应技术，即使在黑客入侵之后，也能够帮助用户及时发现入侵后的恶意行为，如检测僵尸主机发起的恶意行为、网页篡改、网站黑链植入及网站 Webshell 后门检测等，并快速推送告警事件，协助用户进行响应处置。

读者可浏览深信服科技官方主页 https://www.sangfor.com.cn，了解更多深信服防火墙产品信息。

6.启明星辰防火墙

启明星辰防火墙产品线包括防火墙（天清汉马 USG 防火墙）、统一威胁管理（天清汉马 USG 一体化安全网关）、下一代防火墙（天清汉马 T 系列防火墙）和工业防火墙（天清汉马工业防火墙 IFW-3000 系列）。

天清汉马 USG 一体化安全网关（UTM 统一威胁管理）采用了先进的基于多核硬件架构和一体化的软件设计，集防火墙、VPN、入侵防御（IPS）、防病毒、上网行为管理、内网安全、反垃圾邮件、抗拒绝服务攻击（Anti-DoS）、内容过滤等多种安全技术于一身，高性能、绿色低碳，同时全面支持各种路由协议、QoS、高可用性（HA）、日志审计等功能，为网络边界提供了全面实时的安全防护，帮助用户抵御日益复杂的安全威胁。

读者可浏览启明星辰官方主页 https://www.venustech.com.cn，了解更多启明星辰防火墙产品信息。

10.1.2 国外商业防火墙产品介绍

本小节简要介绍 Paloalto、Fortinet、Cisco 和 Checkpoint 这 4 个世界知名安全公司的防火墙产品功能和特色。

1．Paloalto 防火墙

派拓网络公司[隶属于 Palo Alto Networks（Netherlands）B.V.]的防火墙产品线包括新一代防火墙（PA 系列）、虚拟防火墙（VM 系列）和容器防火墙（CN 系列）。

Paloalto 新一代防火墙的主要功能和特点如下。

- 识别应用程序而非端口。识别应用程序，不考虑协议、加密技术或规避策略，并将此识别能力作为所有安全策略的基础。
- 识别用户，而非 IP 地址。使用企业目录中的用户和组信息实现可视化，创建策略，进行报告和取证调查，不论用户位于何处。
- 实时阻止威胁。帮助抵御整个生命周期内的攻击行为，包括危险应用程序、漏洞、恶意软件、高风险 URL 以及范围广泛的各种恶意文件和内容。
- 简化策略管理。通过简单易用的图形工具和统一策略编辑器，安全且放心地启用应用程序。
- 实施逻辑边界。采用从物理边界扩展到逻辑边界的一致的安全策略，保护包括出差或远程办公用户在内的所有用户。
- 提供数千兆的吞吐量。结合专门设计的硬件和软件，在启用所有服务的情况下，具有低延迟和数千兆吞吐量性能。

读者可浏览 Paloalto 官方中文主页 https://www.paloaltonetworks.cn，了解更多 Paloalto 防火墙产品信息。

2．Fortinet 防火墙

FortiGate 公司下一代防火墙产品线有多种不同系列和型号满足用户从入门级硬件设备到超高端设备的部署选择。FortiGate 6000 系列是 Fortinet 新推出的高端下一代防火墙。

FortiGate 超高性能下一代防火墙的主要功能和特点如下。

- 通过紧凑型 3U 设备提供 NGFW 和威胁防护吞吐性能。
- 以高速度检测加密流量是否包含恶意软件。
- 对网络流量进行负载平衡，支持超快的连接速度。
- 专为大规模应用以及弹性设计的新架构硬件。
- 高密度网络接口，支持 10GE/25GE/40GE 和 100GE 连接性。
- 集成 Security Fabric，支持在整个攻击面共享情报，并提供可见化和安全控制。

读者可浏览 Fortinet 官方中文主页 https://www.fortinet.com/cn，了解更多 Fortinet 防火墙产品信息。

3．Cisco 防火墙

Cisco 公司的下一代防火墙产品线包括以下几种。

- Firepower 1000 系列。适合中小型企业和分支机构，提供从 650Mbit/s～3Gbit/s 的威胁检测性能。
- Firepower 2100 系列。适合大型分支机构以及园区和数据中心互联网边缘保护，提供从 2.3Gbit/s～9Gbit/s 的威胁检测性能。
- Firepower 4100 系列。适合高性能园区和数据中心环境保护，提供高端口密度和对 40 千兆以太网接口的支持、低延迟和高达 45Gbit/s 的威胁检测吞吐量。
- Firepower 9300 系列。适合运营商级数据中心和其他高性能环境保护，提供从 21Gbit/s～153Gbit/s 的威胁检测吞吐量。
- 具备 Firepower 服务的 ASA 5500-X 系列。将强大的硬件平台与高级威胁检测技术相结合，使中小型组织和分支机构能够免受最新威胁的侵害。

- Meraki MX 系列。提供云管理网络和统一威胁管理安全性，可帮助中小型企业和分支机构保护其资产、数据和用户安全。
- 思科下一代虚拟防火墙（NGFWv）。可提供高达 1.1Gbit/s 的威胁检测吞吐量，以帮助保护虚拟数据中心和公共云环境免受复杂威胁。
- 思科自适应安全虚拟设备（ASAv）。可安全地将数据中心资源和应用工作负载扩展到 AWS 和 Microsoft Azure 公共云环境。

读者可浏览 Cisco 官方中文主页 http://www.cisco.com/web/CN/index.html，了解更多 Cisco 防火墙产品信息。

4．Checkpoint 防火墙

Checkpoint 防火墙产品线包括以下几种。

- SMB SOHO 级下一代防火墙（安全网关）。适合小微企业、分支或办公室的安全防护硬件网关，支持云端集中管理，提供简单、安全高性价的解决方案。
- Smart-1 统一综合安全管理平台。在一体化的单一可扩展设备中集成了安全管理功能，可实现跨网络、云和移动的完全威胁可见性和控制。
- 企业级下一代防火墙（安全网关）。
- SMB 分支机构级下一代防火墙（安全网关）。工控安全型号和分支企业级下一代防火墙型号，兼具低成本与可靠安全性的多分支网络安全解决方案，适用于偏远恶劣的 SCADA 场景或远程分支机构，快速 VPN 组网和提供全面的安全防护能力。
- 大型企业级下一代防火墙（安全网关）。
- 骨干数据中心级下一代防火墙（安全网关）。

读者可浏览 CheckPoint 官方中文主页 http://www.checkpoint.com.cn 和多面魔方公司主页 https://www.chinamssp.com/checkpoint/#，了解更多 CheckPoint 防火墙产品信息。

10.2 商业防火墙产品的选择

本节围绕国家网络安全等级保护（以下简称等级保护）的新要求来介绍商业防火墙产品的选择。

10.2.1 等级保护对防火墙的要求

1．等级保护 2.0

2017 年 6 月 1 日起实施的《中华人民共和国网络安全法》（以下简称《网络安全法》）第二十一条明确规定，国家实行网络安全等级保护制度，网络运营者应当按照网络安全等级保护制度的要求，履行安全保护义务；第三十一条规定，对于国家关键信息基础设施，在网络安全等级保护制度的基础上，实行重点保护。

《网络安全法》规定国家实行网络安全等级保护制度，标志着 1994 年国务院颁布的《中华人民共和国计算机信息系统安全保护条例》上升到国家法律，标志着国家实施 20 余年的信息安全等级保护制度进入 2.0 阶段（以下简称等保 2.0），标志着以保护国家关键信息基础设施安全为重点的网络安全等级保护制度依法全面实施。

根据《信息安全技术 网络安全等级保护基本要求》（GB/T 22239—2019）（以下简称《要

求》），网络安全等级保护工作中的对象，通常是指由计算机或者其他信息终端及相关设备组成的按照一定的规则和程序对信息进行收集、存储、传输、交换、处理的系统，主要包括基础信息网络、云计算平台/系统、大数据应用/平台/资源、物联网（IoT）、工业控制系统和采用移动互联技术的系统等。

等级保护对象根据其在国家安全、经济建设、社会生活中的重要程度，遭到破坏后对国家安全、社会秩序、公共利益以及公民、法人和其他组织的合法权益的危害程度等，由低到高被划分为5个安全保护等级。

等级保护要求分为安全通用要求和安全扩展要求。

1）安全通用要求是针对共性化保护需求提出的，等级保护对象无论以何种形式出现，应根据安全保护等级实现相应级别的安全通用要求。

2）安全扩展要求是针对个性化保护需求提出的，需要根据安全保护等级和使用的特定技术或特定的应用场景选择性实现安全扩展要求。

在《要求》中，安全技术要求涉及安全物理环境、安全通信网络、安全区域边界、安全计算环境4类，安全管理要求涉及安全管理中心、安全管理制度、安全管理机构、安全管理人员、安全建设管理和安全运维管理6类。

2. 等级保护 2.0 对安全区域边界的要求

《要求》的第三级安全要求中，在安全区域边界要求类别对边界防护提出的要求是：应保证跨越边界的访问和数据流通过边界设备提供的受控接口进行通信。

对访问控制的要求是：

● 应在网络边界或区域之间根据访问控制策略设置访问控制规则。默认情况下除允许通信外受控接口拒绝所有通信。

● 应删除多余或无效的访问控制规则，优化访问控制列表，并保证访问控制规则数量最小化。

● 应对源地址、目的地址、源端口、目的端口和协议等进行检查，以允许/拒绝数据包进出。

● 应能根据会话状态信息为进/出数据流提供明确的允许/拒绝访问的能力。

● 应对进/出网络的数据流实现基于应用协议和应用内容的访问控制。

✉ 说明：

以上列举的仅仅是《要求》在第三级安全要求中的安全区域边界要求，实际在设计、生产、选用防火墙产品时要综合考虑等级保护 2.0 文件和防火墙国家标准的要求。

10.2.2 等保 2.0 时代商业防火墙产品的选择

总体而言，在防火墙的选型上，用户首先要对组织的网络边界有正确的认识，其次，选择的防火墙产品要符合公安部相关检测标准，在此基础上，还需选择具备风险可视与预警能力、双向攻击防护能力、新型网络攻击行为发现及防御能力、精准的应用层防护能力的产品，以满足等保 2.0 要求，应对当前网络环境中的各类威胁和攻击行为。

1. 对于网络边界的正确认识

防火墙是网络边界的一种重要访问控制手段，但网络边界不仅仅是业务系统对其他系统的网络边界，还应该包括在业务系统内不同业务区域的网络边界。

2. 符合国家标准

选择防火墙时要参照《信息安全技术 防火墙安全技术要求和测试评价方法》（GB/T 20281—2020）和《信息安全技术 第二代防火墙安全技术要求》（GA/T 1177—2014）等国家和行业标

准。标准中规定的基本级对应等级保护的第一和二级，增强级对应等级保护的第三和四级。

3．具备南北和东西双向攻击防护能力

通常将客户端和服务器之间的流量被称为南北流量，即 Server/Client 流量；不同服务器之间的流量与数据中心或不同数据中心之间的网络流被称为东西流量，即 Server/Server 流量。

近年来，攻击从内部发起的占比非常高，僵尸网络、C&C 连接等内部攻击行为几乎出现在每一个安全事件中。因此，等保 2.0 中关于入侵防范的要求，明确提出要防止或限制从内部发起的网络攻击行为，也就是要注重东西向防御。这一要求区别于以往的安全防御仅关注外部攻击。因此，选择具备应用层双向攻击防御能力的防火墙，才能够满足等保 2.0 的安全要求，才能在当前安全形势下获得更好的防护效果。

目前，不少防火墙的设计还仅仅针对的是南北向的防御，即将防火墙部署在数据中心的出口处，来做南北流量的安全防护，而缺乏对企业内部东西流量的安全防御，所以，一旦攻击者绕过防御进入网络内部或者从网络内部直接发起攻击，将变得畅通无阻、为所欲为。

等保 2.0 明确提出需要进行东西流量的防御，其防御手段之一是在企业网络内部的不同区域间部署防火墙，进行内部网络的入侵防御。但是，东西流量一般涉及企业内部各个部门的不同业务交互，其业务关系错综复杂，要注意梳理清楚。

4．采用白名单策略

目前，不少防火墙产品的访问控制策略是基于黑名单的机制设计的，当然也存在一些号称支持"白名单"的产品，由于网络安全管理者对业务的理解有限，且不同的场景业务需求各不相同，无法设计出一份很完善的白名单规则。因此，若启用了白名单规则，会存在将"正常业务"当作"不安全的威胁"，而拒绝正常通信，从而影响用户的业务。

随着黑客攻击技术的飞速发展，黑名单的访问控制策略已经难以应付不断进化的网络攻击。当某些新的攻击不在列表之内时，将会越过防火墙这道防线，在网络内畅行无阻。因此，为了满足 2.0 版本的等保测评要求，防火墙的访问策略需要面临从"黑名单"向"白名单"的技术转变。

防火墙除了具备传统防火墙包过滤、状态检测等基本功能之外，还具备应用层访问控制、Web 攻击防护、恶意代码防护和入侵防御等功能，与等级保护中提出的入侵防范和恶意代码防范等安全要求相呼应。

5．控制粒度从网络层向应用层的细化

当前网络环境中，攻击威胁超过 75%来源于应用层，因此，访问控制的颗粒度要进一步的细化，不仅仅停留在对于 HTTP、FTP、TELNET、SMTP 等通用协议的命令级控制程度，还要对进出网络数据流的所有应用协议和应用内容都进行深度解析。

在进行网络安全防护项目招标时，一定要考虑参与投标的安全厂家所采用的边界访问控制设备是否具备对应用协议深度解析的能力。例如，对于工业控制系统，除了能够对比较常见的协议进行深度解析外，还需要根据现场业务的实际情况，对业务系统中使用的私有协议进行自定义深度解析，否则很难达到测评要求。

6．具备对新型网络攻击行为的发现及防御的能力

近些年新型网络攻击行为频繁发生，2017 年勒索病毒（WannaCry）利用"永恒之蓝"漏洞大肆传播，实际上就是利用了安全防御能力对该漏洞的未知性。类似的案例不胜枚举。

等保 2.0 在对关键基础设施的安全保护中，在入侵防范方面增加了针对新型网络攻击行为的分析要求。对防火墙来说，如何利用设备本地的防御能力，联动云端，通过智能分析算法模型的应用、快速高频更新的安全能力和云端的全网威胁情报，提升设备对新型网络攻击行为的

检测和快速响应能力，是防火墙设备能否适应等保 2.0 安全建设的重要因素。

7. 具备风险可视与风险预警能力

等保 2.0 在多个控制点对风险可视与风险预警能力提出相关要求。风险的发现和预警可以有多种方式实现，在下一代防火墙上实现是其中之一。在防火墙上实现的最大好处是，防火墙距离攻击最近，当业务数据经过防火墙时，防火墙具备对业务数据的风险分析条件，相比独立的风险探测和扫描设备来说，更容易在攻击路径上发现威胁，对风险的分析也更为实时。

具备风险预警能力的下一代防火墙能够快速针对全网风险进行预测，生成对应的防御策略，提供更加有效的安全防护效果。

📖 **拓展阅读**

读者要想了解更多防火墙选择的原则和标准，可以阅读以下书籍资料。

[1] 深信服科技. 防火墙怎么选？看《等保 2.0 时代 下一代防火墙选型指南》[EB/OL]. (2019-12-16)[2020-11-20].https://www.sangfor.com.cn/about/source-news-product-news/1764.html.

[2] Dave Shackleford. 下一代防火墙选型指南 [EB/OL].[2020-11-20]. https://wenku.baidu.com/view/ 2c65324d4431b90d6c85c7d9.html.

[3] Cisco. Top 5 tips for enterprises choosing a firewall [EB/OL]. [2020-11-20]. https://www.cisco.com/c/m/en_us/products/security/firewalls/enterprise-firewall-5-tips.html?ccid=cc000155&dtid=odicdc000016&oid=ifgsc023012.

10.3　防火墙的部署

在介绍商用防火墙应用示例之前，本节首先介绍防火墙部署的位置和部署的模式。了解防火墙所处的位置和工作模式有助于理解防火墙的功能及其设置。

10.3.1　防火墙部署的位置

本书在第 2 章 2.1.2 节中描绘了一个典型的网络体系结构及防火墙的部署，如图 10-5 所示。

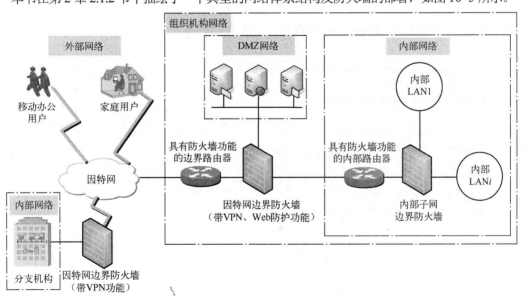

图 10-5　一个典型的网络体系结构及防火墙的部署

在图 10-5 所示的典型网络结构中，整个网络分为 3 个不同的安全区域：外部网络、DMZ 网络和不同安全等级的内部网络。

因特网边界防火墙、内部子网边界防火墙以及主机个人防火墙可以分别部署在网络边界、不同安全级别内部子网之间以及主机/服务器上，以实现网络访问控制、网络隔离等安全防护功能。部署方式可以采用第 2.3 节中介绍的屏蔽路由器、屏蔽主机、屏蔽子网等方式。

屏蔽路由器和屏蔽主机防火墙就是将防火墙部署在两个不同信任域之间。如果是处于外部不可信网络（包括因特网、广域网和其他公司的专用网）与内部可信网络之间，可实现控制来自外部不可信网络对内部可信网络的访问，防范来自外部网络的非法攻击；如果是处于内部不同可信等级安全域之间，则可起到隔离内网关键部门、子网或用户的目的。

如果在内部网络中存在共享资源，如 Web 服务器，通常采用的部署方式是屏蔽子网。

如果要满足移动办公用户或是家庭用户访问组织内网，边界防火墙通常还需具有支持端到点 VPN 的功能。

如果要满足分支机构通过公网与总部安全通信，两边部署的边界防火墙应具有支持点到点 VPN 的功能。

10.3.2　防火墙部署的模式

商业防火墙产品通常都支持 3 种部署模式：透明传输模式、路由转发模式和反向代理模式。这 3 种模式涵盖了多种环境下对防火墙部署的需求。本书已经在第 3.1.1 小节中做了介绍。

在实际应用中，经常采用混合模式。混合模式可以理解为同时采用透明传输模式和路由转发模式的部署方式。在某些网络结构下，因为网络设计的需要，需要若干安全区域在同一个网段，如 A 网段，但又要求区域间的访问受防火墙的控制，这样就可以采用透明传输模式连接这些区域。而另外有些区域出于更安全的要求，要求其与 A 网段不在同一网段，但同时还需要与 A 网段进行安全的、可控制的数据交换，为此防火墙的一些接口就需要配置为透明传输模式（网桥模式），另外一些接口配置为路由转发模式，这样部署的防火墙采用的就是混合模式。同样，混合模式部分接口启用了路由功能，在关键网络上也要考虑防火墙的冗余部署。

10.4　Cisco Packet Tracer 仿真防火墙的应用

本节介绍 Packet Tracer 仿真防火墙的应用配置。

10.4.1　Cisco Packet Tracer 简介

Packet Tracer 是由思科（Cisco）公司发布的一个辅助学习工具，为学习思科网络课程的初学者设计、配置、排除网络故障提供了网络模拟环境。Packet Tracer 提供在软件的图形用户界面上直接使用拖曳的方法建立网络拓扑，并可提供数据包在网络中的详细处理过程，观察网络实时运行情况。利用该工具可以学习思科公司的互联网操作系统（Internetwork Operating System，IOS）的配置，锻炼学习者的故障排查能力。

✉ 说明：

IOS 是 Cisco 公司为其网络设备开发的操作系统，是 Cisco 路由软件的初始品牌名称。

1. 功能介绍

Packet Tracer 主要功能如下。这些功能对于读者掌握 Cisco 网络设备的工作原理及应用特点具有重要作用。

- 支持多协议模型。支持常用协议，如 HTTP、DNS、TFTP、Telnet、TCP、UDP、OSPF、DTP、VTP、STP 等，同时支持 IP、Ethernet、ARP、Wireless、CDP、Frame Relay、PPP、HDLC、VLAN 路由、ICMP 等协议模型。
- 支持大量的设备仿真。包括路由器、交换机、无线网络设备、服务器、各种连接电缆、终端等设备以及各种模块。
- 支持逻辑空间和物理空间的设计模式。逻辑空间模式用于进行逻辑拓扑结构的实现，物理空间模式支持构建城市、楼宇、办公室、配线间等虚拟设置。
- 可视化的数据报表工具。配置有一个全局网络探测器，可以显示仿真数据报的传送路线及各种模式。
- 数据报传输采用实时模式和模拟模式。实时模式与实际传输过程一样，模拟模式通过可视化模式显示数据报的传输过程，使用户能对抽象的数据传送有具体化认知。

2．下载与安装

本书使用的 Cisco Packet Tracer 版本为 7.3.1，读者可在网上免费下载，下载网址是https://www.packettracernetwork.com/download/download-packet-tracer.html。该版本在运行时需要使用账户登录。这里注意区分 Cisco 账户和 NetAcad 账户，Cisco 账户对应思科官网，而 NetAcad 账户对应思科网络学院（Cisco Networking Academy）。运行软件需要的是 NetAcad 账户。获得 NetAcad 账户的步骤如下。

1）注册 Cisco 账户。打开思科官网（https://www.cisco.com），在图 10-6 所示的思科官网主页上单击"创建账户"按钮，然后按要求填写相关信息即可。

图 10-6　思科官网主页

2）注册 NetAcad 账户。打开思科网络学院中文网站主页（https://www.netacad.com/zh-hans），在图 10-7 所示的界面单击"立即注册"按钮。

在图 10-8 所示的界面填写 NetAcad 账户注册信息。

单击"提交"按钮后，出现图 10-9 所示的登录界面。此时，用步骤 1）注册的思科账号填写即可登录。

在随后出现的页面填写相关信息后，单击"创建账户"按钮，NetAcad 账户就注册成功了。这时，就可以用创建的 NetAcad 账户去思科模拟器登录了。

图 10-7　思科网络学院中文网站主页

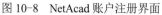

图 10-8　NetAcad 账户注册界面

图 10-9　登录界面

登录成功后出现的 Cisco Packet Tracer 运行主界面如图 10-10 所示。

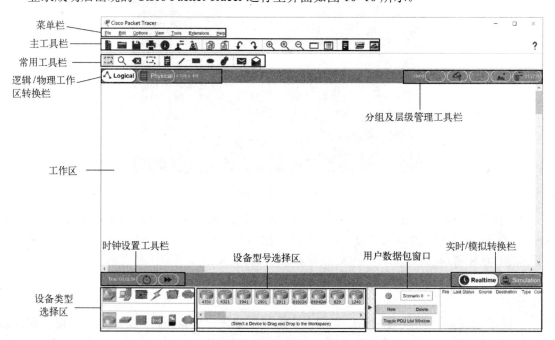

图 10-10　Cisco Packet Tracer 运行主界面

1）菜单栏。此栏中有文件、编辑、选项、查看、工具、扩展和帮助菜单项，在此可以找到一些基本命令，如打开、保存、复制、粘贴、撤销、重做、打印和选项设置等，还可以访问活动向导。

2）主工具栏。此栏提供了命令的快捷按钮。还可以单击右边网络信息按钮来为当前网络添加说明信息。

3）常用工具栏。此栏提供了常用的工作区工具，包括选择、移动布局、标签、删除、查看、添加简单数据包和添加复杂数据包等。

4）逻辑/物理工作区转换栏。在此栏中可以完成逻辑工作区和物理工作区之间的转换。

5）分组及层级管理工具栏。对设备进行分组和分层设置。

6）工作区。此区域中可以创建网络拓扑，监视模拟过程，查看各种信息和统计数据。

7）时钟设置工具栏。设置网络时钟。

8）设备类型选择区。包括不同类型的设备，如路由器、交换机、集线器、无线设备、线缆、终端设备等。

9）设备型号选择区。包含不同类型设备中不同型号的设备，它随着设备类型库的选择级联显示。

10）用户数据包窗口。此窗口对用户添加的数据包进行管理。

11）实时/模拟转换栏。可以通过此栏中的按钮完成实时模式和模拟模式之间的转换。

3. 设备的选择、连接与配置

（1）选择需要的设备

在图 10-10 所示的软件主界面的"设备类型选择区"中单击需要添加的设备类型，对应该类型设备的所有可选型号就会显示在"设备型号选择区"；单击需要添加的设备的具体型号，然后将指针移至工作区内单击即可，或者选中该设备后，按住鼠标左键将该设备拖至工作区内也可。

（2）设备的连接

在图 10-11 所示的界面中为设备选择一种线缆。单击 ✒ 图标，在右边会显示各种类型的线缆，依次为自动选择连线类型（一般不建议使用，除非真的无法确定用什么线）、配置线（Console）、直通线、交叉线、光纤、电话线、同轴电缆、DCE 串口线、DTE 串口线等。其中 DCE 和 DTE 是用于路由器之间的连线，一般把 DCE 和一台路由器相连，DTE 和另一台设备相连。交叉线只在路由器和计算机直接相连，或交换机和交换机之间相连时才会用到。当指针移动至某种线缆上时，在连线列表的下方将显示该线缆的信息。

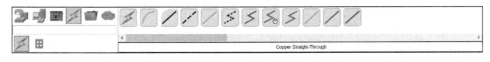

图 10-11　线缆的设置

单击所要使用的线缆图标，并将指针移动至工作区中准备连接的设备上，单击该设备，在弹出的菜单中选择所要连接的接口，然后再将指针移动到要连接的另一个设备上并单击，在弹出的菜单中选择所要连接的接口，这样就完成了两台设备间的连接。

✉ 说明：

相同设备的连接使用交叉线，不同设备的连接使用直通线，连接 Console 端口则使用配置线。查看画好的拓扑结构图，如果连接显示都为绿色，表示物理连通了；如果出现红色的连接接头，则表示线缆选择不正确。

（3）设备的配置

假设工作区中已经添加了 PC、路由器等设备，接下来需要对其进行配置。

1）PC 的配置。单击工作区的 PC 图标，打开 PC 的"Physical"（物理）选项卡配置界面，如图 10-12 所示。"Physical"选项卡中给出了多种可供选用的硬件模块，在下面的文本框中给出了各模块的功能介绍。

单击"Physical Device View"（物理设备视图）选项区域中的圆形红色按钮可以开/关设备。

切换到"Config"（配置）选项卡，选择"INTERFACE"（接口）中的"FastEthernet0"接口，可为 PC 手动设置 IP 地址及掩码。

切换到"Desktop"（桌面）选项卡，其中提供了类似于真实机器中的"Command Prompt"

图 10-12　PC 的"Physical"选项卡

（命令提示符）、"Web Browser"（Web 浏览器）等多种实用工具。

2）路由器的配置。单击工作区的路由器图标，打开其配置界面，如图 10-13 所示。

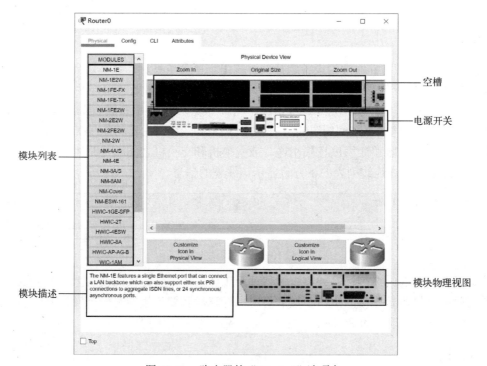

图 10-13　路由器的"Physical"选项卡

若需要为路由器增加物理模块，可在"Physical"选项卡中进行选择。在"MODULES"（模块）下的模块列表中有多种模块可供选用。选中需要添加的模块后，在下方的左边区域是该对该模块的文字描述，下方的右边区域是该模块的物理视图。单击该模块的物理视图并按住鼠标左键，将其拖曳至路由器的空槽处，然后释放鼠标左键，就完成了模块的添加。

⊠ 说明：

在增加物理模块前，必须按下路由器的电源开关，关闭电源。模块添加后再打开电源开关，打开状态时，显示绿灯亮。

为路由器各网络接口配置 IP 地址等信息时，选择 "Config"（配置）选项卡，单击左侧需要配置的接口（如 FastEthernet0/0），然后在右侧窗格中手动设置 IP 地址及掩码，并选中右上角的"Port Status"（端口状态）为"On"（开启）的复选框，如图 10-14 所示。

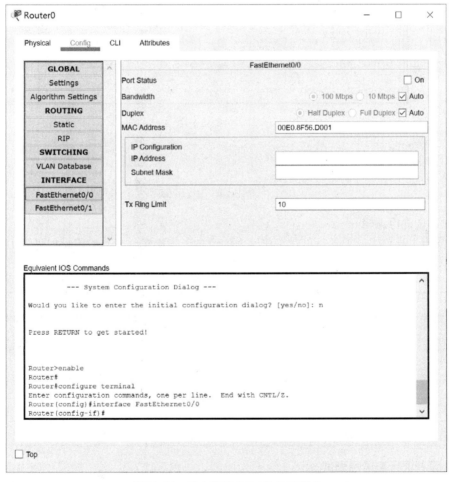

图 10-14　路由器的"Config"选项卡

也可以切换到"CLI"（命令行）选项卡，采用命令的方式配置各接口地址，如图 10-15 所示。

图 10-15 路由器的"CLI"选项卡

4.对设备进行编辑

利用常用工具栏中的工具,可对工作区中的设备进行编辑。工具按钮功能见表 10-1。

表 10-1 工具按钮功能

工具按钮	功 能
⌖	选择/取消
Q	查看(选中该功能后,单击相应设备可看到各种表。例如,路由器可以查看的是路由表、ARP 表以及 NAT 表,交换机可以查看 MAC 表、ARP 表)
⊗	删除
⤢	调整图形大小
🏷	标签(对设备做标注)

5.对设备进行连通性测试

建立图 10-16 所示的一个简单网络结构,按照前述步骤进行设置。下面进行连通性测试。

单击 PC0,选择"Desktop"(桌面)选项卡,如图 10-17 所示。

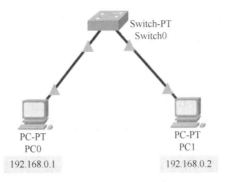

图 10-16　一个简单的网络结构

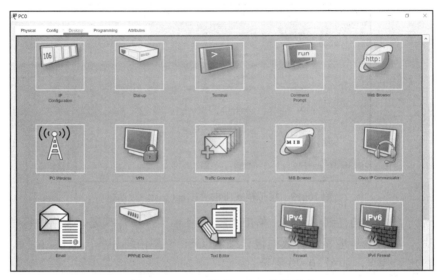

图 10-17　PC0 的"Desktop"选项卡

单击第 4 个图标"Command Prompt"（命令提示符），打开命令行窗口，执行连通性测试命令"ping 192.168.0.2"，结果如图 10-18 所示，说明 PC0 和 PC1 是连通的。

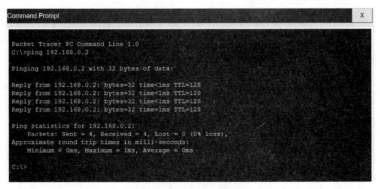

图 10-18　ping 测试

6. Realtime（实时）模式和 Simulation（模拟）模式

在图 10-10 主界面右下角有实时/模拟转换栏，在其中分别是 Realtime（实时）模式和 Simulation（模拟）模式。实时模式即真实模式。

在图 10-18 所示的连通性测试中，在 PC0 主机的命令提示符窗口中执行"ping 192.168.0.2"命令时，瞬间可以完成，命令提示符窗口显示 ping 的结果，这就是实时模式。而切换到仿真模式下，执行 ping 命令时，将不会立即显示 ping 的结果信息，而是软件模拟整个工作过程，并可以通过列表的形式展现出来。

例如，在图 10-10 所示的结构下，切换到"Simulation"模式，界面右侧将出现"Event List"（事件列表）窗格。在主机 PC0 的命令提示符窗口中执行"ping 192.168.0.2"命令后，在工作区将以动画形式展示数据包在网络中的传输过程。该模拟过程可以通过时间列表窗格下方的"Play Controls"（播放控制）中的功能键调整动画的快慢。在"Event List"（事件列表）窗格中将逐条显示当前捕获到的数据包的详细信息，包括 Time（持续时间）、Last Device（来源设备）、At Device（当前设备）、Type（协议类型），如图 10-19 所示。

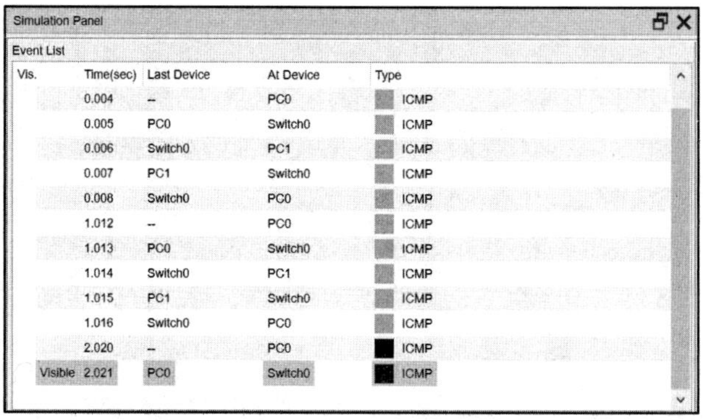

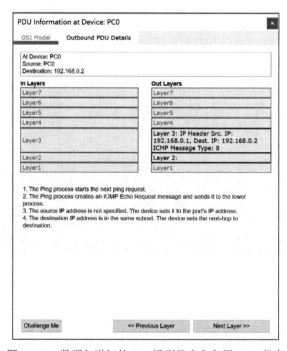

图 10-19　模拟模式下的"Event List"对话框

要进一步了解协议的详细信息时，单击"Event List"（事件列表）窗格中每条数据包信息中的彩色方块，将进一步地显示各数据包详细的 OSI 模型信息和各层协议数据单元（Protocol Data Unit，PDU）信息，如图 10-20 所示。

图 10-20　数据包详细的 OSI 模型信息和各层 PDU 信息

10.4.2 访问控制列表的基本配置

访问控制列表（Access Control Lists，ACL）是 Cisco IOS 防火墙的核心技术，多种访问控制列表技术从简到繁、从低层次到高层次，为网络的边界安全提供了灵活的解决方案。

1. ACL 的基本概念

（1）ACL 的功能

通过 ACL 可以实现的功能有检查和过滤数据包、限制网络流量、提高网络性能、限制或减少路由更新的内容、提供网络访问的基本安全级别、控制用户网络行为、控制网络病毒的传播。

（2）ACL 的种类

ACL 的种类有很多，一般分为标准 ACL、扩展 ACL、命名 ACL、基于时间的 ACL、动态 ACL、自反 ACL、基于上下文的访问控制（CBAC）等。根据不同的环境应使用不同种类的访问控制列表。

（3）定义 ACL 的两个主要步骤

1）定义规则，即规定哪些数据允许通过，哪些数据不允许通过。

一个 ACL 一般由多条语句组成，每条 ACL 语句的形式如下。

```
access-list 表号 处理方式 条件
```

✉ 说明：

- 表号：用于区分各访问控制列表。一台路由器中可定义多个 ACL，每个 ACL 使用一个表号，同一个 ACL 中各语句的表号相同。
- 处理方式：取值有 permit（允许）和 deny（拒绝）两种。当数据包与该语句的条件相匹配时，用给定的处理方式进行处理。
- 条件：每条 ACL 语句只能定义一个条件。

例如，

```
access-list 1 permit 10.0.0.0 0.255.255.255
access-list 1 deny 20.0.0.0 0.255.255.255
```

第 1 句表示允许源地址为 10.*.*.*的数据包通过。

第 2 句表示拒绝源地址为 20.*.*.*的数据包通过。

这里的地址指数据包的 IP 地址。

2）将规则应用在路由器（或交换机、防火墙）的接口上。

如果只是定义了 ACL，它还不会起到任何作用，必须把 ACL 应用到一个接口上才能起作用。

应用 ACL 的语句格式如下。

```
interface 接口号
ip access-group 表号 [in | out]
```

✉ 说明：

- in 表示在数据包进入此接口时使用 ACL 进行过滤；out 表示在数据包离开此接口时使用

ACL 进行过滤。如果没有指定这个值，默认为 out。
- 一个 ACL 可以应用到多个接口上。
- 标准 ACL 不能指定目的地址，一般应放置在离目的地最近的接口上。
- 扩展 ACL 一般应放置在离被拒绝的流量来源最近的地方。
- 由于一般的通信都需要双向传输信号，所以使用入站检测和出站检测在效果上往往一样，通常使用出站检测时被检查的数据包数量要少一些。

例如，

```
interface e0
ip access-group 1 out
```

表示在 e0 接口上使用标号为 1 的 ACL 规则对出站数据包进行过滤。

2．IP 标准 ACL 的配置

标准 IP ACL 的编号范围为 1～99，其作用为根据数据包的源地址对数据进行过滤。

标准 ACL 的格式如下。

```
access -list [list number][permit|deny][host/any][sourceaddress][wildcard-mask][log]
```

在 ACL 语句中，当使用地址作为条件时，它的一般格式为"地址　通配符反掩码"。

通配符反掩码（wildcard-mask）决定了地址中的哪些位需要精确匹配，哪些位不需要匹配。通配符反掩码是一个 32 位数，采用点分十进制方式书写。匹配时，"0"表示检查的位，"1"表示不检查的位。

例如，192.168.1.1　0.0.255.255 表示检查前 16 位，忽略后 16 位，所以这个条件表示的地址是 192.168.*.*。

any 条件的使用。当条件为所有地址时，如果使用通配符反掩码写为

```
0.0.0.0 255.255.255.255
```

这时，可以用"any"表示这个条件。

例如，下面两条规则是等价的。

```
access-list 1 permit 0.0.0.0 255.255.255.255
access-list 1 permit any
```

定义 ACL 时，每条语句都按输入的次序加入到 ACL 的末尾，如果想要更改某条语句，或者更改语句的顺序，只能先删除整个 ACL，再重新输入。

例如，删除表号为 1 的 ACL。

```
no access-list 1
```

在实际应用中，往往把路由器的配置文件导出到 TFTP 服务器中，用文本编辑工具修改 ACL，然后再把配置文件装回到路由器中。

【例 10-1】 一个局域网连接在路由器 **R1** 的 **E0** 口，这个局域网要求只有来自 **10.0.0.0/8**、**192.168.0.0/24**、**192.168.1.0/24** 的用户能够访问。

```
R1(config)# access-list 1 permit 10.0.0.0 0.255.255.255
R1(config)# access-list 1 permit 192.168.0.0 0.0.0.255
R1(config)# access-list 1 permit 192.168.1.0 0.0.0.255
```

```
R1(config)# interface e0
R1(config-if)# ip access-group 1 out
```

配置完成后，可以用命令查看 ACL。

```
R1# show access-lists
```

✉ 说明：

在每个 ACL 中都隐含着一条语句：

```
access-list list-num deny any
```

它位于 ACL 的最后，表示拒绝所有。所以，任何一个与前面各语句都不匹配的数据包都会被拒绝。

【例 10-2】 一个局域网连接在路由器 **R1** 的 **E0** 口，这个局域网要求拒绝来自 **192.168.10.0/24** 的用户访问，其他用户都可以访问。

```
R1(config)# access-list 1 deny 192.168.10.0 0.0.0.255
R1(config)# access-list 1 permit any
R1(config)# interface e0
R1(config-if)# ip access-group 1 out
```

✉ 说明：

"access-list 1 permit any" 语句不能省略，如果省略该语句，则所有和语句 1 不匹配的数据包都会被隐含的 access-list 1 deny any 语句拒绝。

【例 10-3】 一个局域网连接在路由器 **R1** 的 **E0** 口，这个局域网只允许来自 **192.168.20.0/24** 的用户访问，但其中 **192.168.20.1** 和 **192.168.20.5** 两台主机除外。

```
R1(config)# access-list 1 deny host 192.168.20.1
R1(config)# access-list 1 deny host 192.168.20.5
R1(config)# access-list 1 permit 192.168.20.0 0.0.0.255
R1(config)# interface e0
R1(config-if)# ip access-group 1 out
```

✉ 说明：

"access-list 1 permit 192.168.20 0.0.0.255" 语句不能写在另两条语句的前面，如果把它写在第 1 句，则 192.168.20.1 和 192.168.20.5 因已经满足了条件，不会再进行后面的匹配。

3．IP 扩展 ACL 的配置

IP 扩展 ACL 的编号范围为 100～199，可以处理更多的匹配项，包括协议类型、源地址、目的地址、源端口、目的端口等。根据这些匹配项对数据包进行过滤，采取拒绝或允许两种操作。

IP 扩展 ACL 的格式如下。

```
access-list [list number][permit|deny][protocol][源主机范围][运算符 源端口][目的主机范围][运算符 目的端口][其他选项]
```

扩展 ACL 可以使用地址作为条件，也可以用上层协议作为条件。

扩展 ACL 既可以测试数据包的源地址，也可以测试数据包的目的地址。

"运算符目的端口"可匹配数据包的用途。例如，"eq 80"可匹配那些访问 Web 网站的数据包。

例如，

```
access-list 100 permit tcp 192.168.0.0 0.0.255.255 10.0.0.0 0.255.255.255 eq 80
```

表示允许来自 192.168.*.*的用户访问位于 10.*.*.*的 Web 站点。

扩展 ACL 定义后，也需要使用 ip access-group 命令应用在指定接口上才能起作用。

例如，

```
Router(config)# interface e0
Router(config-if)# ip access-group 100 out
```

在每个扩展 ACL 末尾也有一条默认语句：

```
access-list list-num deny ip any any
```

它会拒绝所有与前面语句不匹配的数据包。

【例 10-4】 一个局域网连接在路由器 **R1** 的 **E0** 口，这个局域网只允许 **Web** 通信流量和 **FTP** 通信流量，其他都拒绝。

```
R1(config)# access-list 100 permit tcp any any eq 80
R1(config)# access-list 100 permit tcp any any eq 20
R1(config)# access-list 100 permit tcp any any eq 21
R1(config)# interface e0
R1(config-if)# ip access-group 100 out
```

✉ 说明：

本例中的配置将会极大地限制局域网和外网间的应用，它会拒绝除 Web 和 FTP 外的所有应用（包括 ICMP、DNS、电子邮件等），也会拒绝那些没有使用标准端口的 Web 和 FTP 应用。

在实际应用中，通常只对那些可能有害的访问做出拒绝限制，或者限制用户访问某些有害的站点或服务。

【例 10-5】 **R1** 是局域网（**E0**）和外网（**S0**）的边界路由器，禁止外网用户用 **Telnet** 远程登录本路由器。

```
R1(config)# access-list 100 deny tcp any host 200.1.1.1 eq 23
R1(config)# access-list 100 deny tcp any host 192.168.0.1 eq 23
R1(config)# access-list 100 permit ip any any
R1(config)# interface s0
R1(config-if)# ip access-group 100 in
```

✉ 说明：

这里使用了禁止 Telnet 的数据包进入两个接口 S0 口的方法阻断来自外网的 Telnet 请求。由于对 E0 口没有限制，所以它不影响来自内网的 Telnet 请求。

【例 10-6】 **R1** 是局域网（**E0**）和外网（**S0**）的边界路由器，**60.54.145.21** 是一个有害的 Web 网站，禁止内网用户访问该网站。

```
R1(config)# access-list 100 deny tcp 192.168.0.0 0.0.255.255 host 60.54.145.21 eq 80
R1(config)# access-list 100 permit ip any any
R1(config)# interface e0
R1(config-if)# ip access-group 100 in
```

✍小结

综上所述，ACL 的工作特点如下。

● 先定义规则再应用规则。

● 采用自上而下的规则匹配处理方式，当遇到相匹配的条件时，就按照指定的处理方式进
行处理。ACL 中各语句的书写次序非常重要，如果一个数据包和某判断语句的条件相匹
配时，该数据包的匹配过程就结束了，剩下的条件语句被忽略。

● 一切未被允许的就是禁止的。因此，ACL 中最后有一条默认的、拒绝所有数据包通过的规则。

● 标准 ACL 尽量应用于靠近目的主机的路由器接口。扩展 ACL 尽量应用于靠近源主机的
路由器接口。

【应用示例 12】 路由器充当防火墙的仿真应用

本示例利用 Packet Tracer 仿真建立一个网络环境，对其中的路由器进行标准 ACL 和扩展
ACL 配置，根据第三层或第四层包头中的信息，如源地址、目的地址、源端口以及上层协议
等，对数据包进行过滤控制。

1．搭建网络环境

（1）网络环境硬件设备组成

本示例网络环境中的硬件设备包括路由器 1 台、交换机 1 台、内网主机 3 台、外网主机 1
台、内网 Web 服务器 1 台。各个设备的接口地址及名称设置见表 10-2。

表 10-2 各设备的接口地址及名称

设 备	接 口	IP 地 址	用 途
路由器	FastEthernet0/0	192.168.1.1	连接内网
	FastEthernet1/0	192.168.2.1	连接 Web 服务器
	FastEthernet2/0	214.1.1.1	连接外网
内部主机 PC0	FastEthernet	192.168.1.20 网关 192.168.1.1	连接交换机
内部主机 PC1	FastEthernet	192.168.1.21 网关 192.168.1.1	连接交换机
内部主机 PC2	FastEthernet	192.168.1.22 网关 192.168.1.1	连接交换机
外部主机 PC3	FastEthernet	214.1.1.2 网关 214.1.1.1	连接路由器
Web 服务器	FastEthernet	192.168.2.100 网关 192.168.2.1 公网地址 214.1.1.3	

（2）控制要求

● 开启 Web 服务器的 HTTP 服务。

● 内网主机能访问外网主机。

● 内网主机可以利用内网地址访问 Web 服务器。

● 外网主机通过公网地址访问 Web 服务器。

● 禁止内网主机 PC1 与外网主机进行 ICMP 通信（ping），但是允许除 PC1 以外的内部主
机进行 IP 通信。

（3）网络环境搭建步骤

1）绘制示例的拓扑结构，如图 10-21 所示。

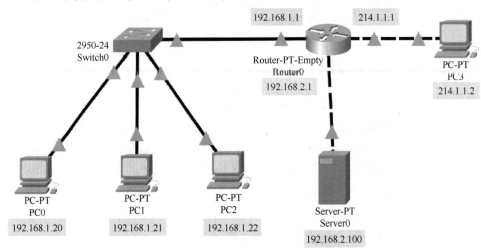

图 10-21　示例的拓扑结构

2）完成各设备的配置。PC 及路由器的配置可参照前面的介绍完成。这里介绍一下 Web 服务器的配置。

单击 Web 服务器图标，打开图 10-22 所示的"Services"（服务）选项卡，选择"On"（启用）单选按钮以启用 HTTP 服务。

图 10-22　在"Services"选项卡中启用 HTTP 服务

3）设备配置完成，测试一下连通性，步骤如下。

① 单击 PC0，选择"Desktop"选项卡，单击第 4 个图标"Command Prompt"，打开命令行窗口，分别执行"ping 214.1.1.2"和"ping 192.168.1.21"两个连通性测试命令，结果如图 10-23 所示，说明是连通的。

图 10-23　ping 测试

② 单击第 5 个图标 "Web Browser"，模拟在 PC0 上进行 Web 访问。在 URL 中输入 "http://192.168.2.100"，结果如图 10-24 所示，表示 Web 服务器运行正常。

图 10-24　Web 服务器测试

其他设备也可进行类似的测试。

2. 路由器的配置

单击路由器设备图标，选择 "CLI" 选项卡，在 "IOS Command Line Interface" 文本框中输入命令（带下画线的为需要输入的命令），"//" 后面的为命令注释。

```
Router>enable
Router#configure terminal                    //进入全局配置模式
Enter configuration commands, one per line.   End with CNTL/Z.
Router(config)#int f0/0                       //选择接口 f0/0
Router(config-if)#ip nat inside               //定义 f0/0 为 NAT 地址转换的内部接口
Router(config-if)#int f1/0                     //选择接口 f1/0
Router(config-if)#ip nat inside               //定义 f1/0 为 NAT 地址转换的内部接口
Router(config-if)#int f2/0                     //选择接口 f2/0
Router(config-if)#ip nat outside              //定义 f2/0 为 NAT 地址转换的外部接口
Router(config-if)#ip nat inside source static 192.168.2.100 214.1.1.3
//定义 Web 服务器的静态地址转换
Router(config)#ip nat inside source list 10 interface f2/0 overload
//对列表 10 定义的源地址进行动态地址转换,都转换为 f2/0 的公网地址
Router(config)#access-list 10 permit 192.168.1.0 0.0.0.255
//定义 NAT 源地址
Router(config)#access-list 10 permit 192.168.2.0 0.0.0.255
//定义 NAT 源地址
Router(config)#access-list 110 deny icmp host 192.168.1.21 host 214.1.1.2
//禁止内部主机 PC1 与外部主机 PC3 进行 ICMP 通信
Router(config)#access-list 110 permit ip any any
//允许内部主机 PC1 以外的主机进行 IP 通信
Router(config)#int f0/0                       //选择接口 f0/0
Router(config-if)#ip access-group 110 in       //将访问控制列表 110 应用到接口 f0
```

3．访问控制效果测试

1）主机 PC3 访问 Web 服务器。在 URL 中输入"http://214.1.1.3",结果如图 10-25 所示,表明能够正常访问。

图 10-25　Web 服务器测试

主机 PC0 的 Web 服务访问测试与上面的相同。在 URL 中输入"http://192.168.2.100",也能够正常访问。

2）分别在 PC1 和 PC2 上使用 ping 命令对 PC3 进行连通性测试。结果 PC1 与 PC3 无法连

通，而 PC2 与 PC3 能够连通，说明 ACL 配置正确。

【应用示例 13】 IPSec VPN 的仿真应用

本示例利用 Packet Tracer 仿真建立一个网络环境，对其中的路由器进行 IPSec VPN 的配置，以解决公司总部与分部间跨越 Internet 的连通问题。

1. 搭建网络环境

（1）硬件设备

本示例网络环境中的硬件设备包括路由器 3 台、总部主机 1 台、分部主机 1 台。

（2）配置要求

● Router 0 模拟连接 Internet 的网关路由器。

● Router 1 和 Router 2 分别模拟在不同地理位置的公司总部和分公司的出口网关路由器。

● 公司总部和分公司内部使用私有 IP 地址，在 Router 1 和 Router 2 之间建立 IPSec VPN，实现公司总部和分公司通过 Internet 安全传输内部数据的要求。

（3）网络环境搭建步骤

1）绘制拓扑结构，如图 10-26 所示。

2）完成各设备的配置。各设备的接口地址及名称设置见表 10-3。

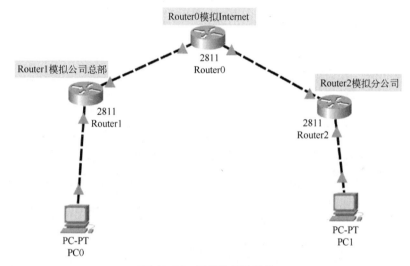

图 10-26 示例的拓扑结构

表 10-3 各设备的接口地址及名称

设　备	接　口	IP 地　址	子网掩码
路由器 Router0	FastEthernet0/0	100.1.1.1	255.255.255.0
	FastEthernet0/1	200.1.1.1	255.255.255.0
路由器 Router1	FastEthernet0/0	192.168.1.254	255.255.255.0
	FastEthernet0/1	100.1.1.2	255.255.255.0
路由器 Router2	FastEthernet0/0	200.1.1.2	255.255.255.0
	FastEthernet0/1	192.168.2.254	255.255.255.0
总部主机 PC0	FastEthernet	192.168.1.1 网关 192.168.1.254	255.255.255.0
分部主机 PC1	FastEthernet	192.168.2.1 网关 192.168.2.254	255.255.255.0

配置 VPN 前，需要 Router1 与 Router2 的出站接口网络可达，可以直接在 Router1、Router2 上面配置默认路由出站即可。

Router1 默认路由配置如下。

```
Router>enable
Router#configure terminal                 //进入全局配置模式
Router(config)#ip route 0.0.0.0 0.0.0.0 100.1.1.1    //设置默认路由
```

Router2 默认路由配置如下。

```
Router>enable
Router#configure terminal                 //进入全局配置模式
Router(config)#ip route 0.0.0.0 0.0.0.0 200.1.1.1    //设置默认路由
```

2．IPSec VPN 配置

单击路由器设备图标，选择"CLI"选项卡，在"IOS Command Line Interface"文本框中输入命令（带下画线的为需要输入的命令），"//"后面的为命令注释。

路由器 Router1 的配置如下。

```
Router(config)#crypto isakmp policy 1    //配置 IKE 策略，其中 1 是策略号，可自定义
Router(config-isakmp)#encryption 3des
Router(config-isakmp)#hash md5

Router(config-isakmp)#authentication pre-share
//配置 IKE 的验证方法，在此为 pre-share，即预共享密钥认证方法

Router(config-isakmp)#crypto isakmp key example address 200.1.1.2
//设置远端对等体的共享密钥为 example

Router(config)#crypto ipsec transform-set testtag ah -md5-hmac esp-3des
//设置名为"testtag"的交换集指定 AH 散列算法为 md5，ESP 加密算法为 3DES

Router(config)#access-list 101 permit ip 192.168.1.0 0.0.0.255 192.168.2.0 0.0.0.255

Router(config)#crypto map test 10 ipsec-isakmp    //设置加密图，加密图名称为 test，序号为 10
% NOTE: This new crypto map will remain disabled until a peer
and a valid access list have been configured.
Router(config-crypto-map)#set peer 200.1.1.2    //设置对端 IP 地址

Router(config-crypto-map)#set transform-set testtag
//设置隧道的 AH 及 ESP，即将加密图用于交换集

Router(config-crypto-map)#match address 101    //设置匹配 101 号访问列表
Router(config-crypto-map)#int f0/1
Router(config-if)#crypto map test    //将加密图 test 应用于此端口，即用其加密
```

路由器 Router2 的配置如下。

```
Router(config)#crypto isakmp policy 1    //配置 IKE 策略，其中 1 是策略号，可自定义
Router(config-isakmp)#encryption 3des
Router(config-isakmp)#hash md5

Router(config-isakmp)#authentication pre-share
//配置 IKE 的验证方法，在此为 pre-share，即预共享密钥认证方法
```

```
Router(config-isakmp)#crypto isakmp key example address 100.1.1.2
//设置远端对等体的共享密钥为 example

Router(config)#crypto ipsec transform-set testtag ah -md5-hmac esp-3des
//设置名为“testtag”的交换集指定 AH 散列算法为 md5，ESP 加密算法为 3DES

Router(config)#access-list 101 permit ip 192.168.2.0 0.0.0.255 192.168.1.0 0.0.0.255

Router(config)#crypto map test 10 ipsec-isakmp     //设置加密图，加密图名称为 test，序号为 10
% NOTE: This new crypto map will remain disabled until a peer
and a valid access list have been configured.
Router(config-crypto-map)#set peer 100.1.1.2     //设置对端 IP 地址

Router(config-crypto-map)#set transform-set testtag
//设置隧道的 AH 及 ESP，即将加密图用于交换集

Router(config-crypto-map)#match address 101     //设置匹配 101 号访问列表
Router(config-crypto-map)#int f0/0
Router(config-if)#crypto map test     //将加密图 test 应用于此端口，即用其加密
```

3．IPSec VPN 效果测试

（1）添加并捕获数据包

进入 Simulation 模式，单击常用工具栏中的 Add Simple PDU 按钮，在工作区网络结构拓扑图中 PC0 向 PC1 发送的数据包，然后单击时间列表窗格下方的“Play Controls”（播放控制）中的“Play”功能键，开始捕获数据包。当响应数据包返回 PC0 后，再次单击“Play”功能键。

（2）观察 IPSec VPN 的封装

在窗口右侧的“Event List”列表中找到第一个 At Device 为 Router1 的数据包，如图 10-27 所示。

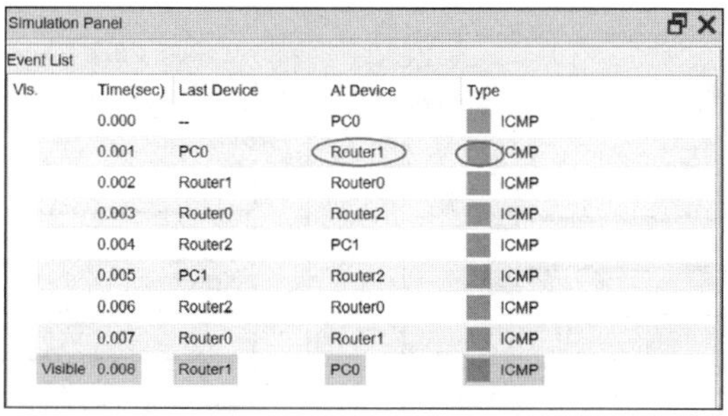
Simulation Panel
Event List

Vis.	Time(sec)	Last Device	At Device	Type
	0.000	--	PC0	ICMP
	0.001	PC0	Router1	ICMP
	0.002	Router1	Router0	ICMP
	0.003	Router0	Router2	ICMP
	0.004	Router2	PC1	ICMP
	0.005	PC1	Router2	ICMP
	0.006	Router2	Router0	ICMP
	0.007	Router0	Router1	ICMP
Visible	0.008	Router1	PC0	ICMP

图 10-27 “Event List”列表

单击该事件对应的色块，打开该事件的 PDU 信息对话框，并选择“Inbound PDU Details”选项卡，可见该 IP 数据包的源 IP 地址和目的 IP 地址分别为 PC0 和 PC1 的私有 IP 地址，即 192.168.1.1 和 192.168.2.1，如图 10-28 所示。

选择 PDU 信息对话框中的“Outbound PDU Details”选项卡，打开图 10-29 所示的出口 PDU 信息。

由图 10-29 所示的信息可见，当总部与分部的 PC 进行通信时，在数据包进入 Internet 之前，网关路由器 Router1 对原始 IP 数据包进行了重新封装，在新增的包头部中，源 IP 地址被设置为总部网关路由器 Router1 的外部接口地址 100.1.1.2，而目的 IP 地址被设置为分部网关路由器 Router2 的外部接口地址 200.1.1.2。

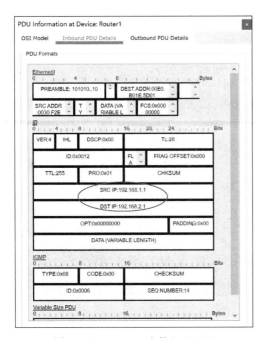

图 10-28　Router1 上的入口 PDU

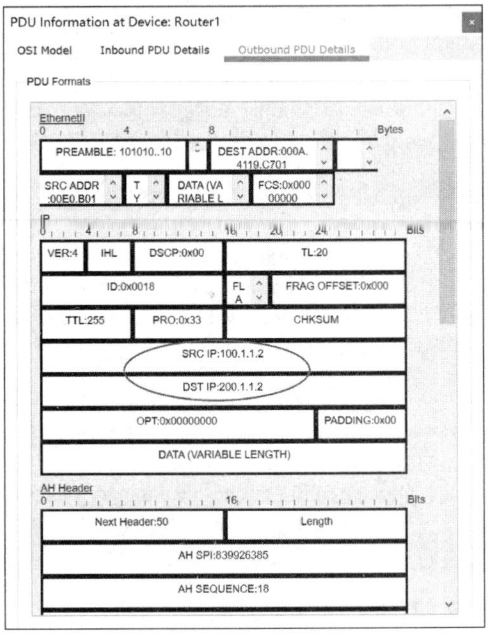

图 10-29　Router1 上的出口 PDU

　　向下拖动 PDU 信息对话框右侧的滚动条，可以看到 IPSec 的 AH 头部和 ESP 头部信息，如图 10-30 所示。

　　继续向下拖动滚动条，显示图 10-31 所示的原始 IP 包头部信息，可见原始 IP 包头部与路由器 Router1 的入口 PDU 信息完全一致。该原始 IP 数据包是经过 IPSec 加密后作为路由器 Router1 重新封装的 IP 数据包的数据部分在 Internet 中进行传输的，因此 Internet 中的路由器无须读取其头部信息。

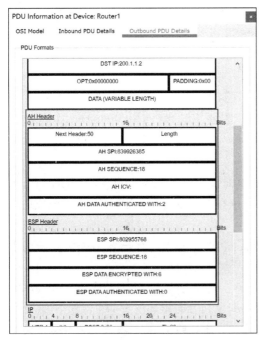

图 10-30　AH 头部和 ESP 头部

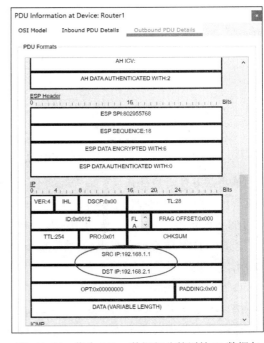

图 10-31　作为 IPSec 数据部分的原始 IP 数据包

关闭 Router1 的 PDU 信息对话框。在主窗口右侧的 "Event List" 列表中找到第一个 At Device 为 Router2 的数据包，单击该数据包对应的色块，在打开的 PDU 信息对话框中选择 "Inbound PDU Details" 选项卡，打开图 10-32 所示的入口 PDU 信息，可见该信息与 Router1 出口信息一致。

选择 PDU 信息对话框中的 "Outbound PDU Details" 选项卡，打开图 10-33 所示的出口 PDU 信息，可以发现此时数据包已经恢复为原始的 IP 数据包。

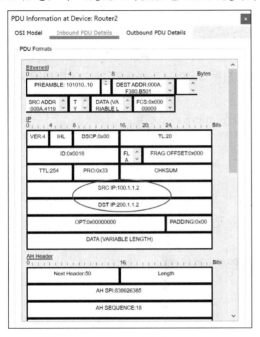

图 10-32　Router2 上的入口 PDU

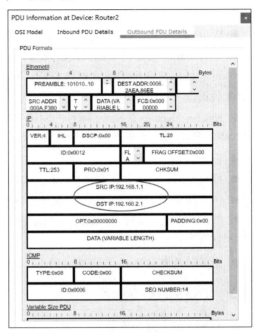

图 10-33　Router2 上的出口 PDU

10.5　GNS3 仿真防火墙的应用

本节介绍 GNS3 中 ASA 防火墙仿真应用的方法。

10.5.1　GNS3 的简介

（1）Packet Tracer 和 Dynamips 模拟器存在的问题

上一节介绍的 Cisco Packet Tracer 可以用图形界面设计网络拓扑，简单易用，但它的缺点在于它不是基于真实的 Cisco 系统（IOS），仅是对 IOS 命令行的模拟，结果造成很多命令模拟不了或不能得到正确的结果。它比较适用于初学者。

Dynamips 是由法国 UTC 大学的学者开发的基于虚拟化技术的模拟器，用于模拟 Cisco 的路由器。它是基于真实 IOS 的，所以运行它跟运行真实的网络设备有着几乎一样的效果，但它的所有操作，包括拓扑的建立和参数的设置，都是采用命令行界面，对于一位初学者而言就比较困难。

Dynamips GUI 是在 Dynamips 的基础上增加了用户界面，方便用户选择网络设备，但在配置网络拓扑上依然没有使用图形界面。

（2）GNS3 的功能和特点

GNS3 是一个开源软件，同样也是基于 Dynamips 的。它由两个软件组成，一个是 GNS3 多功能一体软件（GUI），另一个是 GNS3 虚拟机（VM）。它在设备的选择和配置网络拓扑等功能上都使用了图形界面，更方便人机交互，更具有可操作性，同时具备了 Packet Tracer 和 Dynamips 的优点。Cisco 网络设备管理员或是想要通过 CCNA、CCNP、CCIE 等 Cisco 认证考试的人员可以通过它来完成相关的实验模拟操作。

GNS3 针对 Windows、Linux、MacOS 等都有相应的版本。GNS3 整合了如下的工具。

- Dynamips：运行 IOS 的模拟器。在 GNS3 中，它是模拟 Cisco 实验设备的核心组件。
- Qemu/Pemu：一个通用、开源的防火墙模拟器和虚拟机。
- WinPCAP：Windows 平台下一个免费的、公共的网络访问系统，提供访问网络底层的能力。
- Wireshark：是一个网络封包分析软件。网络封包分析软件的功能是撷取网络封包，并尽可能显示出详细的网络封包资料。Wireshark 使用 WinPCAP 作为接口，直接与网卡进行数据报文交换。
- Npcap：Npcap 是Nmap项目的网络包抓取库在 Windows 下的版本。

GNS3 包括如下主要功能。

- 设计网络拓扑结构。
- 模拟 Cisco 路由设备和 ASA 防火墙。
- 仿真简单的 Ethernet、ATM 和帧中继交换机。
- 能够装载和保存为 Dynamips 的配置格式。也就是说，对于使用 Dynamips 内核的虚拟软件具有较好的兼容性。
- 支持一些文件格式（JPEG、PNG、BMP 和 XPM）的导出。

10.5.2 GNS3 的基本配置

1. GNS3 的下载与安装

从官网 http://www.gns3.com 下载最新的 Windows 平台 GNS3 安装包。本书下载时的文件为 GNS3-2.2.12-all-in-one-regular.exe。

双击下载的安装包开始安装，在选择组件对话框中，提供的安装组件包括 WinPCAP、Dynamips、QEMU、Pemu、Wireshark，一并勾选。若之前已安装某版本的 WinPCAP，建议把旧版本删除，否则可能会出现不兼容的情况。最后，单击"Finish"按钮完成安装，如图 10-34 所示。

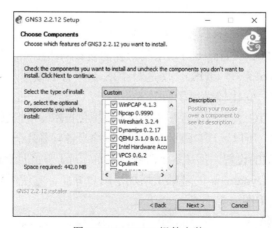

图 10-34 GNS3 组件安装

2．GNS3 VM 的下载与安装

由于现阶段各用户选择的系统版本并不统一，而 GNS3 中各个组件对于系统的兼容性又有着十分严格的要求，因此强烈建议读者安装 GNS3 VM 虚拟机进行试验，以免在操作系统和硬件上遇到不必要的麻烦。

本书中的虚拟机平台为 VMware 14.1.2。从官网下载 GNS3 VM 文件，选择第 2 项"VMware Workstation and Fusion"，如图 10-35 所示。

下载完成后解压缩为 OVA 虚拟机文件，使用 VMware 打开。等待系统安装一段时间后出现图 10-36 所示的系统提示后，表示虚拟机安装完毕并开始运行。之后进行试验时可将虚拟机界面最小化，直接在 GNS3 界面上操作即可。

图 10-35　下载 GNS3 VM

图 10-36　虚拟机界面

3．GNS3 首选项的配置

GNS3 及 GNS3 VM 安装完毕后就可以打开 GNS3 主界面了，会出现图 10-37 所示的对话框，设置为在虚拟机上运行。

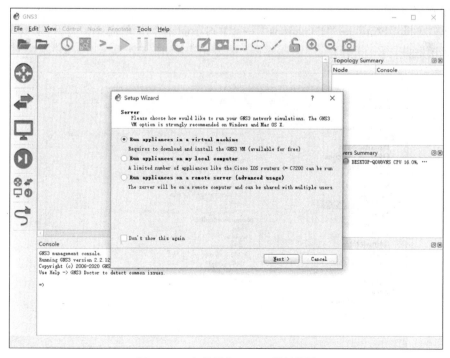

图 10-37　初次进入 GNS3 进行设置

接着配置 Dynamips 的路径。Dynamips 是一个基于虚拟化技术的模拟器，用于模拟 Cisco 的路由器。发展到现在，该模拟器已经能够支持众多的 Cisco 的路由器平台。首选项中 Dynamips 的配置主要包括 Dynamips 一些特性的配置和 Hypervisors 的配置。

选择"Edit"→"Preferences"菜单命令，打开图 10-38 所示的对话框。单击左侧列表中的"Dynamips"选项；在右边窗格中选择"Local settings"选项卡，在"Path to Dynamips"文本框中设置工作目录。工作目录是指程序运行过程中产生的文件存放的路径，可以按照默认设置，也可以自己选择一个新的路径。

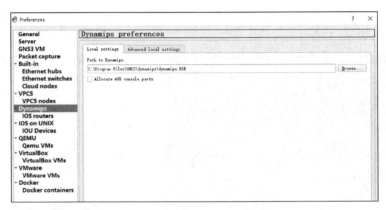

图 10-38　配置 Dynamips 的路径

4. 配置 IOS

在这一重要步骤中添加一个或多个未压缩的 IOS 映像文件。用户通过命令运行人机交互界面对网络设备进行功能设置，提供的功能大致有以下项：网络设备及连接端口的功能首选项设置、运行网络协议与网络功能设备间的数据传输安全管理设置。

配置 IOS 的步骤：

1）依次选择"Edit"→"Dynamips"→"IOS routers"菜单命令，打开图 10-39 所示的 IOS 配置对话框。

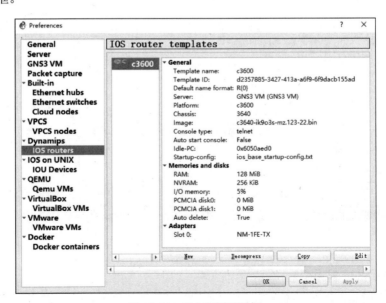

图 10-39　IOS 配置对话框

2）单击"New"按钮新建一个路由器镜像文件。这里提前从 Cisco 的官方网站上下载了一个常用的路由器 IOS 文件，名称为"c3640-ik9o3s-mz.123-22.bin"。操作过程如图 10-40 和图 10-41 所示。

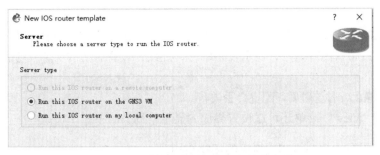

图 10-40　选择在虚拟机上运行镜像文件

图 10-41　载入先前下载完毕的镜像文件

选择完镜像文件后会要选择设备的名称和型号，并配置路由器的端口，这些都可以选择系统默认的选项，之后用到了可以再次修改，最后让系统自动读取 Idle-PC 的值，如图 10-42 所示。Dynamips 是系统下的一个应用程序，因为 Dynamips 不知道什么时候虚拟路由器空闲，什么时候执行有用的工作，所以 Dynamips 每时每刻都在工作。Idle-PC 是 Dynamips 的空闲点计数器，通过计算，Dynamips 就能知道路由器的 CPU 什么时候空闲、什么时候工作，在空闲时就不用编译路由器 CPU 发出的指令了，从而降低 CPU 的利用率。读取完成后即可完成镜像的安装。

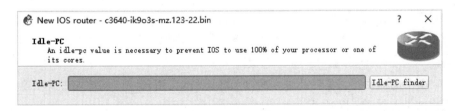

图 10-42　自动读取 Idle-PC 的值

5. 拓扑结构的绘制和显示

如图 10-43 所示，工具栏中提供了许多按钮，方便用户完成拓扑结构的绘制。

打开和新建文件　　　　　设备启动常规操作　　添加注释

图 10-43　工具栏按钮

拓扑结构绘制的常规操作包括新建、打开、保存、另存为、新建工程、保存新工程等；显示编号与连线包括显示接口编号、显示设备编号、连线；设备启动常规操作包括启动、暂停、停止、重启。

注意，设备停止或者重启后，配置会丢失。

另外，选择"View"菜单还可以设置界面的显示格局。

【例 10-7】　配置桥接主机和虚拟机的拓扑结构。

通过一个简单的拓扑结构介绍 GNS3 的基本使用方法。

实验设备包括 2 台主机和 1 台路由器，最终完成的拓扑结构如图 10-44 所示。

下面介绍完成步骤。

1）拖动设备的相应图标放置到窗口中。如图 10-45 所示。

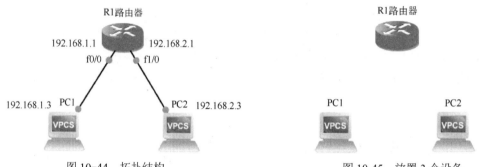

图 10-44　拓扑结构　　　　　　　　　　　　　图 10-45　放置 3 个设备

2）配置 R1 路由器。右击"R1 路由器"，选择"Configure"命令，在"Slots"选项卡中选择两个适配器端口，如图 10-46 所示。

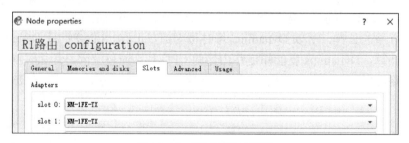

图 10-46　端口配置对话框

3）连线。

在图 10-37 中选择左侧工具栏最下方的"Add a link"图标 ，然后点击需要连线的设备即可完成连线，结果如图 10-47 所示。

4）在控制台查看路由器基本信息。在控制台输入"list"命令，可以看到路由器的一些基本信息，如图 10-48 所示。

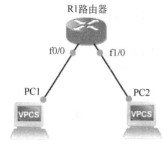

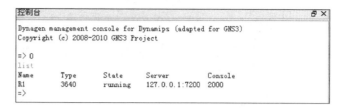

图 10-47　设置连线　　　　　　　　　　　　图 10-48　路由器的基本信息

5）配置路由器各个接口。右击路由器 R1 图标，选择"Console"命令，进入 Console port 设置。如图 10-49 所示，分别配置 f0/0 接口，IP 地址为 192.168.1.1，子网掩码为 255.255.255.0；配置 f1/0 接口，IP 地址为 192.168.2.1，子网掩码为 255.255.255.0。

```
Router#
Router#conf t
Enter configuration commands, one per line. End with CNTL/Z.
Router(config)#interface f0/0
Router(config-if)#ip address 192.168.1.1 255.255.255.0
Router(config-if)#no shutdown
Router(config-if)#
*Mar  1 00:02:08.403: %LINK-3-UPDOWN: Interface FastEthernet0/0, changed state to up
*Mar  1 00:02:09.403: %LINEPROTO-5-UPDOWN: Line protocol on Interface FastEthernet0/0, changed state to up
Router(config-if)#exit
Router(config)#interface f1/0
Router(config-if)#ip address 192.168.2.1 255.255.255.0
Router(config-if)#no shutdown
Router(config-if)#
*Mar  1 00:02:34.259: %LINK-3-UPDOWN: Interface FastEthernet1/0, changed state to up
*Mar  1 00:02:35.259: %LINEPROTO-5-UPDOWN: Line protocol on Interface FastEthernet1/0, changed state to up
```

图 10-49　f0/0、f1/0 接口的配置

6）设置 PC1 和 PC2 的 IP 地址。PC1 和 PC2 的 IP 地址的设置如图 10-50 所示。

7）实验结果测试。在 PC2 中 ping 虚拟机 PC1，结果如图 10-51 所示。说明主机和虚拟机连通。

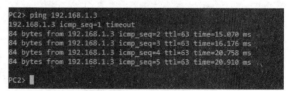

图 10-50　PC1 和 PC2 的 IP 地址设置　　　　　图 10-51　PC1 和 PC2 连通性测试

【应用示例 14】　ASA 防火墙的基础配置及 ACL 流量放行

ASA 防火墙是 GNS3 中模拟的一个重要模块。本示例介绍 ASA 防火墙的基础配置及 ACL 流量放行策略的使用。

1．搭建网络环境

（1）IOS 文件的准备

Cisco 发布的不同版本都有相对应的镜像文件可以下载。本书中使用的 ASA 版本为 ASA842，首先需要提前准备"asa842-initrd"和"asa842-vmlinuz"文件，可以从 Cisco 的官网下载，下载完毕后将文件保存在非中文路径的文件夹内。

（2）新建 ASA 防火墙

首先运行 VM 虚拟机，再打开 GNS3，依次选择"Edit"→"Dynamips"命令，在打开窗口

的左侧列表中选择"Qemu VMs"选项，单击"New"按钮新建 ASA 防火墙，如图 10-52 所示。

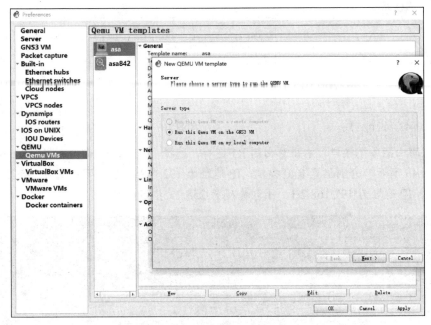

图 10-52　新建 ASA 防火墙

在图 10-52 中，选择在虚拟机上运行，设备名称可以选择对应的防火墙版本的名称，在最后的步骤选择已经下载好的"asa842-initrd"文件，如图 10-53 所示。

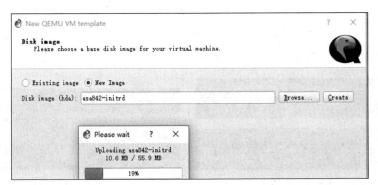

图 10-53　选择 asa842-initrd 文件

单击"Finish"按钮完成安装后，就可以在 Qemu VM 界面看见最新安装的 ASA 防火墙文件了。单击下方的"Edit"按钮将"asa842-vmlinuz"文件也添加到组件中，如图 10-54 所示。

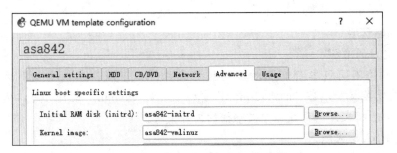

图 10-54　添加 asa842-vmlinuz 文件

到这一步为止，已经安装了路由器的 IOS 镜像文件和 ASA 防火墙组件，接下来就可以开始对 ASA 防火墙进行一些基本配置并开始实验了。

（3）ASA 防火墙环境搭建

回到主界面，选择新建工程文件，在空白区域拖动左侧的路由器图标和 ASA 防火墙图标，并单击网线图标进行连线。初步创建的网络环境拓扑结构如图 10-55 所示。本示例模拟用户访问外部网络时数据的通过模式，分为外部互联网区域（outside）、用户区域（inside）和 DMZ 防火墙中间区域。

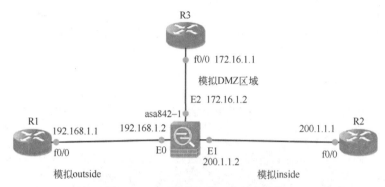

图 10-55　示例的网络环境拓扑结构

单击工具栏的启动按键将拓扑结构中的所有设备启动，此时双击每一个设备图标就可以进入该设备命令行窗口对设备进行调试了。当 ASA 防火墙成功被唤醒时，将出现图 10-56 所示的界面。

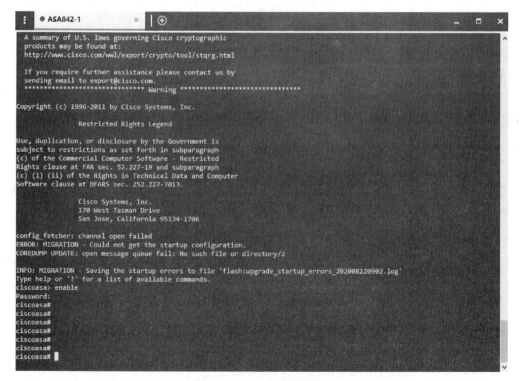

图 10-56　ASA 命令行界面

2．ASA 防火墙的配置

（1）ASA 防火墙各端口的配置

根据本示例要求，配置 ASA 防火墙的各个端口，具体参数如图 10-56 所示，主要涉及的参数命令如下。

```
ciscoasa> enable //进入路由器
ciscoasa# conf t //进入全局设置模式
ciscoasa(config-if)# interface GigabitEthernet0 //选择防火墙端口
ciscoasa(config-if)# nameif? //选择端口名称
ciscoasa(config-if)# nameif outside //修改端口名称
ciscoasa(config-if)# ip address 0.0.0.0 255.255.255.0 //设置 IP 地址与子网掩码
ciscoasa(config-if)# security-level 0 //设置防火墙端口的安全级别
```

配置防火墙的端口操作界面如图 10-57 所示。

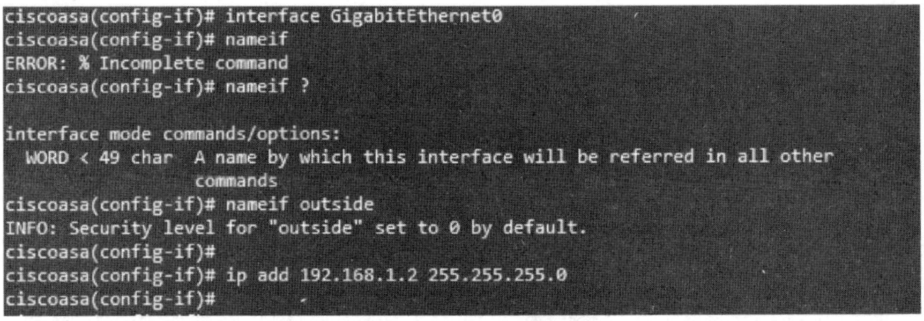

```
ciscoasa(config-if)# interface GigabitEthernet0
ciscoasa(config-if)# nameif
ERROR: % Incomplete command
ciscoasa(config-if)# nameif ?

interface mode commands/options:
  WORD < 49 char  A name by which this interface will be referred in all other
                  commands
ciscoasa(config-if)# nameif outside
INFO: Security level for "outside" set to 0 by default.
ciscoasa(config-if)#
ciscoasa(config-if)# ip add 192.168.1.2 255.255.255.0
ciscoasa(config-if)#
```

图 10-57　配置防火墙的端口

其中需要注意的是，整个拓扑结构的数据只能由高安全级别的端口流向低安全级别的端口，因此，在设置的时候需要将 outside 的安全级别设置为 0，inside 的安全级别设置为 100，DMZ 中间区域的级别设置在 0～100，本示例中设置为 50。设置完成后的各端口信息如图 10-58 所示。

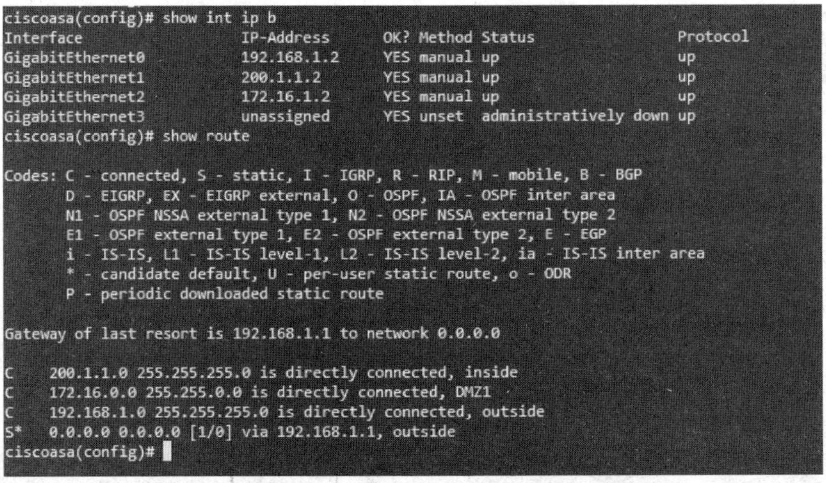

```
ciscoasa(config)# show int ip b
Interface                  IP-Address      OK? Method Status                Protocol
GigabitEthernet0           192.168.1.2     YES manual up                    up
GigabitEthernet1           200.1.1.2       YES manual up                    up
GigabitEthernet2           172.16.1.2      YES manual up                    up
GigabitEthernet3           unassigned      YES unset  administratively down up
ciscoasa(config)# show route

Codes: C - connected, S - static, I - IGRP, R - RIP, M - mobile, B - BGP
       D - EIGRP, EX - EIGRP external, O - OSPF, IA - OSPF inter area
       N1 - OSPF NSSA external type 1, N2 - OSPF NSSA external type 2
       E1 - OSPF external type 1, E2 - OSPF external type 2, E - EGP
       i - IS-IS, L1 - IS-IS level-1, L2 - IS-IS level-2, ia - IS-IS inter area
       * - candidate default, U - per-user static route, o - ODR
       P - periodic downloaded static route

Gateway of last resort is 192.168.1.1 to network 0.0.0.0

C    200.1.1.0 255.255.255.0 is directly connected, inside
C    172.16.0.0 255.255.0.0 is directly connected, DMZ1
C    192.168.1.0 255.255.255.0 is directly connected, outside
S*   0.0.0.0 0.0.0.0 [1/0] via 192.168.1.1, outside
ciscoasa(config)#
```

图 10-58　设置完成后的端口信息

（2）与防火墙相连的路由器配置

以路由器 R3 为例，需要的命令如下。

```
R3# conf t //进入全局设置界面
```

```
R3(config)# interface f0/0 //选择端口
R3(config-if)# ip address 0.0.0.0 255.255.255.0 //设置 IP 地址
R3(config-if)# ip route 0.0.0.0 0.0.0.0 176.16.1.2 //设置默认路由到防火墙的端口
R3(config-if)# no shutdown //结束退出，唤起端口
```

路由器端口的设置界面如图 10-59 所示。

图 10-59　路由器端口的设置

（3）检测连通性

路由器的默认路由及端口设置完毕后，为了检测端口是否连通，可以在 ASA 防火墙的命令行窗口中使用 ping 命令，若拓扑结构连通，则可以 ping 通，如图 10-60 所示。

图 10-60　ping 路由器 192.168.1.1

此时，已经完成了路由器和防火墙的基础配置，可以试着在 R1 端口（低安全级别）使用 telnet 命令测试一下是否可以连通高安全级别的路由器，结果应该是不行的，如图 10-61 所示。

图 10-61　低安全级别无法连通高安全级别

3．ACL 流量放行策略的使用

在 ASA 防火墙中提供了若干种放行流量的策略，如放行 ICMP、TCP 数据等，可以为试验者提供不同的拦截放行策略，模拟更加真实的网络环境。

本示例中采用 ACL 流量放行策略，使得低安全级别的流量可以通过防火墙流入高安全级别的设备。放行操作在 ASA 的界面执行，代码如下。

```
Ciscoasa(config)#access-list 100 permit tcp host 192.168.1.1 host 200.1.1.1 eq 23
Ciscoasa(config)#access-group 100 in interface outside
```

上述代码分别开放了低安全级别端口的 TCP 流量，使得 telnet 命令产生的 TCP 命令通过 outside 端口进入防火墙后避免被拦截，从而达到高安全级别的设备，放行后 telnet 命令执行成功，如图 10-62 所示。

```
R1#telnet 200.1.1.1
Trying 200.1.1.1 ... Open

Password required, but none set

[Connection to 200.1.1.1 closed by foreign host]
R1#
R1#
R1#
```

图 10-62 telnet 命令执行成功

【应用示例 15】　ASA 防火墙构建 NAT 环境

相较于在路由器上实现 NAT，在 ASA 防火墙上实现会更加复杂一点，其涉及 NAT 的控制、策略等。本示例主要介绍如何利用 ASA 防火墙构建动态 NAT 环境。

1. 搭建网络环境

搭建的网络拓扑结构如图 10-63 所示。各端口的配置代码可参照应用示例 13。

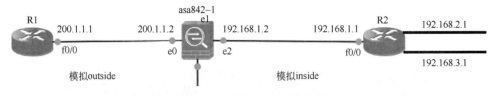

图 10-63　示例的网络拓扑结构

2. 路由器和防火墙的配置

（1）路由器的配置

配置路由器 R1 的端口 f0/0 的 IP 地址为 200.1.1.1，默认路由连接防火墙 outside 端口 e0。对于路由器 R2，为了模拟内网环境，新建了两个 loopback 接口，分别定义为 loopback0 和 loopback1，定义的方式如下，最终结果如图 10-64 所示。

```
//配置 R1
R1# conf t
R1(config)#int f0/0
R1(config-if)#ip address 200.1.1.1 255.255.255.0//设置 IP 地址
R1(config-if)#no shutdown//结束退出，唤起端口
//配置 R2
R2# conf t //进入全局设置界面
R2(config)#int f0/0
R2(config-if)#ip address 192.168.1.1 255.255.255.0//设置 IP 地址
R2(config-if)#no shutdown//结束退出，唤起端口
R2(config-if)#exit
R2(config)# interface loopback0 //选择端口为 loopback0
R2(config-if)# ip address 192.168.2.1 255.255.255.0 //设置 IP 地址
R2(config-if)# no shutdown //结束退出，唤起端口
R2(config-if)# interface loopback1 //选择端口为 loopback1
R2(config-if)# ip address 192.168.3.1 255.255.255.0 //设置 IP 地址
R2(config-if)# no shutdown //结束退出，唤起端口
R2(config-if)# exit
R2(config)#exit
R2#show ip interface brief//显示路由器的端口设置
```

```
R2#show ip int b
Interface                IP-Address      OK? Method Status        Protocol
FastEthernet0/0          192.168.1.1     YES manual up            up
Loopback0                192.168.2.1     YES manual up            up
Loopback1                192.168.3.1     YES manual up            up
R2#
```

图 10-64　路由器 R2 的端口设置

（2）防火墙的配置

对于防火墙的配置，首先配置两个端口 e0 和 e2 的 IP 地址为 200.1.1.2 和 192.168.1.2。并设置 inside、outside 端口的安全级别分别为 100 和 0。然后，为防火墙配置到达内网的路由，命令如下，配置结果如图 10-65 所示。

```
ciscoasa(config)#int G0//选择端口
ciscoasa(config-if)#nameif?
ciscoasa(config-if)# nameif outside//命名为 outside 端口
//端口命名为 outside 则系统默认的安全级别为 0
ciscoasa(config-if)# ip add 200.1.1.2 255.255.255.0//设置 IP 地址
ciscoasa(config-if)#no shutdown
ciscoasa(confi)g#int G2//选择端口
ciscoasa(config-if)#nameif?
ciscoasa(config-if)# nameif inside//命名为 inside 端口
//端口命名为 inside 则系统默认的安全级别为 100
ciscoasa(config-if)# ip add 192.168.1.2 255.255.255.0//设置 IP 地址
ciscoasa(config-if)#route 192.168.2.0 255.255.255.0 192.168.1.1//配置路由，需要跳转到 192.168.2.0 网
//络，下一跳为端口的 IP 地址为 192.168.1.1
ciscoasa(config-if)#no shutdown
```

```
ciscoasa(config)# show route

Codes: C - connected, S - static, I - IGRP, R - RIP, M - mobile, B - BGP
       D - EIGRP, EX - EIGRP external, O - OSPF, IA - OSPF inter area
       N1 - OSPF NSSA external type 1, N2 - OSPF NSSA external type 2
       E1 - OSPF external type 1, E2 - OSPF external type 2, E - EGP
       i - IS-IS, L1 - IS-IS level-1, L2 - IS-IS level-2, ia - IS-IS inter area
       * - candidate default, U - per-user static route, o - ODR
       P - periodic downloaded static route

Gateway of last resort is 200.1.1.1 to network 0.0.0.0

C    200.1.1.0 255.255.255.0 is directly connected, outside
C    172.16.1.0 255.255.255.0 is directly connected, DMZ
C    192.168.1.0 255.255.255.0 is directly connected, inside
S    192.168.2.0 255.255.255.0 [1/0] via 192.168.1.1, inside
S    192.168.3.0 255.255.255.0 [1/0] via 192.168.1.1, inside
S*   0.0.0.0 0.0.0.0 [1/0] via 200.1.1.1, outside
```

图 10-65　防火墙访问内网路由

（3）功能测试

为了测试设置是否成功，需要使用 ping 命令。然而在该拓扑结构中，由于内网的安全级别高于外网，ping 命令返回的数据包会被防火墙拦截，于是需要手动放行 ICMP 数据包，使得 ping 命令可以正常连通。放行 ICMP 的命令如下。

```
ciscoasa(config-if)#access-list 100 permit icmp any any
ciscoasa(config-if)#access-group 100 in interface outside
```

设置完成后防火墙的 ICMP 的流量就会被放行，ping 命令可以正常使用，试验环境搭建完毕，下面进行动态 NAT 的配置。

3．动态 NAT 的配置

动态 NAT 的工作原理就是设置一个 IP 地址池，内网 IP 在经过防火墙访问外网时需要在地址池中取一个未被占用的地址作为访问外部地址的 IP，使用完毕后将占用的 IP 重新还回地址池。

NAT 配置的命令如下，配置结果如图 10-66 所示。

```
        ciscoasa(config-if)#nat (inside) 1 192.168.2.0 255.255.255.0//指定需要进行地址转换的网段，其中数字 1
//是用来关联地址池和内部 IP 的标识
        ciscoasa(config-if)#global(outside) 1 200.1.1. 10-200.1.1.20//定义全局地址池
        ciscoasa(config-if)#show xlate//列出 NAT 转换的情况
```

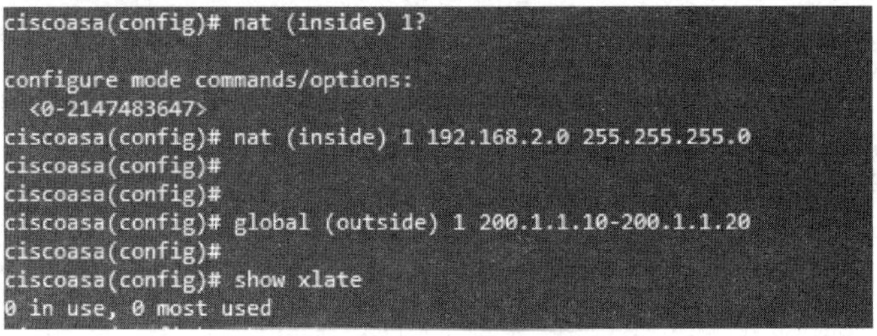

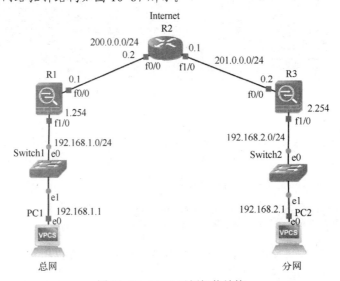

图 10-66　动态 NAT 的配置

4．动态 NAT 效果测试

NAT 配置完毕后进入 R2 路由器的 Console 界面。使用 ping 命令连接外部路由器 R1，显示连接成功后，此时 ASA 内部已经自动为内部 IP 分配了对外的 IP 地址，当使用结束后自动归还地址池。使用 "show xlate detail" 命令还可以查看详细的端口信息与地址转换的时间长短。

【应用示例 16】　ASA 防火墙构建 VPN 环境

本示例主要介绍如何利用 ASA 防火墙构建 VPN 环境。

1．搭建网络环境

本示例搭建的网络拓扑结构如图 10-67 所示。

图 10-67　VPN 示例拓扑结构

可以将其理解为总公司内网使用 192.168.1.0/24 网段地址，分公司使用 192.168.2.0/24 网段地址。路由器 R2 为公网上的路由器。R1 及 R3 分别为总公司及分公司的网关服务器，所以一定会存在默认路由指向公网的路由器。总公司的内网及分公司的内网之间要建立虚拟专用网，但如果不配置别的东西，是会影响内网访问 Internet 的，一般都是既可以建立虚拟专用网，也可以访问 Internet，所以这个问题也要解决。

需求如下：总公司的 192.168.1.0/24 网段和分公司的 192.168.2.0/24 网段通过虚拟专用网实现互通，并且不要影响这两个网段访问公网，也就是路由器 R2（访问公网路由器，通过端口复用的 PAT 技术实现，不要在路由器 R2 上配置任何路由）。

2．路由器和防火墙的配置

首先根据拓扑结构（见图 10-67）将各个设备的端口及 IP 地址配置好。图中 PC1 及 PC2 的 IP 网关配置命令如下。

```
//PC1 配置
PC1>ip 192.168.1.1 192.168.1.254//配置 IP 及网关
//PC2 配置
PC1>ip 192.168.2.1 192.168.2.254//配置 IP 及网关
```

路由器和 PC 都配置完毕后，则需要对 ASA 防火墙进行如下配置。

```
R1(config)#ip route 0.0.0.0 0.0.0.0 200.0.0.2//配置默认路由
#以下是配置 ISAKMP 策略（管理连接的配置）
R1(config)#crypto isakmp policy 1 //策略组序号为 1 ，数值越小优先级越高
R1(config-isakmp)#encryption aes //配置加密算法
R1(config-isakmp)#hash sha //指定验证过程采用散列算法
R1(config-isakmp)#authentication pre-share//声明设备认证方式为预先共享密钥
R1(config-isakmp)#group 2//采用算法的强度为 group2
R1(config-isakmp)#lifetime 10000//设置生命周期
R1(config-isakmp)#exit
R1(config)#crypto isakmp key 2020.com address 201.0.0.2//配置预先共享密钥
#以下是数据连接配置
//定义虚拟专用网保护的流量
R1(config)#access-list 101 permit ip 192.168.1.0 0.0.0.255 192.168.2.0 0.0.0.255
R1(config)#crypto ipsec transform-set test-set ah-sha-hmac esp-aes//数据协商参数
R1(cfg-crypto-trans)#mode tunnel//隧道模式
R1(cfg-crypto-trans)#exit
R1(config)#crypto map test-map 1 ipsec-isakmp
% NOTE: This new crypto map will remain disabled until a peer
        and a valid access list have been configured.
R1(config-crypto-map)#set peer 201.0.0.2//虚拟专用网对端地址
R1(config-crypto-map)#set transform-set test-set//将数据连接关联刚才创建的传输集
R1(config-crypto-map)#match address 101//匹配的 ACL
R1(config-crypto-map)#int f0/0//进入外部接口
R1(config-if)#crypto map test-map//应用在互联网接口
#下面解决内部主机访问互联网的问题
R1(config-if)#$ 102 deny ip 192.168.1.0 0.0.0.255 192.168.2.0 0.0.0.255//拒绝虚拟专用网的流量
R1(config)#access-list 102 permit ip any any//放行其他任何流量
R1(config)#ip nat inside source list 102 int f0/0 overload//采用端口复用 PAT 方式
#相应端口启用 NAT 功能
R1(config)#int f0/0
R1(config-if)#ip nat outside
```

```
R1(config-if)#int f1/0
R1(config-if)#ip nat inside
```

同理，配置路由器 R3，如图 10-68 所示。

```
R3(config)#ip route 0.0.0.0 0.0.0.0 201.0.0.1
R3(config)#crypto isakmp policy 1
R3(config-isakmp)#encryption aes
R3(config-isakmp)#hash sha
R3(config-isakmp)#authentication pre-share
R3(config-isakmp)#group 2
R3(config-isakmp)#lifetime 10000
R3(config-isakmp)#exit
R3(config)#crypto isakmp key 2019.com address 200.0.0.1
R3(config)#$ 101 permit ip 192.168.2.0 0.0.0.255 192.168.1.0 0.0.0.255
R3(config)#crypto ipsec transform-set test-set ah-sha-hmac esp-aes
R3(cfg-crypto-trans)#mode tunnel
R3(cfg-crypto-trans)#exit
R3(config)#crypto map test-map 1 ipsec-isakmp
% NOTE: This new crypto map will remain disabled until a peer
        and a valid access list have been configured.
R3(config-crypto-map)#set peer 200.0.0.1
R3(config-crypto-map)#set transform-set test-set
R3(config-crypto-map)#match address 101
R3(config-crypto-map)#int f0/0
R3(config-if)#crypto map test-map
*Mar  1 00:17:40.219: %CRYPTO-6-ISAKMP_ON_OFF: ISAKMP is ON
R3(config-if)#access-list deny ip 192.168.2.0 0.0.0.255 192.168.1.0 0.0.0.255
                           ^
% Invalid input detected at '^' marker.

R3(config-if)#$ 102 deny ip 192.168.2.0 0.0.0.255 192.168.1.0 0.0.0.255
R3(config)#access-list 102 permit ip any any
R3(config)#ip nat inside source list 102 int f0/0 overload
R3(config)#int f0/0
R3(config-if)#ip nat outside
R3(config-if)#int f1/0
R3(config-if)#ip nat inside
R3(config-if)#no shu
R3(config-if)#exit
R3(config)#exit
```

图 10-68　配置路由器 R3

3．VPN 效果测试

如图 10-69 所示，可以实现 PC1 及 PC2 互通了，说明 VPN 发挥了作用。

```
PC2> ping 192.168.1.1
192.168.1.1 icmp_seq=1 timeout
84 bytes from 192.168.1.1 icmp_seq=2 ttl=63 time=65.489 ms
84 bytes from 192.168.1.1 icmp_seq=3 ttl=63 time=34.599 ms
84 bytes from 192.168.1.1 icmp_seq=4 ttl=63 time=43.671 ms
84 bytes from 192.168.1.1 icmp_seq=5 ttl=63 time=55.639 ms

PC2>
```

图 10-69　测试 PC1 和 PC2 的连通性

两台 PC 都可以 ping 通路由器 R2。虽然 R1 和 R3 有默认路由指向 R2，但是 R2 是没有到 192.168.1.0 和 192.168.2.0 网段的路由，这就是 PAT 的作用，如图 10-70 所示。

```
PC1> ping 200.0.0.2
84 bytes from 200.0.0.2 icmp_seq=1 ttl=254 time=20.124 ms
84 bytes from 200.0.0.2 icmp_seq=2 ttl=254 time=21.946 ms
84 bytes from 200.0.0.2 icmp_seq=3 ttl=254 time=12.426 ms
84 bytes from 200.0.0.2 icmp_seq=4 ttl=254 time=13.342 ms
84 bytes from 200.0.0.2 icmp_seq=5 ttl=254 time=29.047 ms
```

图 10-70　测试 PC1 与 R2 的连通性

注意：当 NAT 和虚拟专用网流量同时存在时，会优先匹配 NAT，后匹配虚拟专用网，所以要在做 PAT 映射时，通过扩展 ACL 拒绝去往分公司内网的虚拟专用网的流量，否则会直接进行 PAT，然后转发，最后会导致因为路由器 R1 没有去往 192.168.2.0/24 的路由而丢弃数据包。

📖 **拓展阅读**

读者要想了解更多防火墙仿真软件的使用方法，可以阅读以下书籍。

[1] 叶阿勇，赖会霞，张桢萍，等. 计算机网络实验与学习指导：基于 Cisco Packet Tracer 模拟器 [M]. 2 版. 北京：电子工业出版社，2017.

[2] 诺伊曼. GNS3 实战指南 [M]. 曹绍华，张青铎，佟梦竹，译. 北京：人民邮电出版社，2017.

[3] 王文彦. 计算机网络实践教程：基于 GNS3 网络模拟器（CISCO 技术）[M]. 北京：人民邮电出版社，2019.

10.6　思考与实践

一、单项选择题

1. 路由器的访问控制列表的作用是（　　）。
   - A. 监控交换的字节数
   - B. 提供过滤功能
   - C. 检测病毒
   - D. 提高网络利用率

2. 在以下的访问控制列表中，（　　）禁止所有 Telnet 访问子网 10.10.1.0/24。
   - A. access-list 15 deny telnet any 10.10.1.0 0.0.0.255 eq 23
   - B. access-list 115 deny udp any 10.10.1.0 eq telnet
   - C. access-list 115 deny tcp any 10.10.1.0 0.0.0.255 eq 23
   - D. access-list 15 deny udp any 10.10.1.0 255.255.255.0 eq 23

3. 可以作为阻断来自 192.168.16.43/28 网段流量的条件的 IP 地址和反掩码是（　　）。
   - A. 192.168.16.32 0.0.0.16
   - B. 192.168.16.43 0.0.0.212
   - C. 192.168.16.0 0.0.0.15
   - D. 192.168.16.32 0.0.0.15

4. 一个标准访问控制列表应用到路由器的一个以太网接口，该访问控制列表能够基于（　　）过滤流量。
   - A. 源地址和目的地址
   - B. 目的端口
   - C. 源地址
   - D. 目的地址

5. 将访问控制列表应用到路由器的一个接口的命令是（　　）。
   - A. permit access-list 101 out
   - B. ip access-group 101 out
   - C. apply access-list 101 out
   - D. access-class 101 out

6. 实施访问控制列表通常的准则是（　　）。
   - A. 应该将标准 ACL 尽量靠近源网络
   - B. 应该将扩展 ACL 尽量靠近源网络
   - C. 应该将标准 ACL 尽量靠近源端口
   - D. 应该将扩展 ACL 尽量靠近目标网络

二、简答题

1. 如何正确理解网络边界？

2. 《信息安全技术　网络安全等级保护基本要求》（GB/T 22239—2019）中对于防火墙的设

计和开发、部署和应用提出了哪些具体要求？

3．结合等保 2.0 的要求谈谈在商业防火墙产品的选择时要特别关注哪些功能。

4．结合《信息安全技术 防火墙安全技术要求和测试评价方法》（GB/T 20281—2020）谈谈在选择防火墙产品时要关注哪些性能指标。

5．防火墙部署在哪些位置？其作用分别是什么？试画图说明。

6．商业防火墙通常都支持 3 种部署模式：透明传输模式、路由转发模式和反向代理模式。试说明这 3 种模式的联系和区别。

7．试列举访问控制列表可以实现的功能。

三、读书报告

1．访问国内外防火墙厂商的官方网站，了解其防火墙产品的发展趋势和主要特点，谈谈各防火墙产品的设计理念。

2．查阅以下防火墙和等级保护相关标准文件，详细了解标准中对于防火墙的各项要求。

[1]《信息安全技术 防火墙安全技术要求和测试评价方法》（GB/T 20281—2020）

[2]《信息安全技术 第二代防火墙安全技术要求》（GA/T 1177—2014）

[3]《信息安全技术 Web 应用防火墙安全技术要求》（GA/T 1140—2014）

[4]《信息安全技术 网络安全等级保护基本要求》（GB/T 22239—2019）

[5]《信息安全技术 网络安全等级保护安全设计技术要求》（GB/T 25070—2019）

[6]《信息安全技术 网络安全等级保护定级指南》（GA/T 1389—2017）

[7]《信息安全技术 网络安全等级保护基本要求 第 2 部分：云计算安全扩展要求》（GA/T 1390.2—2017）

[8]《信息安全技术 网络安全等级保护基本要求 第 3 部分：移动互联安全扩展要求》（GA/T 1390.3—2017）

[9]《信息安全技术 网络安全等级保护基本要求 第 5 部分：工业控制系统安全扩展要求》（GA/T 1390.5—2017）

四、操作实验题

1．某用户使用的防火墙的接口 E0 连接单位内网，内网为 192.168.100.0/24，E0 的 IP 地址为 192.168.100.1；E1 连接外网，E1 的 IP 地址为 202.10.10.1。单位可用的公网 IP 地址范围为 202.10.10.1～202.10.10.10。

任务要求：

1）根据题中情况，分析防火墙可以采用的部署模式。

2）以采用透明方式部署防火墙为例，在题中的网络结构下，说明 Packet Tracer 上的基本配置过程及步骤。

2．在只有一个合法 IP 的情况下，利用 ASA 防火墙完成内部接口、外部接口和 DMZ 之间的访问。网络环境：100Mbit/s 的宽带接入；拥有一个合法的 IP 地址 214.1.1.1；Cisco 的 ASA 防火墙一台（具有 inside、outside 及 DMZ 这 3 个接口）。试用 GNS3 模拟实现。

任务要求：

1）内网中的所有用户可以访问 Internet 和 DMZ 中的 Web 服务器。

2）外网的用户可以访问 DMZ 中的 Web 服务器。

3）DMZ 的 Web 服务器可以访问内网中的 SQL 数据库服务器和外网中的其他服务器。

10.7　学习目标检验

请对照表 10-4 学习目标列表，自行检验达到情况。

表 10-4　第 10 章学习目标列表

	学习目标	达到情况
知识	了解国内外主流的防火墙产品功能和特性	
	了解我国网络安全等级保护对于防火墙的要求和应当关注的功能	
	了解防火墙常见部署的位置和常用模式	
	了解 Cisco Packet Tracer 软件及其基本使用方法	
	了解 GNS3 软件及其基本使用方法	
能力	能够依据等级保护要求进行防火墙产品的选择	
	能够使用 Cisco Packet Tracer 进行防火墙仿真应用	
	能够使用 GNS3 进行防火墙仿真应用	

附录　部分参考解答或提示

第1章
一、单项选择题

1	2	3	4	5	6	7	8	9	10	11	12
D	A	C	B	B	B	B	C	A	D	C	C

二、简答题
第1题提示：

数据封装是指把一片数据放在另外一种类型的数据结构中，通常意味着每一种协议可以在不同封装的头和尾中应用各自的指令集。在数据报往下传给系统栈底层协议时，每一层都增加了自己的指令，这一过程在数据的接收方是相反的。

第2题提示：

一个开放式系统是一个基于标准的协议和接口开发的系统，遵循这些标准开发的系统可以预期与遵循同样标准的系统高效地互操作。

第2章
一、单项选择题

1	2	3	4	5	6	7	8	9	10	11	12	13	14	15
B	D	B	A	A	D	B	D	C	C	A	C	D	B	A

16	17	18	19	20	21	22	23	24	25	26	27	28	29	30
D	B	B	C	A	D	D	B	B	A	C	B	D	B	D

三、简答题
第1题提示：

防火墙的功能主要表现在如下4个方面。

1）防火墙是网络安全的屏障。防火墙作为阻塞点、控制点，能极大地提高一个内部网络的安全性，并通过过滤不安全的服务而降低风险。由于只有经过精心选择的应用协议才能通过防火墙，所以内部网络环境变得更安全。

2）防火墙可以强化网络安全策略。通过以防火墙为中心的安全方案配置，能将所有安全策略，如口令、加密、身份认证、审计等配置在防火墙上。与将网络安全问题分散到各个主机上相比，防火墙的集中安全管理更经济。

3）对网络存取和访问进行监控审计。作为内、外网络间通信的唯一通道，防火墙能够有效地记录各次访问，同时也能提供网络使用情况的统计数据。当发生可疑动作时，防火墙能进行报警，并提供网络是否受到监测和攻击的详细信息。

4）防止内部信息的外泄。通过利用防火墙对内部网络的划分，可实现内部网重点网段的隔离，从而限制局部重点或敏感网络安全问题对全局网络造成的影响。

第2题提示：

请参考第 2.2.1 和第 2.2.2 小节。

第 3 题提示:

路由器往往都具备 NAT 设备的功能,通过 NAT 设备进行中转,完成子网设备和其他子网设备的通信过程。

代理服务器看起来和 NAT 设备有一点相似:

客户端向代理服务器发送请求,代理服务器将请求转发给真正要请求的服务器。

服务器返回结果后,代理服务器又把结果回传给客户端。

两者的区别是:

从应用上讲,NAT 设备是网络基础设备之一,主要解决的是 IP 不足的问题。代理服务器则更贴近具体安全应用。例如,通过代理服务器进行"翻墙"。另外,像迅游这样的加速器,也是使用代理服务器实现的。

从底层实现上讲,NAT 是工作在网络层的,直接对 IP 地址进行替换。代理服务器往往工作在应用层。

从使用范围上讲,NAT 一般部署在局域网的出口。代理服务器可以在局域网部署,也可以在广域网甚至跨网部署。

从工作机制上看,NAT 一般集成在防火墙、路由器等硬件设备上。代理服务器则是一个软件程序,需要部署在服务器上。

第 4~6 题提示:

请参考第 2.2.4 小节。

第 7 题提示:

防火墙的体系结构主要有 4 种:屏蔽路由器结构、双宿堡垒主机结构、屏蔽主机结构和屏蔽子网结构。

屏蔽路由器结构:在原有的路由器设备上进行包过滤配置,从而实现防火墙的安全策略。

双宿堡垒主机体系结构:以一台堡垒主机作为防火墙系统的主体,执行分离外部网络与内部网络的任务。

屏蔽主机体系结构:通过一个屏蔽路由器和内部网络上的堡垒主机共同构成防火墙,主要通过数据包过滤实现内、外网络的隔离和对内网的保护。

屏蔽子网体系结构:将防火墙的概念扩充至一个由两台屏蔽路由器包围起来的周边网络,并且将容易受到攻击的堡垒主机,以及组织对外提供服务的 Web 服务器、邮件服务器以及其他公用服务器都置于这个周边网络中。该结构主要由 4 个部件构成,分别为周边网络、外部路由器、内部路由器以及堡垒主机。

第 8 题提示:

(1) *   (2) >1024   (3) 445   (4) SMB   (5) 0

第 9 题提示:

(1) ①53   ②Drop

企业对应的安全需求有:

1) 允许内部用户访问外部网络的 Web 服务器。

2) 允许外部用户访问内部网络的 Web 服务器(202.114.64.125)。

3) 除 1) 和 2) 外,禁止其他任何网络流量通过防火墙。

(2) 两种默认选择是默认拒绝或者默认允许。

（3）Accept、Deny、Drop。

（4）服务控制、方向控制和用户控制。

第 10 题提示：

（1）屏蔽子网体系结构。

（2）外部屏蔽路由器用于保护周边网络和内部网络，是屏蔽子网体系结构的第一道屏障。在其上设置了对周边网络和内部网络进行访问的过滤规则，该规则主要针对外网用户。

内部屏蔽路由器用于隔离周边网络和内部网络，是屏蔽子网体系结构的第二道屏障。在其上设置了针对内部用户的访问过滤规则，对内部用户访问周边网络和外部网络进行限制。

六、操作实验题

问题提示：可参考《计算机网络实验与学习指导：基于 Cisco Packet Tracer 模拟器（第 2 版）》（叶阿勇，等，电子工业出版社，2017）完成。通过本实验，学会使用 Packet Tracer 路由器模拟软件实现 NAT 配置。

第 5、6、7 章

编程提示：请参考以下资料。

[1] 陈香凝，王烨阳，陈婷婷，等. Windows 网络与通信程序设计 [M]. 3 版. 北京：人民邮电出版社，2017.

[2] lcz. NDIS Filter Drivers 指南 [EB/OL]. （2014-01-16）[2020.11.10]. https://bbs.pediy.com/thread-183801.htm.

[3] Microsoft. Roadmap for Developing NDIS Filter Drivers [EB/OL]. （2017-04-20）[2020.11.10]. https://docs.microsoft.com/en-us/windows-hardware/drivers/network/roadmap-for-developing-ndis-filter-drivers.

[4] 谭文，陈铭霖. Windows 内核编程 [M]. 北京：电子工业出版社，2020.

第 9 章

一、填空题

1. Linux，2.4

2. Filter，Mangle，NAT

3. -F

4. -t

5. SNAT，DNAT

6. 硬件 WAF，软件 WAF，云 WAF

7. 协议解析模块，规则检测模块，防御动作模块，日志模块

8. accept 或 allow

   block 或 deny

   drop

四、操作实验题

第 1 题参考资料：

丁明一. Linux 运维之道 [M]. 2 版. 北京：电子工业出版社，2016.

第 2 题参考资料：

喵了个咪哟. 一步一步搞懂 Linux 上 firewalld 防火墙的使用 [EB/OL]. （2020-03-30）[2020.11.10]. https://blog.csdn.net/qq_20388417/article/details/105186516.

第 3 题参考资料：

ModSecurity 中文社区. ModSecurity 应用实战[EB/OL]. （2020-09-01）[2020.11.10]. http://www. modsecurity.cn/practice.

第 4 题参考资料：

（1）HiHTTPS 官方主页：http://www.hihttps.com。

（2）HiHTTPS 开源项目主页：https://gitee.com/hihttps/hihttps。

第 5 题参考资料：

（1）NAXSI 开源项目主页：https://github.com/nbs-system/naxsi。

（2）张博. 从实践中学习 Web 防火墙构建 [M]. 北京：机械工业出版社，2020.

五、编程实验题

请参考以下书籍完成。

杜文亮. 计算机安全导论：深度实践 [M]. 北京：高等教育出版社，2020.

第 10 章

一、单项选择题

1	2	3	4	5	6
B	C	D	C	B	B

四、操作实验题

可参考以下书籍完成。

[1] 叶阿勇，赖会霞，张桢萍，等. 计算机网络实验与学习指导：基于 Cisco Packet Tracer 模拟器 [M]. 2 版. 北京：电子工业出版社，2017.

[2] 诺伊曼. GNS3 实战指南 [M]. 曹绍华，张青铎，佟梦竹译. 北京：人民邮电出版社，2017.

[3] 王文彦. 计算机网络实践教程：基于 GNS3 网络模拟器（CISCO 技术）[M]. 北京：人民邮电出版社，2019.

参 考 文 献

[1] 谢希仁. 计算机网络 [M]. 7 版. 北京：电子工业出版社，2017.

[2] 全国信息技术标准化技术委员会. 信息处理系统　开放系统互连基本参考模型：第 2 部分　安全体系结构：GB/T 9387.2—1995 [S]. 北京：中国标准出版社，1995.

[3] 全国信息安全标准化技术委员会. 信息安全技术　防火墙安全技术要求和测试评价方法：GB/T 20281—2020[S]. 北京：中国标准出版社，2020.

[4] 公安部信息系统安全标准化技术委员会. 信息安全技术　Web 应用防火墙安全技术要求：GA/T 1140—2014[S]. 北京：中国标准出版社，2014.

[5] 公安部信息系统安全标准化技术委员会. 信息安全技术　第二代防火墙安全技术要求：GA/T 1177—2014[S]. 北京：中国标准出版社，2014.

[6] 全国计算机专业技术资格考试办公室. 信息安全工程师：2016 至 2018 年试题分析与解答 [M]. 北京：清华大学出版社，2019.

[7] 洪军，黄志英. 虚拟防火墙在云计算环境中的应用研究 [J]. 计算机与网络，2017，43（15）：70-72.

[8] 陈香凝，王烨阳，陈婷婷，等.Windows 网络与通信程序设计 [M]. 3 版. 北京：人民邮电出版社，2017.

[9] lcz. NDIS Filter Drivers 指南 [EB/OL]. （2014-01-16）[2020-11-10]. https://bbs.pediy.com/thread-183801.htm.

[10] 谭文，陈铭霖. Windows 内核编程 [M]. 北京：电子工业出版社，2020.

[11] Linux-1874. Linux 防火墙之 iptables 入门[EB/OL]. （2020-02-06）[2020-11-10]. https://www.cnblogs.com/qiuhom-1874/p/12237976.html.

[12] 喵了个咪哟. 一步一步搞懂 Linux 上 firewalld 防火墙的使用 [EB/OL]. （2020-03-30）[2020-11-10]. https://blog.csdn.net/qq_20388417/article/details/105186516.

[13] ModSecurity 中文社区. ModSecurity 应用实战[EB/OL]. （2020-09-01）[2020-11-10]. http://www.modsecurity.cn/practice.

[14] 一觉醒来写程序. WAF 功能介绍 [EB/OL]. （2020-05-22）[2020-11-10]. https://www.cnblogs.com/realjimmy/p/12937247.html.

[15] 武春岭. 信息安全产品配置与应用 [M]. 北京：高等教育出版社，2017.

[16] 叶阿勇，赖会霞，张桢萍，等. 计算机网络实验与学习指导：基于 Cisco Packet Tracer 模拟器 [M]. 2 版. 北京：电子工业出版社，2017.